普通高等教育"十四五"规划教材

能源化学工程专业实验教程

主　编　王淑勤

副主编　郭世伟　吕晓娟　郭天祥

本书数字资源

北　京

冶金工业出版社

2024

内 容 提 要

本书系统介绍了能源化学工程专业的实验技术和方法，内容涵盖了化工原理与分离、化工反应与合成、化工热力学、化工腐蚀与防护、能源燃料类实验、能源材料类实验以及能源环保类实验等多个实验以及相关的实验设计原理、操作方法和安全注意事项。

本书可供化学工程、化学和材料科学等相关专业的本科生和研究生以及化工领域的工程技术人员学习参考。

图书在版编目(CIP)数据

能源化学工程专业实验教程/王淑勤主编. --北京：
冶金工业出版社，2024.9. --（普通高等教育"十四五"
规划教材）. --ISBN 978-7-5024-9943-3

Ⅰ. TK01-33

中国国家版本馆 CIP 数据核字第 202406UH02 号

能源化学工程专业实验教程

出版发行	冶金工业出版社	**电 话**	(010)64027926
地 址	北京市东城区嵩祝院北巷 39 号	**邮 编**	100009
网 址	www.mip1953.com	**电子信箱**	service@ mip1953.com

责任编辑 于昕蕾 王雨童 美术编辑 吕欣童 版式设计 郑小利
责任校对 石 静 责任印制 窦 唯
三河市双峰印刷装订有限公司印刷
2024 年 9 月第 1 版，2024 年 9 月第 1 次印刷
710mm×1000mm 1/16；17 印张；329 千字；251 页
定价 42.00 元

投稿电话 (010)64027932 投稿信箱 tougao@cnmip.com.cn
营销中心电话 (010)64044283
冶金工业出版社天猫旗舰店 yjgycbs.tmall.com
（本书如有印装质量问题，本社营销中心负责退换）

前　言

　　在能源化学工程这一学科领域，实验教学是培养学生实践能力与创新思维的关键环节。本书是在广泛汲取国内外文献资料精华的基础上，结合作者在华北电力大学丰富的教学实践与科研经验，精心编纂而成。全书共分为八章，旨在为能源化工专业的学生提供一本系统性、全面性、实用性并重的实验教学材料。

　　本书的编纂宗旨在于：加强学生的实验操作技能，深化其对化工原理的理解，以及培养其解决实际问题的能力。本书不仅全面覆盖了能源化工专业相关的经典实验，还融入了实验设计、安全知识、数据处理方法等现代化工教育所必需的元素。同时，特别强调了能源环境保护与能源材料领域的经典实验，以及一系列创新性、设计性与综合性兼备的实验项目，以激发学生的创新精神和实验设计能力。

　　在内容的编排上，本书力求体现系统性和逻辑性，从化工原理、化学反应工程、化工热力学等专业核心课程的实验项目，到催化剂工程、化工安全与环境保护、电化学储能、煤化工技术等必修课程的实验内容，均经过了精心设计和周密安排。此外，本书内容还涵盖了能源化工材料、电厂化学、测试与表征技术、新能源概论、生物质工程、传递与分离等多个领域的实验项目，以满足不同读者的需求。在编纂过程中，本书注重理论与实践的紧密结合，确保每个实验项目都具有明确的教学目标和实际应用价值。同时，本书在编纂体例上也进行了创新，每个实验项目均配备了详尽的操作流程、注意事项和思考题，以引导学生进行深入思考和积极探索。

　　本书由王淑勤教授主编并统稿，郭世伟、吕晓娟、郭天祥老师担任副主编，由付东教授主审。在本书的编纂过程中，作者得到了众多人士的无私帮助与支持。在此，作者要特别向华北电力大学的领导和同事们表达诚挚的感谢，感谢他们所提供的鼓励与建议。同时，对于参与教材编写和实验验证工作的研究生胡莉莉、柴伟洲，以及参与校对工作并提出宝贵意见的檀玉、段聪文等老师，作者亦表示衷心的感谢。没有他们的辛勤工作和无私奉献，本书的编纂工作将难以顺利完成。此外，本书也是华北电力大学教学改革项目的研究成果之一。

　　诚望读者及同行不吝赐教，对本书的疏漏与不足之处给予指正与补充。

作　者

2024 年 4 月

目　　录

1 实验基础部分

1.1 实验设计简介

1.1.1 实验设计

实验设计的目的是选择一种对所研究的特定问题最有效的实验安排，以便用最少的人力、物力和时间获得满足要求的实验结果。广义地说，它包括明确实验目的、确定测定参数、确定需要控制或改变的条件、选择实验方法和测试仪器、确定量测精度要求、设计实验方案和处理数据等步骤。科学合理地安排实验应做到以下几点：

（1）实验次数尽可能少。

（2）实验的数据要便于分析和处理。

（3）通过实验结果的计算、分析和处理，寻找出最优方案，以便确定进一步实验的方向。

（4）实验结果要令人满意、信服。

实验设计是实验研究过程的重要环节，通过实验设计，可以使实验安排在最有效的范围内，以保证通过较少的实验步骤得到预期的实验结果。例如，在进行生化需氧量（BOD）的测定时，为了能全面地描述废水有机污染的情况，往往需要估计最终生化需氧量（BOD_u 或 L_u）和生化反应速率常数 k_1，完成这一实验需对 BOD 进行大量的、较长时间的（约 20 天）测定，既费时又费钱，此时如有较合理的实验设计，就可能以较少的时间得到较正确的结果。表 1-1 是 3 种不同的实验设计得到的结果。图 1-1 和图 1-2 是前两种实验得到的 BOD 曲线。

表 1-1　3 种 BOD 实验设计所得结果

实 验 安 排	参数估算值		参数的协方差
	k_1/d^{-1}	$L_u/(mg \cdot L^{-1})$	
20 天，59 次观测	0.22	10100	−0.85
0~5 天，30 次观测	0.19	11440	−0.9989
第 4 天 6 次观测，第 20 天 6 次观测	0.22	10190	−0.63

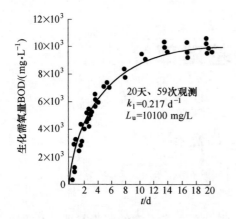

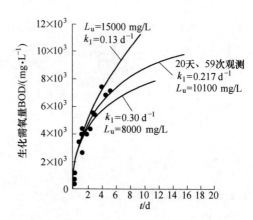

图 1-1   20 天、59 次观测的 BOD 曲线   图 1-2   5 天、30 次观测的 BOD 曲线

从上述图、表中可以看出，30 个测点的一组实验设计是不合适的，它不能给出满意的参数估算值，原因在于 BOD 是一级反应模型。因此，如果要使实验曲线与实测数据拟合得好些，就要同时调整 k_1 和 L_u。由图 1-2 可以看到，如果只调整 k_1，会使 L_u 变化很大，但模型对前 30 个数据的拟合情况却无显著差异，也就是说，两组截然不同的参数，前 30 个点的拟合情况差别不大。可见在这种实验设计条件下，在一定的实验误差范围内，虽然两个实验所得的结果都是对的，但结论可能相差很大。20 天、59 次观测的结果虽然好，但需要大量人力与物力；而 20 天、12 次观测的实验安排（表 1-1 中第 4 天观测 6 个点，第 20 天观测 6 个点）测试次数最少，且其参数估算值结果与 59 次观测所得结果相接近。这个例子说明，只要实验设计合理，不必进行大量观测便可得到精确的参数估算值，使实验的工作量显著减少。如果实验点安排不好（如全部安排在早期），虽然得到的参数估算值高度相关，但实验不能达到预期目的。此外，即使实验观测的次数完全相同，如果实验点的安排不同，所得结果也可能截然不同。因此，正确的实验设计不仅可以节省人力、物力和时间，也是得到可信的实验结果的重要保证。

1.1.2   实验设计的几个基本概念

（1）指标。在实验设计中用来衡量实验效果好坏所采用的标准称为实验指标，或简称指标。例如，在进行地面水的混凝实验时，为了确定最佳投药量和最佳 pH 值，选定浊度作为评定比较各次实验效果好坏的标准，即浊度是混凝实验的指标。

（2）因素。在生产过程和科学研究中，对实验指标有影响的条件通常称为因素。有一类因素，在实验中可以人为地加以调节和控制，称为可控因素。例如，固体废弃物的风力分选实验中风速大小，可通过调节风机速率来实现；混凝实验中的投药量和 pH 值也是可以人为控制的，属于可控因素。另一类因素，由于技术、设备和自然条件的限制，暂时还不能人为控制，称为不可控因素。例如，气温、风对沉淀效率的影响都是不可控因素。实验方案设计一般只适用于可控因素。下面说到的因素，凡是没有特别说明的，都是指可控因素。在实验中，影响因素通常不止一个，但我们往往不是对所有的因素都加以考察。有的因素在长期实践中已经比较清楚，可暂时不考察。固定在某一状态上，只考察一个因素，这种考察一个因素的实验，称为单因素实验；考察两个因素的实验称为双因素实验；考察两个以上因素的实验称为多因素实验。

（3）水平。因素变化的各种状态称为因素的水平。某个因素在实验中需要考察它的几种状态，就称它是几水平的因素。因素在实验中所处状态（即水平）的变化，可能引起指标发生变化。例如，在污泥厌氧消化实验时要考察 3 个因素——温度、泥龄和负荷率，温度因素选择为 25 ℃、30 ℃、35 ℃，这里的 25 ℃、30 ℃、35 ℃就是温度因素的 3 个水平。

因素的水平有的能用数量表示（如温度），有的则不能用数量表示。例如，在采用不同混凝剂进行印染废水脱色实验时，要研究哪种混凝剂较好，在这里各种混凝剂就表示混凝剂这个因素的各个水平，不能用数量表示。再如，吸收法净化气体中 SO_2 的实验中，可以采用 NaOH 或 Na_2CO_3 溶液为吸收剂，这时 NaOH 和 Na_2CO_3 就分别为吸收剂这一因素的两个水平。凡是不能用数量表示水平的因素，称为定性因素。在多因素实验中，有时会遇到定性因素。对于定性因素，只要对每个水平规定具体含义，就可与定量因素一样对待。

1.1.3　实验设计的应用

在生产和科学研究中，实验设计方法已得到广泛应用。概括地说，包括三方面的应用：

（1）在生产过程中，人们为了达到优质、高产、低耗等目的，常需要对有关因素的最佳点进行选择，一般是通过实验来寻找这个最佳点。实验的方法很多，为能迅速地找到最佳点，这就需要通过实验设计，合理安排实验点，才能最迅速地找到最佳点。例如，混凝剂是水污染控制常用的化学药剂，其投加量因具体情况不同而异，因此，常需要多次实验确定最佳投药量，此时便可以通过实验设计来减少实验的工作量。

（2）估算数学模型中的参数时，在实验前，若通过实验设计合理安排实验点、确定变量及其变化范围等，可以使我们以较少的时间获得较精确的参数。例如，已知 BOD 一级反应模型，要估计 k_1 和 L_u。由于说明在反应的前期，参数 k_1 和 L_u 相关性很好，所以，如果在 t 靠近零的小范围内进行实验，就难以得到正确

的 k_1 和 L_u，因为在此范围内，k_1 的任何偏差都会由于 L_u 的变化而得到补偿（图 1-2），故只有通过正确的实验设计，把实验安排在较大的时间范围内进行，才能较精确地获得 k_1 和 L_u。

（3）当可以用几种形式描述某一过程的数学模型时，常需要通过实验来确定哪一种是较恰当的模型（即竞争模型的筛选），此时也需要通过实验设计来保证实验向我们提供可靠的信息，以便正确地进行模型筛选。例如，判断某化学反应是按 A→B→C 进行，还是按 A→B ⇌ C 进行时，要做许多实验。根据这两种反应的动力学特征，B 的浓度与时间 t 的关系分别为图 1-3 所示的两条曲线。从图中可以看出，要区分表示这两种不同反应机理的数学模型，应该观测反应后期 B 的浓度变化，在均匀的时间间隔内

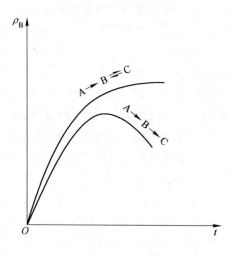

图 1-3　ρ_B 与 t 的关系曲线

进行实验是没有必要的。如果把实验安排在前期，用所得到的数据进行鉴别，则无法达到筛选模型的目的。这个例子说明，实验设计对于模型筛选是十分重要的，如果实验点位置取得不好，即使实验数据很多，数据很精确，也得不到预期的实验目的。相反，选择适当的实验点位置后，即使测试精度稍差些，或者数据少一些，也能达到实验目的。

实验设计的方法很多，有单因素实验设计、双因素实验设计、正交实验设计、析因分析实验设计、序贯实验设计等。各种实验设计方法的目的和出发点不同，在进行实验设计时，应根据研究对象的具体情况决定采用哪一种方法。

1.1.4　实验设计的步骤

进行实验方案设计的步骤如下：

（1）明确实验目的、确定实验指标。研究对象需要解决的问题，一般不止一个。例如，在进行混凝效果的研究时，要解决的问题有最佳投药量问题、最佳 pH 值问题和水流速度梯度问题。我们不可能通过一次实验把这些问题都解决，因此，实验前应首先确定这次实验的目的究竟是解决哪一个或者哪几个主要问题，然后确定相应的实验指标。

（2）挑选因素。在明确实验目的和确定实验指标后，要分析研究影响实验指标的因素，从所有的影响因素中排除那些影响不大，或者已经掌握的因素，让

它们固定在某一状态上，挑选那些对实验指标可能有较大影响的因素来进行考察。例如，在进行 BOD 模型的参数估计时，影响因素有温度、菌种数、硝化作用及时间等，通常是把温度和菌种数控制在一定状态下，并排除硝化作用的干扰，只通过考察 BOD 随时间的变化来估计参数。又如，气体中 SO_2 的吸收净化实验中，不同的吸收剂、不同的吸收剂浓度、气体流速、吸收液流量等因素均会影响吸收效果，可在以往实验的基础上，将吸收剂浓度和吸收剂流量控制在一定水平，考察不同种类吸收剂和气体流速对吸收效果的影响。

（3）选定实验设计方法。因素选定后，可根据研究对象的具体情况决定选用哪一种实验设计方法。例如，对于单因素问题，应选用单因素实验设计法；三个以上因素的问题，可以用正交实验设计法；若要进行模型筛选或确定已知模型的参数估计，可采用序贯实验设计法。

（4）实验安排。上述问题都解决后，便可以进行实验点位置安排，开展具体的实验工作。下面本书仅介绍单因素实验设计、双因素实验设计及正交实验设计的部分基本方法，原理部分可根据需要参阅有关书籍。

1.2　单因素实验设计

单因素实验指只有一个影响因素的实验，或影响因素虽多，但在安排实验时只考虑一个对指标影响最大的因素，其他因素尽量保持不变的实验。单因素实验设计方法有均分法、对分法、0.618 法（黄金分割法）、分数法、分批实验法、爬山法和抛物线法等。均分法的做法是如果要做 n 次实验，就将实验范围等分成 $n+1$ 份，在各分点上做实验，比较得出 n 次实验中的最优点。其优点是实验可以同时安排，也可以一个接一个地安排；缺点是实验次数较多，实验投入高。对分法、0.618 法、分数法可以用较少的实验次数迅速找到最佳点，适用于一次只能得出一个实验结果的问题。对分法效果最好，每做一个实验就可以去掉实验范围的一半。分数法应用较广，因为它还可以应用于实验点只能取整数或某特定数的情况，以及限制实验次数和精确度的情况。分批实验法适用于一次可以同时得出许多个实验结果的问题。爬山法适用于研究对象不适宜或者不易大幅度调整的问题。

下面分别介绍对分法、0.618 法、分数法和分批实验法。

1.2.1　对分法

采用对分法时，首先要根据经验确定实验范围。设实验范围在 (a, b) 之间，第一次实验点安排在 (a, b) 的中点 $x_1\left(x_1 = \dfrac{a+b}{2}\right)$，若实验结果表明 x_1 取的偏大，则丢去大于 x_1 的一半，第二次实验点安排在 (a, x_1) 的中点 x_2 $\left(x_2 = \dfrac{a + x_1}{2}\right)$；如果第一次实验结果表明 x_1 取的偏小，则丢去小于 x_1 的一半，第二次实验点就取在 (x_1, b) 的中点。这个方法的优点是每做一次实验便可以去掉一半，且取点方便。适用于预先已经了解所考察因素对指标的影响规律，能够从一个实验的结果直接分析出该因素的值是取的偏大或取的偏小的情况。例如，确定消毒时加氯量的实验就可以采用对分法。

1.2.2　0.618 法

单因素优选法中，对分法的优点是每次实验都可以将实验范围缩小一半，缺点是要求每次实验要能确定下次实验的方向。有些实验不能满足这个要求，因此，对分法的应用受到一定的限制。

科学实验中，有相当普遍的一类实验，目标函数只有一个峰值，在峰值的两侧实验效果都差，将这样的目标函数称为单峰函数。图 1-4 所示为一个上单峰函数。

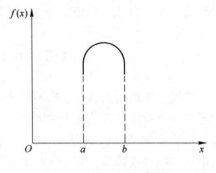

图 1-4　上单峰函数图像

0.618 法适用于目标函数为单峰函数的情形。其做法如下：设实验范围为 (a, b)，第一个实验点 x_1 选在实验范围的 0.618 位置上，即：

$$x_1 = a + 0.618(b - a) \qquad (1\text{-}1)$$

第二个实验点选在第一点 x_1 的对称点 x_2 处，即实验范围的 0.382 位置上，即：

$$x_2 = a + 0.618^2(b - a) \qquad (1\text{-}2)$$

实验点 x_1 和 x_2 如图 1-5 所示。

图 1-5　0.618 法第一、二个实验点分布

设 $f(x_1)$ 和 $f(x_2)$ 表示 x_1 与 x_2 两点的实验结果，且 $f(x)$ 值越大，效果越好，则存在以下 3 种情况：

（1）如果 $f(x_1) > f(x_2)$，根据"留好去坏"的原则，去掉实验范围 $[a, x_2)$ 部分，在剩余范围 $[x_2, b]$ 内继续做实验。

（2）如果 $f(x_1) < f(x_2)$，根据"留好去坏"的原则，去掉实验范围 $(x_1, b]$

部分，在剩余范围$[a, x_1]$内继续做实验。

（3）如果$f(x_1) = f(x_2)$，去掉两端，在剩余范围$[x_2, x_1]$内继续做实验。

根据单峰函数性质，上述3种做法都可使好点留下，去掉的只是部分坏点，不会发生最优点丢掉的情况。对于上述3种情况，继续做实验，取x_3时，则在第一种情况下，在剩余实验范围$[x_2, b]$上用公式(1-1)计算新的实验点x_3：

$$x_3 = x_2 + 0.618(b - x_2)$$

如图1-6所示，在实验点x_3安排一次新的实验。

图 1-6　第一种情况时第三个实验点x_3

在第二种情况下，剩余实验范围$[a, x_1]$，用公式（1-2）计算新的实验点x_3：

$$x_3 = a + 0.618^2(x_1 - a)$$

如图1-7所示，在实验点x_3安排一次新的实验。

图 1-7　第二种情况时第三个实验点x_3

在第三种情况下，剩余实验范围为$[x_2, x_1]$，用式（1-1）和式（1-2）计算两个新的实验点x_3和x_4：

$$x_3 = x_2 + 0.618(x_1 - x_2)$$
$$x_4 = x_2 + 0.618^2(x_1 - x_2)$$

在x_3和x_4安排两次新的实验。

这样反复做下去，将使实验的范围越来越小，最后两个实验结果差别不大，就可停止实验。

1.2.3　分数法

分数法又叫斐波那契数列法，它是利用斐波那契数列进行单因素优化实验设计的一种方法。当实验点只能取整数或者限制实验次数的情况下，采用分数法较好。例如，如果只能做1次实验，就在$\frac{1}{2}$处做，其精度为$\frac{1}{2}$，即这一点与实际最佳点的最大可能距离为$\frac{1}{2}$。如果只能做两次实验，第一次实验在$\frac{2}{3}$处做，第二次在$\frac{1}{3}$处做，其精度为$\frac{1}{3}$。如果能做3次实验，则第一次在$\frac{3}{5}$处做，第二次

在 $\dfrac{2}{5}$ 处做，第三次在 $\dfrac{1}{5}$ 或 $\dfrac{4}{5}$ 处做，其精度为 $\dfrac{1}{5}$。以此类推，做几次实验就在

实验范围内 $\dfrac{F_n}{F_{n+1}}$ 处做，其精度为 $\dfrac{1}{F_{n+1}}$，见表1-2。

表1-2　分数法实验点位置与精确度

实验次数	2	3	4	5	6	7	…	n
等分实验范围的份数	3	5	8	13	21	34	…	F_{n+1}
第一次实验点的位置	$\dfrac{2}{3}$	$\dfrac{3}{5}$	$\dfrac{5}{8}$	$\dfrac{8}{13}$	$\dfrac{13}{21}$	$\dfrac{21}{34}$	…	$\dfrac{F_n}{F_{n+1}}$
精确度	$\dfrac{1}{3}$	$\dfrac{1}{5}$	$\dfrac{1}{8}$	$\dfrac{1}{13}$	$\dfrac{1}{21}$	$\dfrac{1}{34}$	…	$\dfrac{1}{F_{n+1}}$

表1-2中的 F_n 及 F_{n+1} 称为"斐波那契数"，它们可由下列递推式（1-3）确定：

$$F_0 = F_1 = 1,\ \cdots,\ F_k = F_{k-1} + F_{k-2} \quad (k = 2,\ 3,\ 4,\ \cdots) \tag{1-3}$$

由此得：

$$F_2 = F_1 + F_0 = 2$$
$$F_3 = F_2 + F_1 = 3$$
$$F_4 = F_3 + F_2 = 5$$
$$\vdots$$
$$F_{n+1} = F_n + F_{n-1}$$

因此，表1-2的第三行从分数 $\dfrac{2}{3}$ 开始，以后的每一分数分子都是前一分数的分母，而其分母都等于前一分数的分子与分母之和。照此方法不难写出所需要的第一次实验点的位置。

分数法各实验点的位置，可用下列式（1-4）和式（1-5）求得：

$$第一个实验点 = （大数 - 小数）\times \dfrac{F_n}{F_{n-1}} + 小数 \tag{1-4}$$

$$新实验点 = （大数 - 中数）+ 小数 \tag{1-5}$$

式中　中数——已试的实验点的数值。

上述两式推导如下：首先由于第一个实验点 x_1 取在实验范围内的 $\dfrac{F_n}{F_{n+1}}$ 处，

x_1 与实验范围左端点（小数）的距离等于实验范围总长度的 $\dfrac{F_n}{F_{n+1}}$ 倍，即：

$$第一个实验点 - 小数 = [大数(右端点) - 小数] \times \dfrac{F_n}{F_{n+1}}$$

移项后，即得式（1-4）。

又由于新实验点（x_2，x_3，…）安排在余下范围内与已实验点相对称的点上，因此，不仅新实验点到余下范围的中点的距离等于已实验点到中点的距离，而且新实验点到左端点的距离也等于已实验点到右端点的距离（图1-8），即：

$$新实验点 - 左端点 = 右端点 - 已实验点$$

移项后即得式（1-5）。

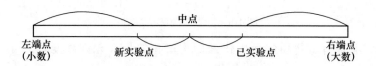

图1-8 分数法实验点位置示意图

下面以一具体例子说明分数法的应用。

例：某污水厂准备投加三氯化铁来改善污泥的脱水性能，根据初步调查，投药量在 160 mg/L 以下，要求通过 4 次实验确定最佳投药量。

具体计算方法如下：

（1）根据式（1-4）可得到第一个实验点位置：

$$(160 - 0) \times 5 \div 8 + 0 = 100 \text{ mg/L}$$

（2）根据式（1-5）得到第二个实验点位置：

$$(160 - 100) + 0 = 60 \text{ mg/L}$$

（3）假定第一点比第二点好，所以在（60，160）之间找第三点，丢去（0，60）的一段，即：

$$(160 - 100) + 60 = 120 \text{ mg/L}$$

（4）第三点与第一点结果一样，此时可用"对分法"进行第四次实验，即在 $\dfrac{100 + 120}{2} = 110$ mg/L 处进行实验，得到的效果最好。

1.2.4 分批实验法

当完成实验需要较长的时间或者测试一次要花很大代价，而每次同时测试几个样本和测试一个样本所花的时间、人力或费用相近时，采用分批实验法较好。分批实验法又可分为均匀分批实验法和比例分割实验法。这里仅介绍均匀分批实验法。这种方法将每批实验均匀地安排在实验范围内。例如，每批要做 4 个实验，我们可以先将实验范围 (a, b) 均分为 5 份，在其 4 个分点 x_1、x_2、x_3、x_4 处做 4 个实验，将 4 个实验样本同时进行测试分析，如果 x_3 好，则去掉小于 x_2 和大于 x_4 的部分，留下 (x_2, x_4) 范围。然后将留下部分分成 6 份，在未做过实验的 4 个分点实验，这样一直做下去，就能找到最佳点。对于每批要做 4 个实验的情况，用这种方法，第一批实验后范围缩小为 $\dfrac{2}{5}$，以后每批实验后都能缩小为前次余下的 $\dfrac{1}{3}$，如图 1-9 所示。

$$a \qquad x_1 \qquad x_2 \qquad x_3 \qquad x_4 \qquad b$$

图 1-9   分批实验法示意图

在测定某种有毒物质进入生化处理构筑物的最大允许浓度时，可以用这种方法。

1.3   双因素实验设计

对于双因素问题，往往采取把两个因素变成一个因素的办法（即降维法）来解决，也就是先固定第一个因素，做第二个因素的实验，再固定第二个因素做第一个因素的实验。这里介绍两种双因素实验设计。

1.3.1   从好点出发法

这种方法是先把一个因素如 x 固定在实验范围内的某一点 x_1（0.618 点处或其他点处），然后用单因素实验设计对另一因素进行实验，得到最佳实验点 $A_1(x_1, y_2)$；再把因素 y 固定在好点 y_2 处，用单因素方法对因素 x 进行实验，得到最佳点 $A_2(x_2, y_2)$。若 $x_2 < x_1$，因为 A_2 比 A_1 好，可以去掉大于 x_1 的部分，如果 $x_2 > x_1$，则去掉小于 x_1 的部分。然后，在剩下的实验范围内，再从好点 A_2 出发，把 x 固定在 x_2 处，对因素 y 进行实验，得到最佳实验点 $A_3(x_2, y_1)$，于是再沿直线 $y = y_1$ 把不包含 A_3 的部分范围去掉，这样继续下去，能较好地找到需要的最佳点，如图 1-10 所示。

这个方法的特点是对某一因素进行实验选择最佳点时，另一个因素都是固定在上次实验结果的好点上（除第一次外）。

1.3.2   平行线法

如果双因素问题的两个因素中有一个因素不易改变，宜采用平行线法。具体

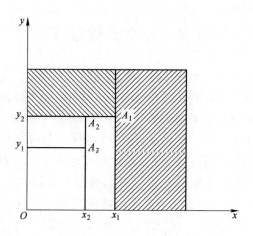

图 1-10　从好点出发法示意图

方法如下。

设因素 y 不易调整，我们就把 y 先固定在其实验范围的 0.5（或 0.618）处，过该点作平行于 Ox 的直线，并用单因素方法找出另一因素 x 的最佳点 A_1。再把因素 y 固定在 0.25 处，用单因素法找出因素 x 的最佳点 A_2。比较 A_1 和 A_2，若 A_1 比 A_2 好，则沿直线 $y = 0.25$ 将下面的部分去掉，然后在剩下的范围内用对分法找出因素 y 的第三点 0.625。第三次实验将因素 y 固定在 0.625 处，用单因素法找出因素 x 的最佳点 A_3，若 A_1 比 A_3 好，则又可将直线 $y = 0.625$ 以上的部分去掉。这样一直做下去，就可以找到满意的结果（图 1-11）。

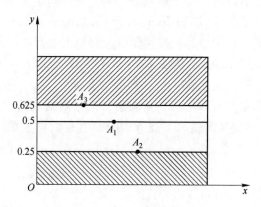

图 1-11　平行线法示意图

例如，混凝效果与混凝剂的投加量、pH 值、水流速度梯度三个因素有关。根据经验分析，主要的影响因素是投药量和 pH 值，因此可以根据经验把水流速度梯度固定在某一水平上，然后用双因素实验设计法选择实验点进行实验。

1.4 正交实验设计

在生产和科学研究中遇到的问题一般都是比较复杂的，包含多种因素，且各个因素具有不同的状态，它们往往互相交织。要解决这类问题，常常需要做大量实验。例如，某工业废水欲采用厌氧生物处理，经过分析研究，决定考察三个因素——温度、时间和负荷率，而每个因素又可能有三种不同的状态（如温度因素有 25 ℃、30 ℃、35 ℃三个水平），它们之间可能有 $3^3 = 27$ 种不同的组合，也就是说，要经过 27 次实验才能知道哪一种组合最好。显然，这种全面进行实验的方法，不但费时费钱，有时甚至是不可能的。对于这样的一个问题，如果我们采用正交设计法安排实验，只要经过 9 次实验便能得到满意的结果。对于多因素问题，采用正交实验设计可以达到事半功倍的效果，这是因为可以通过正交设计合理地挑选和安排实验点，较好地解决多因素实验中的两个突出的问题：

（1）全面实验的次数与实际可行的实验次数之间的矛盾。

（2）实际所做的少数实验与要求掌握的事物的内在规律之间的矛盾。

1.4.1 正交表

正交实验设计法是一种研究多因素实验问题的数学方法。它主要是使用正交表这一工具从所有可能的实验搭配中挑选出若干必需的实验，然后用统计分析方法对实验结果进行综合处理，得出结果。

正交表是利用任意两列均衡搭配的原理构列出的一张排列整齐的规格化表格。它是正交实验设计法中合理安排实验以及对数据进行统计分析的工具。正交表都以统一形式的记号来表示。如 $L_4(2^3)$（图 1-12），字母 L 代表正交表，L 右下角的数字"4"表示正交表有 4 行，即要安排 4 次实验，括号内的指数"3"表示表中有 3 列，即最多可以考察 3 个因素，括号内的底数"2"表示表中每列有 1、2 两种数据，即安排实验时，被考察的因素有两种水平，称为水平 1 与水平 2，见表 1-3。

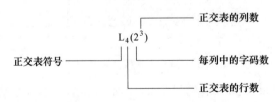

图 1-12 正交表记号示意图

表 1-3 $L_4(2^3)$ 正交表

实验号	列　号		
	1	2	3
1	1	1	1
2	1	2	2
3	2	1	2
4	2	2	1

当被考察各因素的水平不同时，应采用混合型正交表，其表示方式略有不同。如 $L_8(4×2^4)$，它表示有 8 行（即要做 8 次实验）5 列（即有 5 个因素），而括号内的第一项"4"表示被考察的第一个因素是 4 水平，在正交表中位于第一列，这一列由 1、2、3、4 四种数字组成。括号内第二项的指数"4"表示另外还有 4 个考察因素，底数"2"表示后 4 个因素是 2 水平，即后 4 列由 1、2 两种数字组成。用 $L_8(4×2^4)$ 安排实验时，最多可以考察一个具有 5 个因素的问题，其中 1 个因素为 4 水平，另外 4 个因素为 2 水平，共要做 8 次实验。

1.4.2 正交设计法安排多因素实验的步骤

（1）明确实验目的，确定实验指标。

（2）挑因素，选水平，列出因素水平表。影响实验结果的因素很多，但是，我们不是对每个因素都进行考察。例如，对于不可控因素，由于无法测出因素的数值，因而看不出不同水平的差别，难以判断该因素的作用，所以不能列为被考察的因素。对于可控因素则应挑选那些对指标可能影响较大，但又没有把握的因素来进行考察，特别注意不能把重要因素固定（即固定在某一状态上不进行考察）。

对于选出的因素，可以根据经验定出它们的实验范围，在此范围内选出每个因素的水平，即确定水平的个数和各个水平的数值。因素水平选定后，便可列成因素水平表。例如，某污水厂进行污泥厌氧消化实验，经分析后决定对温度、泥龄、投配率 3 个因素进行考察，并确定了各因素均为 2 水平和每个水平的数值。此时可以列出因素水平表（表 1-4）。

表 1-4 污泥厌氧消化实验因素水平表

水　平	因　素		
	温度/℃	泥龄/d	污泥投配率/%
1	25	5	5
2	35	10	8

（3）选用正交表。常用的正交表有几十个，究竟选用哪个正交表，需要综合分析后决定，一般是根据因素和水平的多少、实验工作量大小和允许条件而定。实际安排实验时，挑选因素、水平和选用正交表等步骤有时是结合进行的。例如，根据实验目的，选好 4 个因素，如果每个因素取 4 个水平，则需用 $L_{16}(4^4)$ 正交表，要做 16 次实验。但是由于时间和经费上的原因，希望减少实验次数，因此，改为每个因素 3 个水平，则改用 $L_9(3^4)$ 正交表，做 9 次实验就够了。

（4）表头设计。表头设计就是根据实验要求，确定各因素在正交表中的位置，见表 1-5。

表 1-5　污泥厌氧消化实验的表头

因素	温度/℃	泥龄/d	污泥投配率/%
列号	1	2	3

（5）列出实验方案。根据表头设计，从 $L_4(2^3)$ 正交表（表 1-3）中把 1、2、3 列的 1 和 2 换成表 1-4 所给的相应的水平，即得如表 1-6 所示的实验方案表。

表 1-6　污泥厌氧消化实验方案表

实验号	因素（列号）			实验指标：产气量 /[L·(kgCOD)$^{-1}$]
	A	B	C	
	温度/℃	泥龄/d	污泥投配率/%	
	(1)	(2)	(3)	
1	25 (1)	5 (1)	5 (1)	
2	25 (1)	10 (2)	8 (2)	
3	35 (2)	5 (1)	8 (2)	
4	35 (2)	10 (2)	5 (1)	

1.4.3　实验结果的分析——直观分析法

通过实验获得大量实验数据后，科学地分析这些数据，从中得到正确的结论，是实验设计法不可分割的组成部分。

正交实验设计法的数据分析要解决以下问题：

（1）挑选的因素中，哪些因素影响大些，哪些影响小些，各因素对实验目的影响的主次关系如何。

（2）各影响因素中，哪个水平能得到满意的结果，从而找到最佳的管理运行条件。

直观分析法是一种常用的分析实验结果的方法，其具体步骤如下。

（1）填写实验指标。表 1-7 是采用直观分析法时的实验结果分析表示例。实验结束后，应归纳各组实验数据，填入表 1-7 中的"实验结果"栏中，并找出实验中结果最好的一个，计算实验指标的总和填入表内。

表 1-7　$L_4(2^3)$ 的实验结果分析表

实验号	列　号			实验结果（实验指标）
	1	2	3	
1	1	1	1	x_1
2	1	2	2	x_2
3	2	1	2	x_3
4	2	2	1	x_4
K_1				$\sum\limits_{i=1}^{n} x_i(n = $ 实验次数$)$
K_2				
$\bar{K}_1$				
$\bar{K}_2$				
R				

例如，将前述某污水厂厌氧消化实验所取得的 4 次产气量结果填入表 1-8 中，找出第 3 号实验的产气量最高为 817 L/kgCOD，它的实验条件是 $A_2B_1C_2$。并将产气量的总和 2854L/kgCOD（2854 = 627+682+817+728）也填入表内。

表 1-8　厌氧消化实验结果分析表

实验号	因素（列号）			实验指标：产气量 /$[L \cdot (kgCOD)^{-1}]$
	A	B	C	
	温度/℃ (1)	泥龄/d (2)	污泥投配率/% (3)	
1	25（1）	5（1）	5（1）	627
2	25（1）	10（2）	8（2）	682
3	35（2）	5（1）	8（2）	817
4	35（2）	10（2）	5（1）	728
K_1	1309	1444	1355	2854
K_2	1545	1410	1499	
$\bar{K}_1$	654.5	722	677.5	
$\bar{K}_2$	772.5	705	749.5	
R	118	17	72	

（2）计算各列的 K_i 和 R 值，并填入表 1-7 中。

$$K_i(\text{第 } m \text{ 列}) = \text{第 } m \text{ 列中数字与“}i\text{”对应的指标值之和}$$

$$K_i(\text{第 } m \text{ 列}) = \frac{K_i(\text{第 } m \text{ 列})}{\text{第 } m \text{ 列中“}i\text{”水平的重复次数}}$$

$$R(\text{第 } m \text{ 列}) = \text{第 } m \text{ 列的 } \overline{K_i} \text{ 中最大值减去最小值之差}$$

式中　R——极差。

极差是衡量数据波动大小的重要指标，极差越大的因素越重要。

例如，表 1-8 的第 1 列中与（1）和（2）相应的实验指标分别为"627""682"和"817""728"，所以：

$$K_1(\text{第 1 列}) = 627 + 682 = 1309 \text{ L/kgCOD}$$

$$K_2(\text{第 1 列}) = 817 + 728 = 1545 \text{ L/kgCOD}$$

表 1-8 的第 1 列中水平（1）和（2）重复的次数均为 2 次，所以：

$$\overline{K_1}(\text{第 1 列}) = \frac{K_1(\text{第 1 列})}{2} = \frac{1309}{2} = 654.5 \text{ L/kgCOD}$$

$$\overline{K_2}(\text{第 1 列}) = \frac{K_2(\text{第 1 列})}{2} = \frac{1545}{2} = 772.5 \text{ L/kgCOD}$$

$$R(\text{第 1 列}) = 772.5 - 654.5 = 118 \text{ L/kgCOD}$$

（3）作因素与指标的关系图。以指标 K 为纵坐标、因素水平为横坐标作图。该图反映了在其他因素基本上是相同变化的条件下，该因素与指标的关系。

例如，根据表 1-8 所列的 K 与 A、B、C 三因素的关系可绘得图 1-13。图 1-13 使我们可以很直观地看出：三因素中，对产气量影响最大的是温度，影响最小的是泥龄。

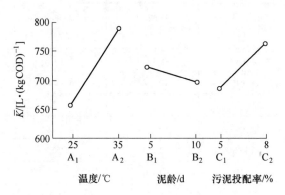

图 1-13　K 与 A、B、C 三因素的关系

（4）比较各因素的极差 R，排出因素的主次顺序。例如：根据表 1-8，厌氧消化过程中对产气量造成影响的三个因素的主次顺序依次是：温度、污泥投配

率、泥龄。

应该注意，实验分析得到的因素的主次、水平的优劣都是相对于某具体条件而言的。在一次实验中是主要因素，在另一次实验中，由于条件变了，就可能成为次要因素。反过来，原来次要的因素，也可能由于条件的变化而转化为主要因素。

(5) 选取较好的水平组。从表 1-8 可以看到，4 个实验中产气量最高的操作条件是 $A_2B_1C_2$，通过计算分析找出的好的操作条件也是 $A_2B_1C_2$。因此，可以认为 $A_2B_1C_2$ 是一组好的操作条件。如果计算分析结果与按实验安排进行实验后得到的结果不一致时，应将各自得到的好的操作条件再各做两次实验加以验证，最后确定哪一组操作条件最好。

1.5 实验安全知识

1.5.1 实验室安全守则

在实验室中，实验人员经常与毒性很强、有腐蚀性、易燃烧和具有爆炸性的化学药品直接接触，常使用易碎的玻璃和瓷质器皿以及在煤气、水、电等高温电热设备的环境下进行着紧张而细致的工作，如果在实验过程中马马虎虎，不遵守操作规程，不但会造成实验失败，还可能发生事故（如失火、中毒、烫伤或烧伤等）。因此，要高度重视实验室安全工作，严格遵守操作规程，避免事故发生。

(1) 进入实验室开始工作前应了解煤气总阀门、水阀门及电闸所在处。离开实验室时，一定要将室内检查一遍，应将水、电、煤气的开关关好，门窗锁好。

(2) 使用电器设备（如烘箱、恒温水浴、离心机、电炉等）时，严防触电；绝不可用湿手或在眼睛旁视时开关电闸和电器开关。应该用试电笔检查电器设备是否漏电，凡是漏电的仪器设备，一律不能使用。

(3) 浓酸、浓碱具有强腐蚀性，使用时要小心，不能让它溅在皮肤和衣服上。用移液管量取这些试剂时，必须使用橡皮球，若不慎溅在实验台上或地面上，必须及时用湿抹布擦洗干净，如果触及皮肤应立即治疗。

(4) 有机溶剂（如乙醇、乙醚、苯、丙酮等）易燃，使用时室内不能有明火、电火花或静电放电。用后应及时回收处理，不可倒入下水道，以免聚集引起火灾。并应把瓶塞塞紧，放在阴凉的地方。只有在远离火源时，或将火焰熄灭后，才可大量倾倒易燃液体。低沸点的有机溶剂不准在火上直接加热，只能在水浴上利用回流冷凝管加热或蒸馏。

(5) 以下实验应该在通风橱内进行：具有刺激性的、恶臭的、有毒的气体

（如 H_2S、Cl_2、CO、SO_2、Br_2 等）的反应，加热或蒸发盐酸、硝酸、硫酸。废液，特别是强酸和强碱不能直接倒在水槽中，应先稀释，然后倒入水槽，再用大量的自来水冲洗水槽及下水道。

（6）$HgCl_2$ 和氰化物有剧毒，不得误入口内或接触伤口，氰化物不能碰到酸（氰化物与酸作用放出 HCN 气体，会使人中毒）。砷酸和可溶性钡盐也有较强的毒性，不得误入口内。易燃和易爆物品的残渣（如金属钠、白磷、火柴头）不得倒入污物桶或水槽中，应收集在指定的容器内。

（7）实验完毕后，应将手洗干净后才能离开实验室。实验室值班人员负责打扫实验室公共卫生，值日生和最后离开实验室的人员应负责检查水、电、气开关和门窗是否关好。

1.5.2　实验室防火知识

实验过程中一旦发生火灾，切不要惊慌失措，应保持镇静。首先应立即切断室内一切火源和电源，然后根据具体情况正确地进行抢救和灭火。

（1）在可燃液体着火时，应立即拿开着火区域内的一切可燃物质，关闭通风器，防止扩大燃烧。若着火面积较小，可用抹布、湿布、铁片或沙土覆盖，隔绝空气使之熄灭。但覆盖时要轻，避免碰坏或打翻盛有易燃溶剂的玻璃器皿，导致更多的溶剂流出而再着火。

（2）酒精及其他可溶于水的液体着火时，可用水灭火。

（3）许多有机溶剂如乙醚、丙酮、乙醇、苯等非常容易燃烧，大量使用时室内不能有明火、电火花或静电放电。实验室内不可过多存放这类药品，用后还要及时回收处理，不可倒入下水道，以免聚集引起火灾。若以上有机溶剂发生火灾，应用石棉布或砂土扑灭。绝对不能用水，否则反而会扩大燃烧面积。

（4）有些物质如磷、金属钠、钾、电石及金属氢化物等，在空气中易氧化自燃。还有一些金属如铁、锌、铝等粉末，比表面积大也易在空气中氧化自燃。这些物质要隔绝空气保存，使用时要特别小心。

（5）导线着火时不能用水及二氧化碳灭火器，应切断电源或用四氯化碳灭火器。

（6）比水轻的易燃液体，如汽油、苯、丙酮等着火，可用泡沫灭火器。

（7）有灼烧的金属或熔融物的地方着火时，应用干沙或干粉灭火器。

（8）衣服烧着时切忌奔走，可用衣服、大衣等包裹身体或躺在地上滚动，以灭火。

（9）发生火灾时应注意保护现场。较大的着火事故应立即报警。

1.5.3　实验室防爆知识

可燃气体与空气混合，当两者比例达到爆炸极限时，受到热源（如电火花）

的诱发，就会引起爆炸。

（1）使用可燃性气体时，要防止气体逸出，室内通风要良好。

（2）操作大量可燃性气体时，严禁同时使用明火，还要防止发生电火花及其他撞击火花。

（3）有些药品如叠氮铝、乙炔银、乙炔铜、高氯酸盐、过氧化物等受震和受热都易引起爆炸，使用时要特别小心。

（4）严禁将强氧化剂和强还原剂放在一起。

（5）久藏的乙醚使用前应除去其中可能产生的过氧化物。

（6）进行容易引起爆炸的实验，应有防爆措施。

1.5.4　实验室急救知识

在实验过程中不慎发生受伤事故，应立即采取适当的急救措施。

（1）割伤。受玻璃割伤及其他机械损伤时，首先必须检查伤口内有无玻璃或金属等物碎片，然后用硼酸水洗净，再擦碘酒或紫药水，必要时用纱布包扎。若伤口较大或过深而大量出血，应迅速在伤口上部和下部扎紧血管止血，立即到医院诊治。

（2）烫伤。一般用浓的（90%~95%）酒精消毒后，涂上苦味酸软膏。如果伤处红痛或红肿（一级灼伤），可用橄榄油或用棉花蘸酒精敷盖伤处；若皮肤起泡（二级灼伤），不要弄破水泡，防止感染；铬伤处皮肤呈棕色或黑色（三级灼伤），应用干燥且无菌的消毒纱布轻轻包扎好，立即送往医院治疗。

（3）酸腐伤。先用大量清水冲洗，再用饱和碳酸氢钠溶液或稀氨水冲洗，然后再用水冲洗。如果酸液溅入眼内，应立即用大量清水长时间冲洗，再用质量分数为 0.02% 的硼砂溶液洗眼，然后用水冲洗。

（4）碱腐伤。先用大量的水冲洗，再用质量分数约为 2% 的乙酸（HAc）溶液冲洗，然后用水冲洗。如果碱液溅入眼内，应立即用大量水长时间冲洗，再用质量分数约为 3% 的硼酸溶液洗眼，然后用水冲洗。

（5）若煤气中毒时，应到室外呼吸新鲜空气，若严重时应立即到医院诊治。若吸入 Br_2 蒸气、Cl_2、HCl 等气体时，可吸入少量乙醇和乙醚混合蒸气来解毒。如因吸入气体而感到不适，应立即到室外呼吸新鲜空气。

（6）水银容易由呼吸道进入人体，也可以经皮肤直接吸收而引起积累性中毒。严重中毒的表现是口中有金属气味，呼出气体也有气味；流唾液，牙床及嘴唇上有硫化汞的黑色；淋巴腺及唾液腺肿大。若不慎中毒时，应送医院急救。急性中毒时，通常用碳粉或呕吐剂彻底洗胃，或者食入蛋白或蓖麻油解毒并使之呕吐。

（7）触电时可按下述方法之一切断电路：关闭电源；用木棍使导线与被害

者分开；使被害者和土地分离，急救时急救者必须做好防止触电的安全措施，手或脚必须绝缘。

1.5.5 实验室气瓶知识

1.5.5.1 气体钢瓶的颜色标记

常用的气体钢瓶相关信息见表1-9。

表1-9 常用气体钢瓶颜色标记表

序号	充装气体名称		化学式	瓶色	字样	字色	色环
1	乙炔		C_2H_2	白	乙炔不可近火	大红	
2	氢		H_2	淡绿	氢	大红	$P=20$，淡黄色单环 $P=30$，淡黄色双环
3	氧		O_2	淡（酞）兰	氧	黑	$P=20$，白色单环 $P=30$，白色双环
4	氮		N_2	黑	氮	淡黄	
5	空气			黑	空气	白	
6	二氧化碳		CO_2	铝白	液化二氧化碳	黑	$P=20$，黑色单环
7	氨		NH_3	淡黄	液氨	黑	
8	氯		Cl_2	深绿	液氯	白	
9	氟		F_2	白	氟	黑	
10	四氟甲烷		CF_4	铝白	氟氯烷14	黑	
11	甲烷		CH_4	棕	甲烷	白	$P=20$，淡黄色单环 $P=30$，淡黄色双环
12	天然气			棕	天然气	白	
13	乙烷		CH_3CH_3	棕	液化乙烷	白	$P=15$，淡黄色单环 $P=20$，淡黄色双环
14	丙烷		$CH_3CH_2CH_3$	棕	液化丙烷	白	
15	丁烷		$CH_3CH_2CH_2CH_3$	棕	液化丁烷	白	
16	液化石油气	工业用		棕	液化石油气	白	
		民用		棕	家用燃料（LPG）	白	
17	乙烯		C_2H_4	棕	液化乙烯	淡黄	$P=15$，白色单环 $P=20$，白色双环
18	氩		Ar	银灰	氩	深绿	
19	氦		He	银灰	氦	深绿	$P=20$，白色单环 $P=30$，白色双环
20	氖		Ne	银灰	氖	深绿	
21	氪		Kr	银灰	氪	深绿	
22	一氧化碳		CO	银灰	一氧化碳	大红	

1.5.5.2 气体钢瓶的使用

（1）在钢瓶上装上配套的减压阀。检查减压阀是否关紧，方法是逆时针旋转调压手柄至螺杆松动为止。

（2）打开钢瓶总阀门，此时高压表显示出瓶内贮气总压力。

（3）慢慢地顺时针转动调压手柄，至低压表显示出实验所需压力为止。

（4）停止使用时，先关闭总阀门，待减压阀中余气逸尽后，再关闭减压阀。

1.5.5.3 注意事项

（1）钢瓶应存放在阴凉、干燥、远离热源的地方。可燃性气瓶应与氧气瓶分开存放。

（2）搬运钢瓶要小心轻放，钢瓶帽要旋上。

（3）使用时应装减压阀和压力表。可燃性气瓶（如 H_2、C_2H_2）气门螺丝为反丝；不燃性或助燃性气瓶（如 N_2、O_2）为正丝。各种压力表一般不可混用。

（4）不要让油或易燃有机物沾染到气体钢瓶上（特别是气体钢瓶出口和压力表上）。

（5）开启总阀门时，不要将头或身体正对总阀门，防止万一阀门或压力表冲出伤人。

（6）不可把气体钢瓶内气体用光，以防重新充气时发生危险。

（7）使用中的气体钢瓶每三年应检查一次，装腐蚀性气体的钢瓶每两年检查一次，不合格的气体钢瓶不可继续使用。

（8）氢气瓶应放在远离实验室的专用小屋内，用紫铜管引入实验室，并安装防止回火的装置。

1.6　误差分析及数据处理

1.6.1　实验误差分析

1.6.1.1　真值与平均值

真值是待测物理量客观存在的确定值，也称理论值或定义值。通常真值是无法测得的。若在实验中，对同一项目测量的次数无限多时，根据误差分布定律正负误差出现的几率相等的概念，求得各测试值的平均值，在无系统误差的情况下，此值为接近真值的数值。一般来说，测试次数总是有限的，用有限测试次数求得的平均值，只能是真值的近似值。常用的平均值有下列几种。

（1）算术平均值。算术平均值是最常见的一种平均值，当观测值呈正态分布时，算术平均值最近似真值。设 x_1、x_2、$\cdots$、x_n 为各次测量值，n 代表测量次数，计算公式如下：

$$\overline{x} = \frac{x_1 + x_2 + \cdots + x_n}{n} = \frac{1}{n} \sum_{i=1}^{n} x_i \tag{1-6}$$

（2）几何平均值。如果一组观测值是非正态分布，当对这组数据取对数后，所得图形的分布曲线更对称时，常用几何平均值。几何平均值是一组 n 个观测值相乘并开 n 次方求得的值，计算公式如下：

$$\overline{x} = \sqrt[n]{x_1 x_2 x_3 \cdots x_n} \tag{1-7}$$

（3）均方根平均值。均方根平均值应用较少，计算公式如下：

$$\overline{x} = \sqrt{\frac{x_1^2 + x_2^2 + \cdots + x_n^2}{n}} = \sqrt{\frac{\sum_{i=1}^{n} x_i^2}{n}} \tag{1-8}$$

（4）加权平均值。若对同一事物用不同方法去测定，或者由不同的人去测定，计算平均值时，常用加权平均值。计算公式如下：

$$\overline{x} = \frac{\omega_1 x_1 + \omega_2 x_2 + \cdots + \omega_n x_n}{\omega_1 + \omega_2 + \cdots + \omega_n} = \frac{\sum_{i=1}^{n} \omega_i x_i}{\sum_{i=1}^{n} \omega_i} \tag{1-9}$$

式中　ω_1，ω_2，$\cdots$，ω_n——与各观测值相应的权，其可以是观测值的重复次数或观测者在总数中所占的比例，或者根据经验确定。

（5）中位值。中位值是指一组观测值按大小依次排序的中间值。若观测次数是偶数，则中位值为正中两个数的平均值。中位值的优点是能简单直观说明一组测量数据的结果，且不受两端具有过大误差数据的影响；缺点是不能充分利用数据，因而不如平均值准确。

1.6.1.2　误差及其分类

在实验中，由于被测量的数值形式通常不能以有限位数表示，且因受认识能力和科技水平的限制，测量值与其真值并不完全一致，这种差异表现在数值上称为误差。误差存在于一切实验中。误差根据其性质及形成原因可分为系统误差、偶然误差和过失误差。

（1）系统误差（恒定误差）。系统误差是指在测试中由未发现或未确认的因素所引起的误差，这些因素使测定结果永远朝一个方向发生偏差，其大小及符号在同一实验中完全相同。产生系统误差的原因包括仪器不良（如刻度不准、砝码未校正等）、环境的改变（如外界温度、压力和湿度的变化等）、个人习惯和偏向（如读数偏高或偏低等）等。这类误差可根据仪器性能、环境条件或个人偏差等加以校正克服，使之降低。

（2）偶然误差（随机误差）。在相同的观测条件下做一系列的观测，如果误差在大小、符号上都表现出偶然性，即从单个误差看，该误差的大小和符号没有规律性，这种误差称为偶然误差。偶然误差的产生原因一般不清楚，无法人为控制。但是，倘若对某一量值做足够多次的等精度测量后，就会发现偶然误差完全服从统计规律，误差的大小或正负的出现完全由概率决定。因此，偶然误差可用概率理论处理数据而加以避免。

（3）过失误差。过失误差又称为错误，是由实验人员的不正确操作或粗心等引起的，是一种与事实明显不符的误差。过失误差无规律可循，只要加强责任感、多方警惕、细心操作，过失误差是可以避免的。

1.6.1.3 误差的表示方法

（1）绝对误差与相对误差。

绝对误差是指对某一指标进行测试后，观测值与真值之间的差值。绝对误差用以反映观测值偏离真值的程度大小，其单位与观测值相同。即：

$$绝对误差 = 观测值 - 真值 \tag{1-10}$$

相对误差是指绝对误差与真值的比值。相对误差用于对不同观测结果可靠性的对比，常用百分数表示。即：

$$相对误差 = \frac{绝对误差}{真值} \times 100\% \tag{1-11}$$

（2）绝对偏差与相对偏差。

绝对偏差（d_i）是指对某一指标进行多次测试后，某一观测值与全部观测值的均值之差。即：

$$d_i = x_i - \overline{x} \tag{1-12}$$

相对偏差是指绝对偏差与平均值的比值，常用百分数表示。即：

$$相对偏差 = \frac{d_i}{\overline{x}} \times 100\% \tag{1-13}$$

（3）算术平均偏差与相对平均偏差。

算术平均偏差（δ）是指观测值与平均值之差的绝对值的算术平均值。即：

$$\delta = \frac{\sum_{i=1}^{n} |x_i - \overline{x}|}{n} = \frac{\sum_{i=1}^{n} |d_i|}{n} \tag{1-14}$$

相对平均偏差是指算术平均偏差与平均值的比值。即：

$$相对平均偏差 = \frac{\delta}{\overline{x}} \times 100\% \tag{1-15}$$

（4）标准偏差与相对标准偏差。

标准偏差（σ）也叫均方根偏差、均方偏差、标准差，是指各观测值与平均值之差的平方和的算术平均值的平方根。即：

$$\sigma = \sqrt{\frac{\sum_{i=1}^{n} (x_i - \overline{x})^2}{n}}$$ (1-16)

在有限的观测次数中，标准偏差常用下式表示：

$$\sigma = \sqrt{\frac{\sum_{i=1}^{n} (x_i - \overline{x})^2}{n-1}}$$ (1-17)

由此可以看出，观测值越接近平均值，标准偏差越小；观测值与平均值相差越大，标准偏差越大。

相对标准偏差又称变异系数，是样本的标准偏差与平均值的比值。相对标准偏差记为 RSD，变异系数记为 C_V。计算方法如下：

$$\mathrm{RSD}(C_V) = \frac{\sigma}{\overline{x}} \times 100\%$$ (1-18)

1.6.1.4 误差分析

（1）单次测量的误差分析。环境工程实验的影响因素较多，有时由于条件限制或准确度要求不高，特别是在动态实验中不容许对被测值做重复测量，故实验中往往对某些指标只能进行一次测定。例如，曝气设备清水充氧实验中，取样时间、水中溶解氧值测定（仪器测定）、压力计量等，均为一次测定值。这些测定值的误差应根据具体情况进行具体分析，对于偶然误差较小的测定值，可按仪器上注明的误差范围分析计算，无注明时，可按仪器最小刻度的 1/2 作为单次测量的误差。

（2）重复多次测量值误差分析。在条件允许的情况下，进行多次测量可以得到比较准确可靠的测量值，并用测量结果的算术平均值近似替代真值。误差的大小可用算术平均偏差和标准偏差来表示。

采用算术平均偏差表示误差时，真值可表示为：

$$a = \overline{x} \pm \delta$$ (1-19)

采用标准偏差表示误差时，真值可表示为：

$$a = \overline{x} \pm \sigma$$ (1-20)

工程中多用标准偏差来表示。

（3）间接测量值误差分析。实验过程中，由实测值经过公式计算后获得的另外一些测量值被用来表达实验结果，或用于进一步分析，这些由实测值计算而得的测量值称为间接测量值。由于实测值均存在误差，间接测量值也存在误差，称为误差的传递。表达各实测值误差与间接测量值间关系的公式称为误差传递公式。

1.6.2 实验数据处理

1.6.2.1 有效数字及其运算

A 有效数字

实验测定总含有误差，因此表示测定结果数字的位数应恰当，不宜太多，也不能太少。太多容易使人误认为测试的精密度很高，太少则精密度不够。数值准确度大小由有效数字位数来决定。有效数字，即表示数字的有效意义，它规定一个有效数字只保留最后一位数字是可疑的或者说是不准确的，其余数字均为确定数字或者是准确数字。

由有效数字构成的数值与通常数学上的数值在概念上是不同的。例如 12.3、12.30、12.300 这三个数在数学上是表示相同数值的数，但在分析上，它不仅反映了数字的大小，而且反映了测量这一数值的准确程度。第一个数值（12.3）表示测量的准确程度为 0.1，相对误差为 $0.1/12.3 \times 100\% = 0.8\%$；第二个数值（12.30）表示测量的准确程度为 0.01，相对误差为 $0.01/12.30 \times 100\% = 0.08\%$；第三个数值（12.300）表示测量的准确程度达到 0.001，相对误差为 $0.001/12.300 \times 100\% = 0.008\%$。三个数字反映了三种测量情况，这三个数字的区别就是有效数字位数不同，它们分别是三位有效数字、四位有效数字和五位有效数字。

B 有效数字运算

（1）记录测量数值时，只保留一位可疑数字，其余数一律弃去。

（2）计算有效数字位数时，若首位有效数字是 8 或 9 时，则有效数字位要多计 1 位，例如 9.35，虽然实际上只有三位，但在计算有效数字时可作四位计算。

（3）当有效数字位数确定后，其余数字一律舍弃。舍弃办法是四舍六入，即末位有效数字后边第一位小于 5，则舍弃不计；大于 5 则在前一位数上增 1；等于 5 时，前一位为奇数，则进 1 为偶数，前一位为偶数，则舍弃不计。

（4）在加减运算中，运算后得到的数所保留的小数点后的位数，应与所给各数中小数点后位数最少的相同。

（5）在乘除运算中，各数所保留的位数，以各数中有效数字位数最少的那个数为准，其结果的有效数字位数也应与原来各数中有效数字最少的那个数相同。

（6）在对数计算中，所取对数位数与真数有效数字位数相同。

（7）计算平均值时，若为四个数或超过四个数相平均时，则平均值的有效数字位数可增加一位。

1.6.2.2 实验数据处理

在对实验数据进行误差分析、整理并剔除错误数据和分析各个因素对实验结果的影响后，还要将实验所获得的数据进行归纳整理，用表格、图形或经验公式加以表示，以找出影响研究对象的各因素之间的规律，为得出正确的结论提供可靠的信息。常用的实验数据表示方法有列表表示法、图形表示法和方程表示法3种。表示方法的选择主要是依靠经验，可用其中的一种或多种方法同时表示。

A   列表表示法

列表表示法是将一组实验数据中的自变量、因变量的各个数值依一定的形式和顺序一一对应列出来，借以反映各变量之间的关系。列表法具有简单易作、形式紧凑、数据容易参考比较等优点，但对客观规律的反映不如图形表示法和方程表示法明确，在理论分析方面使用不方便。完整的表格应包括表的序号、表题、表内项目的名称和单位、说明及数据来源等。

实验数据表可以分为原始记录数据表和整理计算数据表两大类。原始记录数据表在实验前就需要设计好，以便能清楚地记录原始数据。整理计算数据表应简明扼要，只需表达物理量的计算结果，有时还可以列出实验结果的最终表达式。

拟定实验数据表需注意以下事项：

（1）数据表的表头要列出物理量的名称、符号和单位。

（2）注意有效数字的位数。

（3）物理量的数值较大或较小时，要用科学记数法表示。

（4）每一个数据表都应有表号和表题，并应标注在表的上方。

（5）填写数据应清晰、整齐。错误的数据应用单线画掉，并将正确的数据写在其下面。

B   图形表示法

实验数据图形表示法是将实验数据在坐标纸上绘制成图线来反映研究变量之间的相互关系的一种表示法。图形表示法的优点在于形式直观清晰，便于比较，容易看出实验数据中的极值点、转折点、周期性、变化率及其他特异性。当图形作得足够准确时，可以在不必知道变量间的数学关系的情况下进行微积分运算，因此用途非常广泛。

实验数据图形表示法的步骤如下：

（1）坐标纸的选择。坐标纸分为直角坐标纸、半对数坐标纸、双对数坐标纸等，作图时要根据研究变量之间的关系进行选择应用。

（2）坐标轴及坐标分度。一般以 x 轴代表自变量，y 轴代表因变量。在坐标轴上应注明名称及所用计量单位。

坐标分度的选择应使每一点在坐标纸上都能迅速方便找到。坐标的原点不一定是零点，可用小于实验数据中最小值的某一整数作为起点，大于最大值的某一整数作为终点。坐标分度应与实验精度一致，不宜过细，也不能过粗。两个变量的变化范围表现在坐标纸上的长度应相差不大，以使图线尽可能显示在图纸正中。

（3）描点与作曲线。描点即将实验所得的自变量与因变量一一对应的点描在坐标纸上。当同时需要描述几条图线时，应采用不同的符号加以区别，并在空白处注明各符号所代表的意义。

作曲线时，若实验数据较充分，自变量与因变量呈函数关系，可作出光滑连续的曲线；若数据不够充分，不易确定自变量与因变量之间的关系，或者自变量与因变量不一定呈函数关系时，此时最好作折线图（即各点用直线连接）。

（4）注解说明。每个图形下面应有图名，将图形的意义清楚准确地表示出来，有时在图名下还需加以简要说明。此外，还应注明数据的来源，如作者姓名、实验地点、日期等。

C 方程表示法

实验数据用列表或图形表示后，使用时虽然比较直观简便，但不便于理论分析研究，故常需要用数学表达式来反映自变量与因变量的关系。方程表示法通常包括下面两个步骤：

（1）选择经验公式。表示一组实验数据的经验公式应该是形式简单紧凑，式中系数不宜太多。一般没有一个简单方法可以直接获得一个较理想的经验公式，通常是先将实验数据在直角坐标纸上描点，再根据经验和解析几何知识推测经验公式的形式，若经验表明此形式不够理想，则应另立新式，再进行实验，直至得到满意的结果为止。表达式中容易直接用于实验验证的是直线方程，因此，应尽量使所得函数的图形呈直线式。若得到的函数的图形不是直线式，可以通过变量变换，使所得图形变为直线。

（2）确定经验公式的系数。确定经验公式系数的方法包括直线图解法、一元线性回归法和一元非线性回归法，下面逐个介绍。

1）直线图解法。直线图解法是选择直线方程 $y = a + bx$ 为表达式，通过作直线图求得系数 a 和 b 数值的方法。具体方法为：将自变量与因变量一一对应的点绘在坐标纸上作直线，使直线两边的点数基本相等，并使每一个点尽可能靠近直线。所得直线的斜率即为系数 b，y 轴上的截距即为系数 a。

直线图解法的特点是简便易行，但由于每个人作直线的感觉不同易产生误差，因此，精度较差。直线图解法适用于可直接绘成一条直线或经过变量转换后可变为直线的情况。

2）一元线性回归法。一元线性回归就是工程中经常遇到的配直线的问题，即两个变量 x 和 y 存在一定的线性相关关系，通过实验取得数据后，用最小二乘法求出系数 a 和 b，并建立回归方程 $y = a + bx$（称为 y 对 x 的回归）。所谓最小二乘法，就是要求实验各点与直线的偏差的平方和达到最小，因此而得的回归线即为最佳线。

3）一元非线性回归法。实际问题中，有时两个变量之间的关系并非线性关系，而是某种曲线关系，这就需要用曲线作为回归线。变量函数关系类型一般可以根据已有的专业知识分析确定，当事先无法确定变量间函数关系的类型时，可以先根据实验数据作散点图，再根据散点图的分布形状以及所掌握的专业知识与解析几何知识，选择相近的已知曲线配合确定函数类型。

函数类型确定后，需要确定函数关系式中的系数。对于已知曲线的关系式，有些只要经过某种变换就可以变成线性关系式。因此，系数的确定方法如下：先通过变量变换把非线性函数关系转化为线性函数关系；在新坐标系中用线性回归方法配出回归线；最后再通过变量变换还原，即得所求回归方程。

如果散点图所反映的变量之间的关系与两种以上函数类型相似，无法确定选用哪一种曲线形式更合适时，可全部都作回归线，再计算它们的剩余标准差并进行比较，剩余标准差最小的类型为最佳函数类型。

2 化工原理与分离实验

2.1 管道流体阻力的测定

2.1.1 实验目的

研究管路系统中流体的流动和输送，其中重要的问题之一是确定流体在流动过程中的能量损耗。

流体流动时的能量损耗（压头损失），主要由于管路系统中存在着各种阻力。管路中的各种阻力可分为沿程阻力（直管阻力）和局部阻力两大类。

本实验的目的，是以实验方法直接测定摩擦系数 λ 和局部阻力系数 ζ。

2.1.2 实验原理

当不可压缩流体在圆形导管中流动时，在管路系统中任意两个界面之间列出机械能衡算方程为：

$$gZ_1 + \frac{p_1}{\rho} + \frac{u_1^2}{2} = gZ_2 + \frac{p_2}{\rho} + \frac{u_2^2}{2} + h_f \tag{2-1}$$

或

$$Z_1 + \frac{p_1}{\rho g} + \frac{u_1^2}{2g} = Z_2 + \frac{p_2}{\rho g} + \frac{u_2^2}{2g} + H_f \tag{2-2}$$

式中　　g——重力加速度，m/s^2；

　　　　Z——流体的位压头，m 液柱；

　　　　p——流体的压强，Pa；

　　　　u——流体的平均流速，m/s；

　　　　ρ——流体的密度，kg/m^3；

　　　　h_f——流动系统内因阻力造成的能量损失，J/kg；

　　　　H_f——流动系统内因阻力造成的压头损失，m 液柱；

角标 1，2——上游和下游截面上的数值。

假若：

（1）水作为实验物系，则水可视为不可压缩流体；

（2）实验导管是按水平装置的，则 $Z_1 = Z_2$；

（3）实验导管的上下游截面上的横截面积相同，则 $u_1 = u_2$。

因此式（2-1）和式（2-2）两式分别可简化为：

$$h_f = \frac{p_1 - p_2}{\rho} \tag{2-3}$$

$$H_f = \frac{p_1 - p_2}{\rho g} \tag{2-4}$$

式中　H_f——流动系统内因阻力造成的压头损失，mmH_2O（1 mmH_2O = 9.80665 Pa）。

由此可见，因阻力造成的能量损失（压头损失），可由管路系统的两界面之间的压力差（压头差）来测定。

流体在圆形直管内流动时，流体因摩擦阻力所造成的能量损失（压头损失），有如下一般关系式：

$$h_f = \frac{p_1 - p_2}{\rho} = \lambda \, \frac{l}{d} \times \frac{u^2}{2} \tag{2-5}$$

或

$$H_f = \frac{p_1 - p_2}{\rho g} = \lambda \, \frac{l}{d} \times \frac{u^2}{2g} \tag{2-6}$$

式中　λ——摩擦系数；

　　　l——圆形直管的长度，m；

　　　d——圆形直管的直径，m。

大量实验研究表明：摩擦系数 λ 与流体的密度 ρ、黏度 μ、管径 d、流速 u 和管壁粗糙度 ε 有关。应用因次分析的方法，可以得出摩擦系数与雷诺数和管壁相对粗糙度 ε/d 存在函数关系，即：

$$\lambda = f\left(Re, \frac{\varepsilon}{d}\right) \tag{2-7}$$

通过实验测得 λ 和 Re 数据可以在双对数坐标上标绘出实验曲线。当 $Re < 2000$ 时，摩擦系数 λ 与管壁粗糙度 ε 无关。当流体在直管中呈湍流时，λ 不仅与雷诺数有关，而且与管壁相对粗糙度有关。

当流体流过管路系统时，因遇各种管件、阀门和测量仪表等而产生局部阻力，所造成的能量损失（压头损失），有如下一般关系式：

$$h'_f = \zeta \frac{u^2}{2} \tag{2-8}$$

或

$$H'_f = \zeta \frac{u^2}{2g} \qquad (2-9)$$

式中 ζ——局部阻力系数；

　　u——连接管件等的直管中流体的平均流速，m/s。

　　由于造成局部阻力的原因和条件极为复杂，各种局部阻力系数的具体数值都需要通过实验直接测定。

2.1.3 实验装置

　　本实验装置主要是由循环水系统（或高位稳压水槽）、试验管路系统和高位排气水槽串联组合而成，每条测试管的测压口通过转换阀组与压差计连通。

　　压差由一倒置 U 形水柱压差计显示。孔板流量计的读数由另一倒置 U 形水柱压差计显示。

　　试验管路系统由五条玻璃直管平行排列经 U 形弯管串联连接而成。每条直管上分别配置光滑管、粗糙管、骤然扩大与缩小管、阀门和孔板流量计。每根试验管测试段长度，即两测压口距离均为 0.6 m。流程图中标出的符号 G 和 D 分别表示上游测压口（高压侧）和下游测压口（低压侧）。测压口位置的配置，以保证上游测压口距 U 形弯管接口的距离，以及下游测压口距造成局部阻力处的距离，均大于 50 倍管径。实验装置的流程如图 2-1 所示。

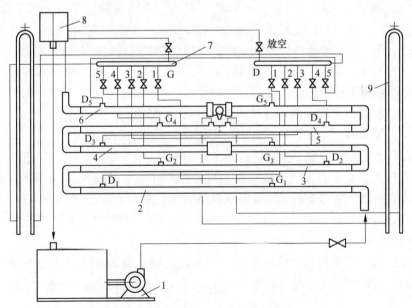

图 2-1　管路流体阻力实验装置流程

1—循环水泵；2—光滑试验管；3—粗糙试验管；4—扩大与缩小试验管；5—孔板流量计；
6—阀门；7—转换阀组；8—高位排气水槽；9—倒置 U 形水柱压差计

作为实验用水,用循环水泵或直接用自来水由循环水槽送入试验管路系统,由下而上依次流经各种流体阻力试验管,最后流入高位排气水槽。由高位排气水槽流出的水,返回循环水槽。

水在试验管路中的流速,通过调节阀加以调节。流量由试验管路中的孔板流量计测量并由压差计显示读数。

2.1.4　实验步骤

实验前准备工作需按如下步骤顺序进行操作。

(1) 先将水灌满循环水槽,然后关闭试验导管入口的调节阀,再启动循环水泵。待泵运转正常后,先将实验导管中的旋塞阀全部打开,并关闭转换组中的全部旋塞,然后缓慢开启实验导管的入口调节阀。当水流满整个试验导管,并在高位排气水槽中有溢流水排出时,关闭调节阀,停泵。

(2) 检查循环水槽中的水位,一般需要再补充些水,防止水面低于泵吸入口。

(3) 逐一检查并排除实验导管和连接管线中可能存在的空气泡。排除空气泡的方法是先将转换阀组中被检一组测压口旋塞打开,然后打开倒置 U 形水柱压差计顶部的放空阀,直至排净空气泡再关闭放空阀。必要时可在流体流动状态下,按上述方法排除空气泡。

(4) 调节倒置 U 形压差计的水柱高度。先将转换阀组上的旋塞全部关闭,然后打开压差及顶部放空阀,再缓慢开启转换阀组中的放空阀,这时压差计中液面徐徐下降。当压差计中的水柱高度居于标尺中间部位时,关闭转换阀组中的放空阀。为了便于观察,在临实验前,可由压差及顶部的放空处,滴入几滴红墨水,将压差计水柱染红。

(5) 在高位排气水槽中悬挂一支温度计,用以测量水的温度。

(6) 实验前需对孔板流量计进行标定,作出流量标定曲线。

实验测定时,按如下步骤进行操作:

(1) 先检查实验导管中旋塞是否置于全开位置,其余测压旋塞和实验系统入口调节阀是否全部关闭。检查完毕启动循环水泵。

(2) 待泵运转正常后,根据需要缓慢开启调节阀调节流量,流量大小由孔板流量计的压差计显示。

(3) 待流量稳定后,将转换阀组中与需要测定管路相连的一组旋塞置于全开位置。这时测压口与倒置 U 形水柱压差计接通,即可记录由压差计显示出的压强降。

(4) 当需改换测试部位时,只需将转换阀组由一组旋塞切换为另一组旋塞。例如,将 G_1 和 D_1 一组旋塞关闭,打开另一组 G_2 和 D_2 旋塞。这时,压差计与

G_1 和 D_1 测压口断开，而与 G_2 和 D_2 测压口接通，压差计显示读数即为第二支测试管的压强降。依次类推。

（5）改变流量，重复上述操作，测得各种实验导管中不同流速下的压强降。

（6）当测定旋塞在同一流量不同开度的流体阻力时，由于旋塞开度变小，流量必然会随之下降，为了保持流量不变，需将入口调节阀作相应调节。

（7）每测定一组流量与压降数据，需同时记录水的温度。

2.1.5 实验注意事项

（1）实验前务必将系统内存留的气泡排除干净，否则实验不能达到预期效果。

（2）若实验装置放置不用时，尤其是冬季，应将管路系统和水槽内的水排放干净。

2.1.6 实验数据记录与整理

（1）实验基本参数。实验导管的内径 $d = 17$ mm；实验导管的测试段长度 $l = 600$ mm；粗糙管的粗糙度 $\varepsilon = 0.4$ mm；粗糙管的相对粗糙度 $\varepsilon/d = 0.0235$；孔板流量计的孔径 $d_0 = 11$ mm；旋塞的孔径 $d_v = 12$ mm；孔流系数 $C_0 = 0.6613$。

（2）流量标定曲线。

（3）实验数据。实验数据记录表见表 2-1。

表 2-1 管道流体阻力实验数据记录表

实 验 序 号	1	2	3	4	5	6
孔板流量计的压差计读数 R/mmHg						
水的流量 V_s/（$m^3 \cdot s^{-1}$）						
水的温度 T/℃						
水的密度 ρ/（kg·m^{-3}）						
水的黏度 μ/（Pa·s）						
光滑管压头损失 H_{f1}/mmH$_2$O						
粗糙管压头损失 H_{f2}/mmH$_2$O						
旋塞压头损失（全开）H'_{f2}/mmH$_2$O						
孔板流量计压头损失 H''_{f2}/mmH$_2$O						

注：1 mmHg = 1.333224×10^2 Pa，1 mmH$_2$O = 9.80665 Pa。

（4）数据整理。实验数据整理表见表 2-2。

表 2-2　管道流体阻力实验数据整理表

实 验 序 号	1	2	3	4	5	6
水的流速 $u/(\text{m} \cdot \text{s}^{-1})$						
雷诺数 Re						
光滑管摩擦系数 λ_1						
粗糙管摩擦系数 λ_2						
旋塞的局部阻力系数 ζ_1'						
孔板流量计局部阻力系数 ζ_1''						

列出表中各项计算公式。

（5）标绘 $Re\text{-}\lambda$ 实验曲线。

2.1.7　思考题

（1）测试中为什么需要湍流？

（2）流量调节过程中为什么倒 U 形压差计两支管中液位上下移动的距离不像 U 形压差计那样对等升降？

2.2　离心泵特性曲线的测定

2.2.1　实验目的

（1）熟悉离心泵的结构、性能、操作和调节方法，掌握离心泵的工作原理。

（2）掌握离心泵特性曲线的测定方法。测定单级离心泵在恒定转速下的特性曲线，绘制 $H_e\text{-}q_V$、$P_a\text{-}q_V$、$\eta\text{-}q_V$ 曲线，分析离心泵的额定工作点。

（3）掌握离心泵流量调节的方法。

（4）掌握离心泵特性曲线的影响因素。

（5）了解常用的测压仪表。

2.2.2　实验原理

离心泵是一种液体输送机械，主要构件为旋转的叶轮、固定的泵壳和轴封装置。离心泵泵体内的叶轮固定在泵轴上，叶轮上有若干弯曲的叶片，泵轴在外力带动下旋转，叶轮同时旋转，泵壳中央的吸入口与吸入管路相连接，侧旁的排出口和排出管路相连接。启动前，须灌液排出泵壳内的气体，防止出现气缚现象。启动电动机后，泵轴带动叶轮一起高速旋转，充满叶片之间的液体也随着旋转，在惯性离心力的作用下，液体从叶轮中心被抛向外缘的过程中获得了能量，使得叶轮外缘的液体静压强提高，同时动能也增大。液体离开叶轮进入壳体，部分动能变成静压能，进一步提高了静压能。流体获得能量的多少，不仅取决于离心泵的结构和转速，而且和流体的密度有关。当离心泵内存在空气，空气的密度远比液体小，相应获得的能量不足以形成所需的压强差，液体无法输送，该现象称为"气缚"。为了保证离心泵的正常操作，在启动前必须在离心泵和吸入管路内充满液体，并确保运转过程中尽量不使空气漏入。

离心泵的特性曲线是选择和使用离心泵的重要依据之一，其特性曲线是在恒定转速下泵的扬程 H_e、轴功率 P_a 及效率 η 与液体流量 q_V 之间的关系曲线，如图 2-2 所示，它是流体在泵内流动规律的宏观表现形式。离心泵的特性曲线与离心泵的设计、加工情况有关，而泵内部流动情况复杂，难以用数学方法计算，只能依靠实验测定。

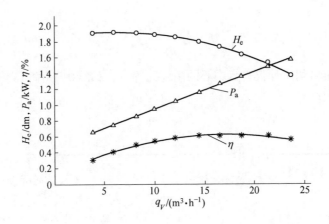

图 2-2 离心泵特性曲线：H_e-q_V，P_a-q_V，η-q_V 曲线

2.2.2.1 流量的测定

本实验用涡轮流量计测量液体的流量。测量时，从仪表显示仪上读取的数据是涡轮的频率 f，液体的体积流量为：

$$q_V = \frac{f}{C} \tag{2-10}$$

式中 f——涡轮流量计的脉冲频率，Hz；

C——涡轮流量计的流量系数，脉冲数/L。

2.2.2.2 扬程 H_e 的测定与计算

如图 2-3 所示，在泵的吸入口截面 1—1（真空表处的截面）、压出口截面 2—2（压力表处的截面）之间列伯努利方程：

$$H_e = \frac{p_2 - p_1}{\rho g} + Z_2 - Z_1 + \frac{u_2^2 - u_1^2}{2g} + H_{f1-2} \qquad (2-11)$$

式中 p_1, p_2——泵吸入口、压出口的压强，N/m^2；

u_1, u_2——泵吸入口、压出口的流量，m/s；

$Z_2 - Z_1$——截面 2—2 和截面 1—1 间的垂直距离，或是进出口测压计的高度差，$Z_2 - Z_1 = \Delta Z$，m；

H_{f1-2}——截面 1—1 和截面 2—2 间的阻力损失，m。

H_{f1-2} 与其他能量项目相比可以不计。当泵进、出口管径一样，则：

$$H_e = \frac{p_2 - p_1}{\rho g} + \Delta Z \qquad (2-12)$$

由上式可知，只要直接读出进出口压力表上的数值，就可以计算出泵的扬程。如果进口为真空表，读数为 p_1；出口为压力表，读数为 p_2。则离心泵的扬程为：

$$H_e = \frac{p_1 + p_2}{\rho g} + \Delta Z \qquad (2-13)$$

如果进出口测压计仪表盘中心的高度为等高，$\Delta Z = 0$，则离心泵的扬程为：

$$H_e = \frac{p_1 + p_2}{\rho g} \qquad (2-14)$$

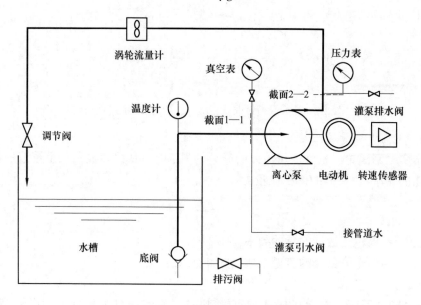

图 2-3 离心泵特性曲线测量实验装置流程图

2.2.2.3 离心泵功率 P_a 的测定与计算

功率表测定的功率为电动机的输入功率。功率表有两种，一种是显示三相功率，就是电动机的输入功率；另一种是显示单相功率，即电动机的输入功率等于3倍的功率表读数。由于泵由电动机带动，传动效率约为1，所以电动机的输出功率等于泵的轴功率。而电动机的输出功率等于电动机的输入功率×电动机的效率，所以有：

$$泵的轴功率 = 电动机的输入功率 \times 电动机的效率$$

2.2.2.4 离心泵效率 η 的计算

离心泵的效率 η 是泵的有效功率 P_e 与轴功率 P_a 的比值。有效功率 P_e 是单位时间内流体自泵得到的功，轴功率 P_a 是单位时间内泵从电动机得到的功，两者的差异反映了水力损失、容积损失和机械损失的大小。

泵的有效功率 P_e 可用下式计算：

$$P_e = H_e \rho g q_V \tag{2-15}$$

故：

$$\eta = \frac{P_e}{P_a} = \frac{H_e \rho g q_V}{P_a} \tag{2-16}$$

2.2.2.5 转速改变时的换算

泵的特性曲线是在指定转速下的数据，就是说在某一特性曲线上的一切实验点，其转速都是相同的。但是，实际上感应电动机在转矩改变时，其转速会有变化，这样随着流量的变化，多个实验点的转速将有所差异，因此在绘制特性曲线之前，须将实测数据换算为平均转速下的数据。换算关系如下：

流量：

$$q_V' = q_V \frac{n'}{n} \tag{2-17}$$

扬程：

$$H_e' = H_e \left(\frac{n'}{n}\right)^2 \tag{2-18}$$

轴功率：

$$P_a' = P_a \left(\frac{n'}{n}\right)^3 \tag{2-19}$$

效率：

$$\eta' = \frac{q_V' H_e' \rho g}{P_a'} = \frac{q_V H_e \rho g}{P_a} = \eta \tag{2-20}$$

2.2.3 实验内容

（1）熟悉离心泵的结构、性能、操作和调节方法。

(2) 测定单级离心泵在一定转速下的扬程、轴功率、效率和流量之间的关系，绘制离心泵在一定转速下的特性曲线。

2.2.4　实验装置

水泵实验台按其回路系统形式一般分为开式和闭式两种。本实验装置为开式实验装置，由水槽、底阀、吸入管、灌水阀、电动机、转速传感器、功率传感器、离心泵、排出管、流量计、流量调节阀、真空表及压力表组成。离心泵将水从水槽中吸入，然后由排出管排至水槽，循环使用。在离心泵的吸入口和排出口处，分别装有真空表和压力表，以测取进出口压强，出口管路上装有流量计，测取管路体积流量，压力表下游装有泵的出口阀用来调节水的流量，此外有功率表连接，测取电动机的功率。开式实验装置有两种类型，实验流程图如图 2-3 所示。

(1) 实验装置一的相关参数：泵进口管子规格为 $\phi 48$ mm×3.5 mm；测压点高度差 $\Delta Z = 0.15$ m；电动机效率为 87%；离心泵的型号为 ISWH40-125；涡轮流量计。

(2) 实验装置二的相关参数：泵进口管径为 40 mm；出口管径为 25 mm；测压点高度差 $\Delta Z = 0$ m；离心泵的型号为 11/2BL-6；电动机效率为 87%；LW-25 智能涡轮流量计，量程为 1.6~10 m^3/h；DP3-W1100 单相功率表。

2.2.5　实验步骤

(1) 水箱预先充满 2/3 的水，关闭出口调节阀。打开水泵出口排气阀和进口引水阀，用自来水对离心泵进行灌水排气。当排气阀有水流出，关闭进口引水阀和出口排气阀。

(2) 打开总电源开关，启动离心泵，打开管路的出口调节阀排尽管路里的空气，关闭出口阀，再打开仪表电源。

(3) 缓缓开启出口调节阀至全开，使水的流量达到最大。根据测量的流量范围均匀分割调节流量，测量顺序从最大流量到 0，记录 15~20 组数据。

(4) 每次改变流量至稳定后，记录电动机转速 n、水温 t、轴功率 P_a、泵入口真空表读数 p_1 和出口压力表读数 p_2。如果读数有波动，可测量三次，取其平均值。

(5) 实验完毕，关闭泵的出口阀，关闭仪表电源，按下仪表台上的水泵停止按钮，停止水泵的运转。

(6) 最后关闭仪表台上的电源开关。

2.2.6　实验注意事项

(1) 实验过程中，必须在出口阀关闭的情况下启动或停泵。

（2）离心泵启动前要灌泵排气，防止出现气缚现象。

（3）离心泵不能空转（泵内为空气）和长时间零流量（泵内充满液体）时转动，离心泵也不能反转，防止损坏离心泵。

（4）整个实验操作应严格按步骤进行，爱护设备，注意动力设备的安全。

（5）在最大流量和零流量间合理分割流量，在每一次流量调节稳定后，再读取实验参数的读数，特别不要忘记流量为零时的各有关参数。

（6）保持水箱水质清洁，特别不允许有纤维状杂质。

（7）涡轮流量计要定时拆下清洗。

2.2.7 实验数据记录与整理

记录的原始实验数据见表 2-3。

表 2-3 离心泵特性曲线测定实验原始数据记录表

实验装置号：___；进口管径：$d_1 = $___ mm；出口管径：$d_2 = $___ mm；测压点高度差：

$\Delta Z = $___ m；离心泵的型号：___；流量系数：___；电动机效率：___；水温：___ ℃

序号	流量计读数	转速 n /(r·min⁻¹)	电动机功率 $P_电$ /kW	入口压力 p_1 /MPa	出口压力 p_2 /MPa
1					
2					
3					
⋮					
20					

处理后的实验数据见表 2-4。

表 2-4 离心泵特性曲线测定实验数据处理表

水温：$t = $___ ℃；水的密度：$\rho = $___ kg/m³；水的黏度：$\mu = $___ Pa·s；平均转速：___ r/min

序号	流量 q_V /(m³·h⁻¹)	流量 q_V' /(m³·h⁻¹)	扬程 H /m	扬程 H' /m	轴功率 P_a /kW	轴功率 P_a' /kW	效率 η /%
1							
2							
3							
⋮							
20							

注：q_V'、H'、P_a' 为平均转速下的流量、扬程和轴功率。

2.2.8 实验报告内容

（1）将整理后的实验数据，换算成平均转速下的数据。

（2）在同一坐标轴上描绘平均转速下的 $H_e\text{-}q_V$、$P_a\text{-}q_V$、$\eta\text{-}q_V$ 曲线，图中标明离心泵的型号和转速。平均转速：$\bar{n} = (n_1 + n_2 + n_3 + \cdots + n_i)/i$。

（3）列出一组数据计算示例。

（4）分析实验结果，判断泵较为适宜的工作范围，评价实验数据和结果的好与差。

（5）对实验装置和实验方案进行评价，提出自己的设想和建议。

2.2.9 思考题

（1）离心泵在启动时为什么要关闭出口阀门和仪表电源？

（2）启动离心泵之前为什么要引水灌泵？如果灌泵后依然启动不起来，可能的原因是什么？

（3）为什么用泵的出口阀门调节流量？这种方法有什么优缺点？是否还有其他方法调节流量？

（4）泵启动后，出口阀门如果打不开，压力表读数是否会逐渐上升？为什么？

（5）正常工作的离心泵，在其进口管路上安装阀门是否合理？为什么？能否用泵的进口阀门调节流量，会造成什么后果？

（6）试分析，用清水泵输送密度为 1200 kg/m³ 的盐水（假设系统是耐腐蚀的），在相同流量下泵的压力是否变化，轴功率是否变化。

（7）为什么在离心泵进口管液面下安装底阀？从节能的观点分析，安装底阀是否合理？如何改进比较好？

2.3 套管换热器液-液热交换系数及膜系数的测定

2.3.1 实验目的

（1）加深对传热过程基本原理的理解。

（2）了解传热过程的实验研究方法。

2.3.2 实验原理

冷热流体通过固体壁所进行的热交换过程，先由热流体把热量传递给固体壁面，然后由固体壁面的一侧传向另一侧，最后再由壁面把热量传给冷热流体。热交换过程即给热—导热—给热三个串联过程组成。

若热流体在套管换热器的管内流过，而冷流体在管外流过，设备两端测试点上的温度如图 2-4 所示。则在单位时间内热流体向冷流体传递的热量，可由热流体的热量衡算方程表示：

$$Q = m_s \overline{c_p} (T_1 - T_2) \tag{2-21}$$

式中　Q——单位时间内加入或移除系统的热量，表示流体在流动过程中吸收或释放的热量，W；

m_s——流体的质量流量，表示单位时间内通过某一截面的流体质量，kg/s；

c_p——流体的比热容，表示单位质量的流体升高单位温度所需的能量，J/(kg·K)；

T_1——热流体进口温度，表示热流体进入热交换器时的温度，K 或 ℃；

T_2——热流体出口温度，表示热流体离开热交换器时的温度，K 或 ℃。

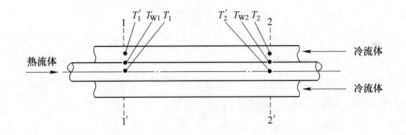

图 2-4　套管热交换器两端测试点的温度

就整个热交换而言，传热速率基本方程经过数学处理，得计算式：

$$Q = KA\Delta T_m \tag{2-22}$$

$$\Delta T_1 = T_1 - T_1' \tag{2-23}$$

$$\Delta T_2 = T_2 - T_2' \tag{2-24}$$

式中　Q——单位时间内通过单位面积的热流量，W/m²；

K——热导率，表示材料的导热能力，W/(m·K)；

A——换热面积，m²；

ΔT——平均温差，表示在某一距离上的温差，K 或 ℃；

T_1'——冷流体出口温度，表示冷流体离开热交换器时的温度，K 或 ℃；

T_2'——冷流体进口温度，表示冷流体进入热交换器时的温度，K 或 ℃。

平均温度差可按下式计算：

$$\frac{\Delta T_1}{\Delta T_2} > 2, \quad \Delta T_m = \frac{\Delta T_1 - \Delta T_2}{\ln(\Delta T_1 / \Delta T_2)} \tag{2-25}$$

$$\frac{\Delta T_1}{\Delta T_2} < 2, \quad \Delta T_m = \frac{\Delta T_1 + \Delta T_2}{2} \tag{2-26}$$

由式（2-21）和式（2-22）联立，可得传热总系数计算式：

$$K = \frac{m_s \overline{c_p}(T_1 - T_2)}{A \Delta T_m} \tag{2-27}$$

就固体壁面两侧的给热过程来说，给热速率基本方程为：

$$Q = \alpha_1 A_W(T - T_W) \tag{2-28}$$

$$Q = \alpha_2 A'_W(T'_W - T') \tag{2-29}$$

式中　α_1——第一侧的传热膜系数，表示第一侧流体与固体壁面之间的热传递能力，$W/(m^2 \cdot K)$；

A_W——第一侧的传热面积，表示第一侧流体与固体壁面接触的面积，m^2；

T——第一侧流体的热力学温度，K 或 ℃；

T_W——第一侧固体壁面的温度，K 或 ℃；

α_2——第二侧的传热膜系数，表示第二侧流体与固体壁面之间的热传递能力，$W/(m^2 \cdot K)$；

A'_W——第二侧的传热面积，表示第二侧流体与固体壁面接触的面积，m^2；

T'_W——第二侧固体壁面的温度，K 或 ℃；

T'——第二侧流体的热力学温度，K 或 ℃。

根据热交换两端的边界条件，经数学推导，可得管内给热过程的速率计算式：

$$Q = \alpha_1 A_W \Delta T'_W \tag{2-30}$$

热流体与管内面之间的平均温度差可按下式计算：

$$\frac{T_1 - T_{W1}}{T_2 - T_{W2}} > 2, \quad \Delta T'_m = \frac{(T_1 - T_{W1}) - (T_2 - T_{W2})}{\ln(T_1 - T_{W1})/(T_2 - T_{W2})} \tag{2-31}$$

$$\frac{T_1 - T_{W1}}{T_2 - T_{W2}} < 2, \quad \Delta T'_m = \frac{(T_1 - T_{W1}) + (T_2 - T_{W2})}{2} \tag{2-32}$$

由式（2-21）和式（2-30）联立可得管内传热膜系数的计算式：

$$\alpha_1 = \frac{m_s \overline{c_p}(T_1 - T_2)}{A_{W1} \Delta T'_m} \tag{2-33}$$

同理可得到管外给热过程的传热膜系数的公式。

流体在圆形直管内作强制对流时，传热膜系数 α 与各项影响因素（管内径、流速、流体密度、流体黏度、定压比热容和流体导热系数）之间的关系可关联成如下准数式：

$$Nu = aRe^m Pr^n$$

$$Nu = ad/\lambda$$

$$Re = du\rho/\mu$$

$$Pr = c_p\mu/\lambda$$

式中　　Nu——努塞尔数，描述对流和传导热传递的相对重要性；

　　　　a——热扩散率或热传导率，描述热量在介质中扩散的速率，m/s 或 W/(m·K)；

　　　　Re——雷诺数，描述流体流动的层流和湍流状态；

　　　　Pr——普朗特数，描述流体中动量扩散和热量扩散的相对速率；

　　　　d——特征长度，用于热力学和流体力学中的无量纲分析，m；

　　　　λ——热导率，描述材料单位截面和单位温差下的热流量，W/(m·K)；

　　　　μ——动力黏度，描述流体内部黏滞阻力的大小，Pa·s 或 N·s/m^2；

　　　　ρ——密度，描述单位体积的质量，kg/m^3。

上式中系数 a 和指数 m、n 的具体数值需要通过实验来测定，则传热膜系数可由上式计算。例如：

当流体在圆形直管内作强制湍流时：

$$Re > 10000, \quad Pr = 0.7 \sim 160, \quad 1/d > 50$$

则流体被冷却时，a 值可按下式计算：

$$Nu = 0.023Re^{0.8}Pr^{0.3}$$

$$a = 0.023\frac{\lambda}{d}\left(\frac{du\rho}{\mu}\right)^{0.8}\left(\frac{c_p\mu}{\lambda}\right)^{0.3}$$

流体被加热时，a 值可按下式计算：

$$Nu = 0.023Re^{0.8}Pr^{0.4}$$

$$a = 0.023\frac{\lambda}{d}\left(\frac{du\rho}{\mu}\right)^{0.8}\left(\frac{c_p\mu}{\lambda}\right)^{0.4}$$

当流体在套管环隙内作强制湍流时，上列各式中 d 用当量直径 d_e 替代即可。各项物性常数均取流体进出口平均温度下的数值，如图 2-4 所示。

2.3.3　实验装置

实验装置如图 2-5 所示。

2.3.4　实验步骤

2.3.4.1　实验前准备工作

（1）向恒温循环水槽中灌入蒸馏水或软水，直至溢流管有水溢出为止。

（2）开启并调节通往高位稳压水槽的自来水阀门，使槽内充满水，并让溢流管有水流出。

（3）将冰碎成细粒放入冷阱中并掺入少许蒸馏水，使之成粥状。将热电偶

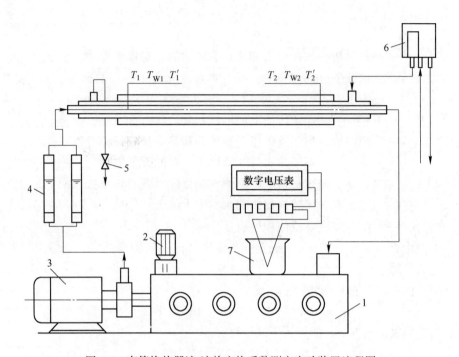

图 2-5　套管换热器液-液热交换系数测定实验装置流程图

1—恒温水槽；2—搅拌器；3—循环水泵；4—转子流量计；5—冷水阀门；6—高位稳压水槽；7—冷阱

冷接触点插入冰水中，盖严盖子。

（4）将恒温水槽的温度定为 55 ℃，启动恒温水槽的电热器，等温度到达后即可开始实验。

（5）实验前需要准备好热水转子流量计的流量标定曲线和热电偶分度表。

2.3.4.2　实验操作步骤

（1）开启冷水阀门，测定冷水流量，实验过程中保持恒定。

（2）启动循环水泵，开启并调节热水阀门使流量在 60~250 L/h 范围内，选取若干流量值（一般不少于 6 组数据）进行实验测定。

（3）每调节一次热水流量，待流量和温度都恒定后再通过开关依次测定各点温度。

2.3.5　实验注意事项

（1）开始实验时，必须先向换热器中通冷水，然后再启动热水泵。停止实验时，必须先停热电器，待热交换器管内存留热水被冷却后，再停水泵并停止通冷水。

（2）启动恒温水槽的电热器之前必须先启动循环泵使水流动。

（3）在启动循环泵之前必须先将热水调节阀门关闭，待泵运行正常后，再徐徐开启调节阀。

（4）每改变一次热水流量，一定要等传热过程稳定之后才能测数据。每测一组数据最好多重复几次。当流量和各点温度数值恒定后，表明过程已达稳定状态。

2.3.6 实验内容

（1）测定套管换热器的传热总系数 K；
（2）测定流体在圆管内作强制湍流时的传热膜系数 α。

2.3.7 实验数据记录与整理

（1）记录实验设备基本参数。

1）内管基本参数：外径 $d =$ ＿＿ mm；壁厚 $\delta =$ ＿＿ mm；测试段长 $L =$ ＿＿mm。

2）套管基本参数：外径 $d' =$ ＿＿ mm；壁厚 $\delta' =$ ＿＿ mm。

3）流体流通的横截面积：内管横截面积 $S =$ ＿＿ mm；环隙横截面积 $S' =$ ＿＿mm。

4）热交换面积：内管内壁表面积 $A_W =$ ＿＿ mm；内管外壁表面积 $A'_W =$ ＿＿ mm；平均热交换面积 $A =$ ＿＿mm。

（2）实验数据记录。实验数据记录表见表2-5。

表2-5 实验记录表

序号	冷水流量 m'_s /(kg·s⁻¹)	热水流量 m_s /(kg·s⁻¹)	温度/℃						备注
			测试截面 I			测试截面 II			
			T_1	T_{W1}	T'_1	T_2	T_{W2}	T'_2	
1									
2									
3									
4									
5									
6									
7									

（3）实验数据整理。总传热系数记录表见表2-6。

表 2-6　总传热系数记录表

序号	管内流速 u /(m·s^{-1})	液体间温度差/K			传热速率 Q/W	总传热系数 K /[W·(m^2·K)$^{-1}$]	备注
		ΔT_1	ΔT_2	ΔT_m			
1							
2							
3							
4							
5							
6							
7							

传热膜系数记录表见表 2-7。

表 2-7　传热膜系数记录表

序号	管内流速 u /(m·s^{-1})	流体与壁面温差/K			传热速率 Q/W	传热膜系数 α /[W·(m^2·K)$^{-1}$]	备注
		T_1-T_{W1}	T_2-T_{W2}	$\Delta T'_m$			
1							
2							
3							
4							
5							
6							
7							

传热膜系数关联式记录表见表 2-8。

表 2-8　传热膜系数关联式记录表

序号	管内流体平均温度 $\dfrac{T_1+T_2}{2}$/K	流体密度 ρ /(kg·m^{-3})	流体黏度 μ /(Pa·s)	流体导热系数 λ /[W·(m·K)$^{-1}$]	管内流速 u /(m·s^{-1})	传热膜系数 α /[W·(m^2·K)$^{-1}$]	雷诺数 Re	努塞尔数 Nu	普朗特数 Pr
1									
2									
3									
4									

序号	管内流体平均温度 $\dfrac{T_1+T_2}{2}$/K	流体密度 ρ /(kg·m^{-3})	流体黏度 μ /(Pa·s)	流体导热系数 λ /[W·(m·K)$^{-1}$]	管内流速 u /(m·s^{-1})	传热膜系数 α /[W·(m^2·K)$^{-1}$]	雷诺数 Re	努塞尔数 Nu	普朗特数 Pr
5									
6									
7									

然后，按如下方法和步骤估计参数。

水平管内传热膜系数的准数关联式为：

$$Nu = aRe^m Pr^n$$

在实验测定温度范围内，Pr 数值变化不大，可取其平均值并将 Pr^n 视为定值与 a 项合并。

$$Nu = ARe^m$$

上式两边取对数，故：

$$\lg Nu = m\lg Re + \lg A$$

因此，可将 Nu 和 Re 实验数据直接在双对数坐标纸上进行标绘，由实验曲线的斜率和截距估计参数 A 和 m，或者用最小二乘法进行线性回归，估计参数 A 和 m。

取 Pr 为定值，且 $n=0.3$，由 A 计算得到 a 值，最终列出参数估量值 A、m、a。

2.4 非均相分离实验——旋风分离器实验

2.4.1 实验目的

（1）观察喷射泵抽送物料及气力输送的现象。

（2）观察旋风分离器中气固分离的现象。

（3）了解非均相分离的运行流程，掌握旋风分离器的作用原理。

2.4.2 实验原理

由于在离心场中颗粒可以获得比重力大得多的离心力，因此，对两相密度相差较小或颗粒粒度较小的非均相物系，利用离心沉降分离要比重力沉降有效得多。气-固物系的离心分离一般在旋风分离器中进行，液-固物系的分离一般在旋液分离器和离心沉降机中进行。

　　旋风分离器主体上部是圆筒形，下部是圆锥形，如图 2-6 所示。含尘气体从侧面的矩形进气管切向进入器内，然后在圆筒内作自上而下的圆周运动。颗粒在随气流旋转的过程中被抛向器壁，沿器壁落下，自锥底排出。由于操作时旋风分离器底部处于密封状态，所以，被净化的气体到达底部后上行，沿中心轴旋转着从顶部的中央排气管排出。

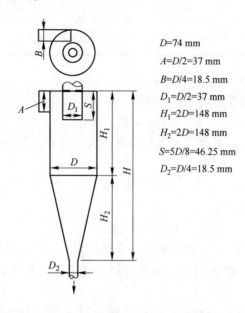

D=74 mm

A=D/2=37 mm

B=D/4=18.5 mm

D_1=D/2=37 mm

H_1=2D=148 mm

H_2=2D=148 mm

S=5D/8=46.25 mm

D_2=D/4=18.5 mm

图 2-6　标准型旋风分离器示意图

2.4.3　实验装置

　　本装置主要由风机、流量计、气体喷射器、玻璃旋风分离器和 U 形压差计等组成，如图 2-7 所示。可由调节旁路闸阀控制进入旋风分离器的空气的风量，并在转子流量计中显示，流经文丘里气体喷射器时，由于节流负压效应，固体颗粒储槽内的有色颗粒会被吸入气流中。随后，含尘气流入旋风分离器，颗粒经旋风分离落入下部的灰斗，气流由器顶排气管旋转流出。U 形压差计可显示旋风分离器出入口的压差，旋风分离器的压降损失包括气流进入旋风分离器时由于突然扩大产生的损失、与器壁摩擦的损失、气流旋转导致的动能损失、在排气管中摩擦和旋转运动产生的损失等。

2.4.4　实验步骤

　　先向固体颗粒储槽中加入一定大小的粉粒，一般选择已知粒径或目数的颗粒，若有颜色则演示效果更佳（随装置配的为染成红色的目数为 200～600

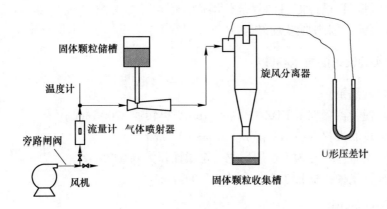

图 2-7　非均相分离实验流程图

（0.023～0.074 mm）的 PVC 颗粒）。本实验采用 200～600 目 （0.023～0.074 mm）的滑石粉。

打开风机开关，通过调节旁路闸阀控制适当的风量，当空气通过抽吸器 （气体喷射器） 时，因空气高速从喷嘴喷出，使抽吸器形成负压，抽吸器上端杯中的颗粒就被气流带入系统，与气流混合成为含尘气体。当含尘气体通过旋风分离器时就可以清楚地看见颗粒旋转运动的形状，即一圈一圈地沿螺旋形流线落入灰斗内的情景。从旋风分离器出口排出的空气由于颗粒已被分离，故清洁无色。

上面的演示说明，旋转运动能增大尘粒的沉降力，旋风分离器的旋转运动是靠切向进口和容器壁的作用产生的。若实验所用的煤粉粒径较大，由于惯性力的影响和截面积变大引起速度变化，大颗粒煤粉会沉降下来，仅有小颗粒煤粉无法沉降而被带走。这个现象说明，大颗粒是容易沉降的，所以工业上为了减少旋风分离器的磨损，先用其他更简单的方法将它们预先除去。

2.4.5　思考题

（1） 什么叫旋风分离器的临界粒径？
（2） 在压力降相同的情况下，旋风分离器为什么多采用多台并联的方式？
（3） 旋风分离器的压降损失包括哪些？

2.5　恒压过滤常数测定实验

2.5.1　实验目的

（1） 通过实验，了解设备是由过滤板、过滤框等组成的小型工业用板框过滤机。

（2）练习板框过滤机的规范化操作，测定过滤常数 K、q_e、θ_e、s 及 k 等参数，并列表绘图来说明实验结果。

2.5.2　实验设备的技术参数

（1）旋涡泵。

（2）搅拌器：型号 KDZ-1，功率 160 W，转速 3200 r/min。

（3）过滤板：规格 160 mm×180 mm×11 mm。

（4）滤布：型号为工业用尼龙，过滤面积为 0.0475 m²。

（5）计量桶：桶长 327 mm，桶宽 286 mm。

2.5.3　实验装置

实验流程如图 2-8 所示，滤浆槽内配有一定浓度的轻质碳酸钙悬浮液（浓度为 6%~8%），用电动搅拌器进行均匀搅拌（以浆液不出现旋涡为好）。启动旋涡泵，调节阀门 3 使压力表 5 指示在规定值。滤液量在计量桶内计量。

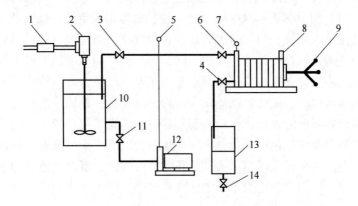

图 2-8　恒压过滤实验流程示意图

1—调速器；2—电动搅拌器；3，4，6，11，14—阀门；5，7—压力表；8—板框过滤机；
9—压紧装置；10—滤浆槽；12—旋涡泵；13—计量桶

实验装置中过滤、洗涤管路分布如图 2-9 所示。

2.5.4　实验步骤

（1）实验用料为 5% 的轻质碳酸钙溶液。启动总电源，打开搅拌器电源开关，调节电动搅拌器 2（见图 2-8，本节余同）的搅拌转速为 60 r/min 左右，将滤浆槽 10 内的浆液搅拌均匀。

（2）安装板框过滤机（板、框排列顺序为固定头—非洗涤板—滤布—框—滤布—洗涤板—滤布—框—滤布—非洗涤板—可动头），并用压紧装置压紧后待用。

（3）在阀门 3、11 处于全开，阀门 4、6 处于全关的状态下启动旋涡泵 12，调节阀门 3 使压力达到规定值。

（4）待压力表 5 数值稳定后，打开过滤入口阀门 6 开始过滤。当计量桶 13 内见到第一滴液体时开始计时，记录滤液高度每增加 10 mm 所用的时间。当计量桶 13 的读数为 150 mm 时停止计时，并立即关闭入口阀门 6。

（5）打开阀门 3 使压力表 5 的指示值下降。开启压紧装置，卸下过滤框内的滤饼并将其放回滤浆槽内，将滤布清洗干净。放出计量桶内的滤液并倒回槽内，保证滤浆浓度恒定。

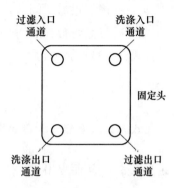

图 2-9 板框过滤机固定头
管路分布图

（6）改变压力值，从步骤（2）开始重复上述实验。

（7）每组实验结束后，用洗水管路对滤饼进行洗涤，测定洗涤时间和洗水量。

（8）过滤实验结束后，分别将阀门 11 接上自来水、阀门 4 接通下水、关闭阀门 3，对泵及滤浆进出口管路进行冲洗。

2.5.5 实验注意事项

（1）注意过滤板与过滤框之间的密封垫要放正，过滤板与过滤框上面的滤液进出口要对齐。滤板与滤框安装完毕后要用摇柄把过滤设备压紧，以免漏液。

（2）计量桶的流液管口应紧贴桶壁，防止液面波动影响读数。

（3）实验结束时关闭阀门 3（见图 2-8，本节余同）。用阀门 11、4 接通自来水的上、下水，对泵及滤浆进出口管路进行冲洗。清洗中切忌将自来水灌入储料槽中。

（4）由于电动搅拌器为无级调速，使用时首先接通系统电源，打开调速器开关，调速钮一定要由小到大缓慢调节，切勿反方向调节或调节过快，以免损坏电动机。

（5）启动搅拌前，用手旋转一下搅拌轴以保证启动顺利。

2.5.6 实验数据记录与整理

（1）实验数据计算方法（实验数据见表 2-9）。恒压过滤方程为：

$$(q + q_e)^2 = K(\theta + \theta_e) \tag{2-34}$$

式中　q——单位过滤面积获得的滤液体积，m^3/m^2；

　　　q_e——体积，m^3/m^2；

　　　θ——实际过滤时间，s；

θ_e——虚拟过滤时间，s；

K——过滤常数，m^2/s。

将式（2-34）微分得：

$$\frac{d\theta}{dq} = \frac{2}{K}q + \frac{2}{K}q_e \qquad (2-35)$$

此式为直线方程，于普通坐标系中标绘 $\frac{d\theta}{dq}$-$\bar{q}$ 的关系，所得直线斜率为 $\frac{2}{K}$，截距为 $\frac{2}{K}q_e$，从而求出 K、q_e、θ_e 的数值。

当介质阻力可忽略时，$q_e = 0$、$\theta_e = 0$，则式（2-34）可简化为：

$$q^2 = K\theta \qquad (2-36)$$

当各数据点的时间间隔不大时，$\frac{d\theta}{dq}$ 可以用增量之比来代替，即用 $\frac{\Delta\theta}{\Delta q}$-$\bar{q}$ 作图。

过滤常数的定义式为：

$$K = 2k\Delta p^{1-s} \qquad (2-37)$$

两边取对数：

$$\lg K = (1 - s)\lg(\Delta p) + \lg(2k) \qquad (2-38)$$

因 s 为常数，$k = \frac{1}{\mu\gamma v}$ 也为常数，故 K 与 Δp 的关系在双对数坐标上标绘时应是一条直线，直线的斜率为 $1 - s$，由此可计算出压缩性指数 s，将 Δp-K 直线上任一点处的 K 与 Δp 数据代入式（2-37）计算物料特性常数 k。

（2）过滤常数 K 及 q_e、θ_e 的计算举例（以表 2-9 中 0.05 MPa 的第 2 组数据为例）。

表 2-9　相关实验数据表

序号	高度 /mm	q /($m^3 \cdot m^{-2}$)	$\bar{q}$ /($m^3 \cdot m^{-2}$)	0.05 MPa			0.10 MPa			0.15 MPa		
				时间 /s	$\Delta\theta$/s	($\Delta\theta/\Delta q$) /($s \cdot m^2 \cdot m^{-3}$)	时间 /s	$\Delta\theta$/s	($\Delta\theta/\Delta q$) /($s \cdot m^2 \cdot m^{-3}$)	时间 /s	$\Delta\theta$/s	($\Delta\theta/\Delta q$) /($s \cdot m^2 \cdot m^{-3}$)
1	60	0.00	0.0099	0.00	16.40	832.49	0.00	9.99	507.11	0.00	6.96	353.30
2	70	0.0197	0.0296	16.40	21.06	1069.04	9.99	12.60	639.59	6.96	11.09	562.94
3	80	0.0394	0.0493	37.46	27.53	1397.46	22.59	16.31	827.92	18.05	12.13	615.74
4	90	0.0591	0.0690	64.99	35.78	1816.24	38.90	21.47	1089.85	30.18	16.21	822.84
5	100	0.0788	0.0887	100.77	40.94	2078.17	60.37	25.72	1305.58	46.39	18.66	947.21
6	110	0.0985	0.1084	141.71	49.34	2504.57	86.09	27.34	1387.82	65.05	21.03	1067.51
7	120	0.1182	0.1281	191.05	58.03	2945.69	113.43	31.62	1605.08	86.08	25.13	1275.63

续表 2-9

序号	高度 /mm	q /(m³· m⁻²)	$\bar{q}$ /(m³· m⁻²)	0.05 MPa			0.10 MPa			0.15 MPa		
				时间 /s	$\Delta\theta$/s	$(\Delta\theta/\Delta q)$ /(s·m² ·m⁻³)	时间 /s	$\Delta\theta$/s	$(\Delta\theta/\Delta q)$ /(s·m² ·m⁻³)	时间 /s	$\Delta\theta$/s	$(\Delta\theta/\Delta q)$ /(s·m² ·m⁻³)
8	130	0.1379	0.1478	249.08	62.22	3158.38	145.05	35.63	1808.63	111.21	26.87	1363.96
9	140	0.1576	0.1675	311.30	76.88	3962.89	180.68	42.75	2170.05	138.08	29.00	1472.08
10	150	0.1773	0.1872	388.18			223.43	45.44	2306.60	167.08	37.06	1881.22
11	160	0.1970					268.87			204.14		

已知过滤面积 $A = 0.0475 \text{ m}^2$，则：

$$\Delta V = SH = 0.286 \times 0.327 \times 0.01 = 9.352 \times 10^{-4} \text{ m}^3$$

$$\Delta q = \frac{\Delta V}{A} = \frac{9.352 \times 10^{-4}}{0.0475} = 0.0197 \text{ m}^3/\text{m}^2$$

$$\Delta\theta = 37.46 - 16.40 = 21.06 \text{ s}$$

$$\bar{q} = \frac{q_3 + q_2}{2} = \frac{0.0597 + 0.0398}{2} = 0.050 \text{ m}^3/\text{m}^2$$

由 $\frac{\Delta\theta}{\Delta q}$-$\bar{q}$ 关系图（图 2-10）中的直线 1 得：

斜率：
$$\frac{2}{K} = 21375, \ K = 9.36 \times 10^{-5} \text{ m}^3/\text{m}^2$$

截距：
$$\frac{2}{K}q_e = 245.68, \ q_e = 0.0115 \text{ m}^3/\text{m}^2$$

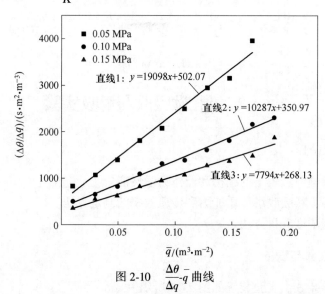

图 2-10 $\dfrac{\Delta\theta}{\Delta q}$-$\bar{q}$ 曲线

$$\theta_e = \frac{q_e^2}{K} = \frac{0.0115^2}{9.36 \times 10^{-5}} = 1.41 \text{ s}$$

按以上方法依次计算 $\dfrac{\Delta\theta}{\Delta q}$-$\bar{q}$ 关系图中直线 2、3 的过滤常数，结果见表 2-10。

表 2-10　过滤实验数据表

（物料特性常数 $k = 2 \times 10^{-8}$，压缩性指数 $s = 0.19$）

序号	斜率	截距	压差/Pa	$K/(m^2 \cdot s^{-1})$	$q_e/(m^3 \cdot m^{-2})$	θ_e/s
1	119098	502.07	50000	0.0001047	0.0263	6.61
2	10288	350.97	100000	0.0001944	0.0341	5.98
3	7794	26813	150000	0.0002566	0.0344	4.61

将表 2-10 中的过滤常数 K 和过滤压差 Δp 用 Excel 或 Origin 软件处理，K 与 Δp 的关系在双对数坐标系中标绘时应是一条直线，结果如图 2-11 所示。

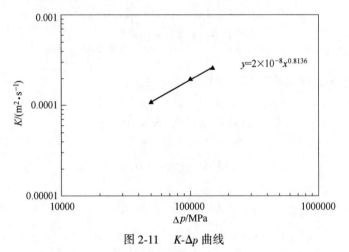

图 2-11　K-Δp 曲线

2.6　二氧化碳吸收与解吸实验

2.6.1　实验目的

（1）了解填料吸收塔的结构和流体力学性能。

（2）学习填料吸收塔传质能力和传质效率的测定方法。

（3）掌握浓度分析方法。

2.6.2　实验装置与设备

（1）实验装置。实验装置如图 2-12 所示。

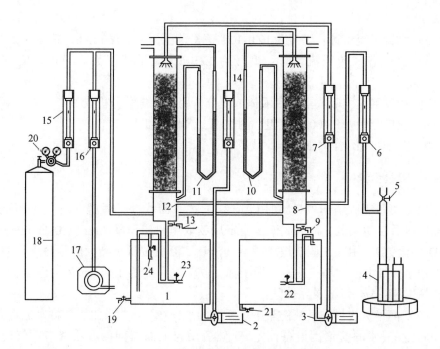

图 2-12 CO_2 吸收解吸实验装置流程图

1—吸收液水箱；2—吸收液泵；3—解吸液泵；4—风机；5—空气旁通阀；6—空气流量计；
7—解吸液流量计；8—吸收塔；9—吸收塔塔底取样阀；10, 11—U 形管；12—解吸塔；
13—解吸塔塔底取样阀；14—吸收液流量计；15—CO_2 流量计；16—吸收用空气流量计；
17—吸收用气泵；18—CO_2 钢瓶；19, 21—水箱放水阀；20—减压阀；
22—解吸液水箱；23—放水阀；24—回水阀

吸收质（纯 CO_2 气体或其与空气的混合气）由钢瓶经二次减压阀和转子流量计 15 进入吸收塔塔底，气体由下向上经过填料层与液相水逆流接触，到塔顶后放空；吸收剂（纯水）经转子流量计 14 进入塔顶喷洒而下；吸收后溶液流入塔底液料罐中由解吸液泵 3 经流量计 7 进入解吸塔，空气由空气流量计 6 控制流量进入解吸塔塔底，由下向上经过填料层与液相逆流接触，对吸收液进行解吸，然后自塔顶放空，U 形液柱压差计用以测量填料层的压强降。

（2）其他设备参数。

1）风机：XGB-12 型，550 W。

2）填料塔：玻璃管内径 $D = 0.050$ m，内装 $\phi 10$ mm×10 mm 的瓷拉西环，填料层高度 $Z = 0.85$ m。

3）CO_2 转子流量计：型号为 LZB-6，流量范围为 $0.06 \sim 0.6$ m³/h，精度为 2.5%。

4）空气转子流量计：型号为 LZB-10，流量范围为 $0.25 \sim 2.5$ m³/h，精度为 2.5%。

5）水转子流量计：型号为 LZB-10，流量范围为 16~160 L/h，精度为 2.5%。

6）解吸塔水转子流量计：型号为 LZB-6，流量范围为 6~60 L/h，精度为 2.5%。

7）浓度测量：吸收塔塔底液体浓度分析用定量化学分析仪 1 套。

8）温度测量：Pt100 铂电阻，测气相、液相温度。

9）其他：CO_2，钢瓶 1 个，减压阀 1 个。

2.6.3　实验步骤

（1）测量吸收塔干填料层的 $(\Delta p/Z)$-u 关系曲线（只做解吸塔）。全开空气旁路阀 5 后启动风机，待空气流量稳定后读取填料层压降 Δp（读 U 形液柱压差计 11 的读数），用阀 5 调节进塔的空气流量，流量按从小到大的顺序进行调节。在对数坐标纸上以空塔气速 u 为横坐标，以单位高度的压降 $\Delta p/Z$ 为纵坐标，标绘干填料层 $(\Delta p/Z)$-u 关系曲线。

（2）测量吸收塔在某喷淋量下填料层的 $(\Delta p/Z)$-u 关系曲线。将水流量固定在 100 L/h（水的流量因设备而定），然后用与上面相同的方法调节空气流量，并读取填料层压降 Δp、转子流量计读数和流量计处空气温度，并注意观察塔内的现象，一旦看到液泛现象，记下对应的空气转子流量计读数后，减小空气流量，实验结束。在对数坐标纸上标出液体喷淋量为 100 L/h 时的 $(\Delta p/Z)$-u 关系曲线（图 2-13）在图上确定液泛气速，并与观察的液泛气速相比较。

（3）CO_2 吸收传质系数的测定：吸收塔与解吸塔（水流量为 40 L/h）。

1）打开阀门 5，关闭阀门 9 和 13。

2）启动吸收液泵 2 将水经流量计 14 计量（水流量为 40 L/h）后打入吸收塔中充分润湿吸收塔。

3）打开空气泵，调节气体流量为 0.25 m^3/h 左右，然后打开 CO_2 钢瓶总阀，开启减压阀 20，向吸收塔中通入 CO_2（CO_2 流量计 15 的阀门要全开），流量调节在 0.1 m^3/h 左右。

4）启动解吸泵 3，将吸收液经解吸液流量计 7 计量后打入解吸塔中，同时启动风机，利用阀门 5 调节空气流量（0.25 m^3/h），对解吸塔中的吸收液进行解吸。

5）操作达到稳定状态之后（20 min），测量塔底液体温度；同时测定吸收塔入口、吸收塔底和解吸塔底水溶液中 CO_2 的含量。

（4）CO_2 的测定。用移液管吸取 0.1 mol/L 的 $Ba(OH)_2$ 溶液 10 mL 放入三角瓶中，并从塔底附设的取样口处接收塔底溶液 10 mL，用胶塞塞好，并振荡。向溶液中加入 2~3 滴酚酞指示剂，最后用 0.1 mol/L 的盐酸滴定到粉红色消失的

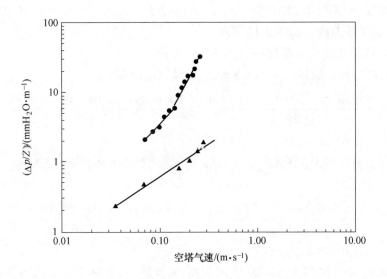

图 2-13 填料层 $(\Delta\rho/Z)$-u 的关系曲线图

$(1\ mmH_2O = 9.80665\ Pa)$

瞬间为终点。按式（2-39）计算得出溶液中 CO_2 的浓度。

$$c_{CO_2}(mol/L) = \frac{2c_{Ba(OH)_2}V_{Ba(OH)_2} - c_{HCl}V_{HCl}}{2V_{溶液}} \qquad (2-39)$$

2.6.4 实验注意事项

（1）开启 CO_2 钢瓶总阀前，要关闭减压阀，开启开度不宜过大。

（2）实验时注意吸收塔水流量计和解吸塔水流量计要一致，并注意吸收塔下的解吸水箱的液位。

（3）作分析时动作迅速，以免 CO_2 溢出。

2.6.5 实验数据记录与整理

（1）填料塔流体力学性能测定（以填料塔的干填料数据为例）。

当转子流量计读数为 $0.5\ m^3/h$，填料层压降 U 形管读数为 $4.0\ mmH_2O$（$1\ mmH_2O = 9.80665\ Pa$）。空塔气速为：

$$u = \frac{V}{3600 \times (\pi/4) \times D^2} = \frac{0.5}{3600 \times (\pi/4) \times 0.050^2} = 0.07\ m/s$$

单位填料层压降为：

$$\frac{\Delta p}{Z} = \frac{4}{0.85} = 4.7\ mmH_2O/m$$

在对数坐标纸上以空塔气速 u 为横坐标，$\Delta p/Z$ 为纵坐标作图，标绘 $(\Delta p/Z)\text{-}u$ 关系曲线，如图 2-13 所示。

（2）传质实验（以吸收塔的传质实验为例）。

吸收液消耗盐酸体积 $V = 14.8$ mL，则吸收液浓度为：

$$c_{A1} = \frac{2c_{Ba(OH)_2}V_{Ba(OH)_2} - c_{HCl}V_{HCl}}{2V_{溶液}} = \frac{2 \times 0.0912 \times 10 - 0.101 \times 14.8}{2 \times 10}$$

$$= 0.01646 \text{ mol/L}$$

因纯水中含有少量的 CO_2，所以纯水滴定消耗盐酸体积 $V = 15.8$ mL，则塔顶水中 CO_2 浓度为：

$$c_{A2} = \frac{2c_{Ba(OH)_2}V_{Ba(OH)_2} - c_{HCl}V_{HCl}}{2V_{溶液}} = \frac{2 \times 0.0912 \times 10 - 0.101 \times 15.8}{2 \times 10}$$

$$= 0.01141 \text{ mol/L}$$

根据塔底液体温度 $t = 29.2$ ℃，由表 2-13 可查得 CO_2 的亨利系数 $E = 1.787588 \times 10^{-5}$ kPa。则 CO_2 的溶解度常数为：

$$H = \frac{\rho_w}{M_w} \times \frac{1}{E} = \frac{1000}{18} \times \frac{1}{1.787588 \times 10^8} = 3.11 \times 10^{-7} \text{ kmol/(m}^3 \cdot \text{Pa)}$$

塔顶和塔底的平衡浓度为：

$$c_{A1}^* = c_{A2}^* = Hp_0 = 3.11 \times 10^{-7} \times 101325 = 0.03149 \text{ mol/L}$$

液相平均推动力为：

$$\Delta c_{am} = \frac{\Delta c_{A1} - \Delta c_{A3}}{\ln\dfrac{\Delta c_{A2}}{\Delta c_{A1}}} = \frac{(c_{A2}^* - c_{A2}) - (c_{A1}^* - c_{A1})}{\ln c_{A2}^* - \dfrac{c_{A2}}{c_{A1}^* - c_{A1}}} = \frac{c_{A1} - c_{A2}}{\ln\dfrac{c_{A2}^* - c_{A2}}{c_{A1}^* - c_{A1}}}$$

$$= \frac{0.01646 - 0.01141}{\ln\dfrac{0.03149 - 0.01141}{0.03149 - 0.01646}} = 0.0174 \text{ kmol/m}^3$$

本实验采用的物系不仅遵循亨利定律，而且气膜阻力可以不计，在此情况下，整个传质过程的阻力都集中于液膜，即属液膜控制过程，则液侧体积传质膜系数等于液相体积传质总系数，即：

$$k_1\alpha = K_L\alpha = \frac{V_{sL}}{hS} \times \frac{c_{A1} - c_{A2}}{\Delta c_{am}} = \frac{40 \times \dfrac{10^{-3}}{3600}}{0.85 \times 3.14 \times \dfrac{0.050^2}{4}} \times \frac{0.01646 - 0.01141}{0.0174}$$

$$= 0.0019 \text{ m/s}$$

实验结果列表见表 2-11～表 2-13。

表 2-11 干填料时填料塔流体力学性能测定表

($L = 100$ L/h，填料层高度 $Z = 0.85$ m，塔径 $D = 0.050$ m)

序号	填料层压强降 /mmH$_2$O	单位高度填料层压强降 /(mmH$_2$O · m^{-1})	空气转子流量计读数 /(m^3 · h^{-1})	空塔气速 /(m · s^{-1})
1	4.0	4.7	0.5	0.07
2	7.0	8.2	1.1	0.16
3	9.0	10.6	1.4	0.20
4	12.0	14.1	1.7	0.24
5	16.0	18.8	2.0	0.28
6	18.0	21.2	2.2	0.31
7	22.0	25.9	2.5	0.35

注：1 mmH$_2$O = 9.80665 Pa。

表 2-12 湿填料时填料塔流体力学性能测定表

($L = 100$ L/h，填料层高度 $Z = 0.85$ m，塔径 $D = 0.050$ m)

序号	填料层压强降 /mmH$_2$O	单位高度填料层压强降 /(mmH$_2$O · m^{-1})	空气转子流量计读数 /(m^3 · h^{-1})	空塔气速 /(m · s^{-1})	操作现象
1	18.0	21.2	0.50	0.07	流动正常
2	23.0	27.1	0.60	0.08	流动正常
3	28.0	32.9	0.70	0.10	流动正常
4	37.0	43.5	0.80	0.11	流动正常
5	46.0	54.1	0.90	0.13	流动正常
6	50.0	58.8	1.00	0.14	流动正常
7	78.0	91.8	1.10	0.16	流动正常
8	95.0	111.8	1.20	0.17	流动正常
9	115.0	135.3	1.30	0.18	流动正常
10	140.0	164.7	1.40	0.20	流动正常
11	149.0	175.3	1.50	0.21	流动正常
12	180.0	211.8	1.60	0.23	积水
13	238.0	280.0	1.70	0.24	液泛
14	278.0	315.9	1.80	0.25	液泛

注：1 mmH$_2$O = 9.80665 Pa。

表 2-13 CO₂ 在水中的亨利系数 E (kPa)

气体	温度/℃											
	0	5	10	15	20	25	30	35	40	45	50	60
CO₂	0.74×10^{-5}	0.89×10^{-5}	1.05×10^{-5}	1.24×10^{-5}	1.44×10^{-5}	1.66×10^{-5}	1.88×10^{-5}	2.12×10^{-5}	2.36×10^{-5}	2.60×10^{-5}	2.87×10^{-5}	3.46×10^{-5}

2.7 精馏过程数据采集与过程控制实验

2.7.1 实验目的

(1) 通过该实验了解精馏设备流程及各组成部分的作用,学会识别精馏塔内出现的几种操作状态,并学会分析不同状态对塔性能的影响。

(2) 练习并掌握精馏塔性能参数的测定方法,测定精馏塔在全回流和部分回流条件下的理论塔板数和塔板效率。

(3) 整套装置采用不锈钢材料制造,塔身安装有玻璃观测管,在实验过程中可观测塔板上气-液传质过程的全貌,理解和记忆精馏操作时塔板上的水力状况,强化实验教学效果。

2.7.2 实验装置

2.7.2.1 实验流程

精馏塔为筛板塔,全塔共有 10 块塔板,由不锈钢板制成。塔身由内径为 50 mm 的不锈钢管制成,第 2 段和第 9 段采用耐热玻璃材质,便于观察塔内的气液相流动状况,其余塔段做了保温处理。降液管由外径为 8 mm 的不锈钢管制成。筛孔直径 2 mm。塔内装有铂电阻温度计,用来测定塔内气相温度。塔顶的物料蒸气和塔底产品在管外冷凝并冷却,管内通冷却水。塔釜采用电加热。整套装置结构紧凑,流程顺畅,具有操作简便、抗干扰能力强、测量仪表先进、模拟大型工业生产规模、功能全面等特点,并且节省能源,每套装置只需 1.5 kW 左右的用电负荷,就可以完成全回流和部分回流条件下的精馏操作。

混合液体由储料罐经进料泵、进料阀直接(由高位槽转子流量计计量)进入塔内。塔釜装有液位计,用于观察釜内存液量。塔底产品经过冷却后经由平衡管流出。回流比调节器用来控制回流比,馏出液储罐接收馏出液。回流比控制采用电磁铁吸合摆针的方式来实现。

2.7.2.2 实验物系及设备技术参数

精馏塔结构参数见表 2-14。

表 2-14   精馏塔结构参数表

名　　称	尺寸 /mm×mm	高度 /mm	板间距 /mm	板数/块	板型、孔径 /mm	降液管 /mm×mm	材质
塔体	$\phi 57×3.5$	100	100	10	筛板 2.0	$\phi 8×1.5$	不锈钢
塔釜	$\phi 100×2$	300					不锈钢
塔顶冷凝器	$\phi 57×3.5$	300					不锈钢
塔釜冷凝器	$\phi 57×3.5$	300					不锈钢

实验物系及纯度要求如下。

（1）实验物系：乙醇-正丙醇。

（2）实验物系纯度要求：化学纯或分析纯。

（3）实验物系平衡关系见表 2-15。

（4）实验物系浓度要求：15%～25%（乙醇的质量分数）。浓度分析使用阿贝折光仪，折光指数与溶液浓度的关系见表 2-16。

（5）实验操作参数见表 2-17。

表 2-15   乙醇-正丙醇的 t-x-y 关系

（以乙醇的摩尔分数表示，x 为液相，y 为气相）　　　　　　　　（%）

t/℃	97.60	93.85	92.66	91.60	88.32	86.25	84.98	84.13	83.06	80.50	78.38
x	0	0.126	0.188	0.210	0.358	0.461	0.546	0.600	0.663	0.884	1.000
y	0	0.240	0.318	0.349	0.550	0.650	0.711	0.760	0.799	0.914	1.000

注：乙醇沸点为 78.3 ℃；正丙醇沸点为 97.2 ℃。

表 2-16   乙醇-正丙醇物系温度-折光指数-液相组成之间的关系

（液相组成为乙醇的质量分数）

温度/℃	液相组成/%							
	0	0.05052	0.09985	0.19740	0.29500	0.39770	0.49700	0.59900
25	1.3827	1.3815	1.3797	1.3770	1.3750	1.3730	1.3705	1.3680
30	1.3809	1.3796	1.3784	1.3759	1.3755	1.3712	1.3690	1.3668
35	1.3790	1.3775	1.3762	1.3740	1.3719	1.3692	1.3670	1.3650

温度/℃	液相组成/%						
	0.64450	0.71010	0.79830	0.84420	0.90640	0.95090	1.0000
25	1.3607	1.3658	1.3640	1.3628	1.3618	1.3606	1.3589
30	1.3657	1.3640	1.3620	1.3607	1.3593	1.3584	1.3574
35	1.3634	1.3620	1.3600	1.3590	1.3573	1.3653	1.3551

表 2-17　精馏塔实验操作参数参考表

序号	名　称	数 据 范 围		说　　明
1	塔釜加热	电压 100~180 V		（1）维持正常操作下的参数值；（2）用固体调压器调压，指示的功率为实际功率的 1/2~2/3
2	回流比 R	4~∞		—
3	塔顶温度	77~83 ℃		—
4	操作稳定时间	20~35 min		（1）开始升温到正常操作约 30 min；（2）正常操作稳定时间内各操作参数值维持不变，板上鼓泡均匀
5	实验结果	理论板数/块	3~6	一般用图解法
		总板效率	40%~85%	
		精度/块	1	

30 ℃下质量分数与阿贝折光仪的读数之间的关系也可按下列回归式计算：

$$w = 58.844116 - 42.61325n_D$$

式中　　w ——乙醇的质量分数；

　　　　n_D ——折光仪的读数（折光指数）。

通过质量分数求出摩尔分数（x_A），乙醇相对分子质量 $M_A = 46$，正丙醇相对分子质量 $M_B = 64$，公式如下：

$$x_A = \frac{\dfrac{w_A}{M_A}}{\dfrac{w_A}{M_A} + \dfrac{1 - w_A}{M_B}}$$

2.7.2.3　实验设备

精馏实验装置如图 2-14 所示。

2.7.3　实验步骤

（1）实验前的检查准备工作。

1）将与阿贝折光仪配套使用的超级恒温水浴调整运行到所需的温度，并记录这个温度。将取样用的注射器和镜头纸备好。

2）检查实验装置上的各个旋塞、阀门，均应处于关闭状态。

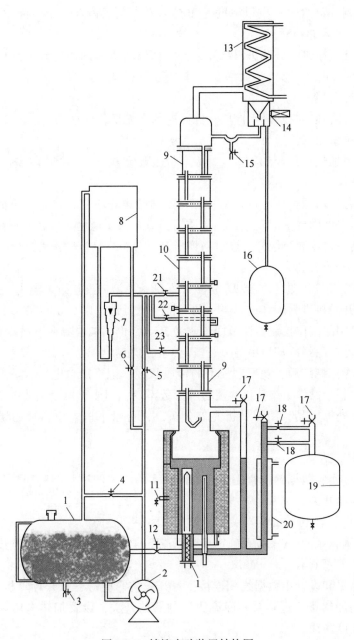

图 2-14 精馏实验装置结构图

1—储料罐；2—进料泵；3—放料阀；4—料液循环阀；5—直接进料阀；6—间接进料阀；7—流量计；

8—高位槽；9—玻璃观察段；10—精馏塔；11—塔釜取样阀；12—釜液放空阀；13—塔顶冷凝器；

14—回流比控制器；15—塔顶取样阀；16—塔顶液回收罐；17—放空阀；18—塔釜出料阀；

19—塔釜储料罐；20—塔釜冷却器；21—第六块板进料阀；22—第七块板进料阀；23—第八块板进料阀

3）配制一定浓度（质量浓度为 20%左右）的乙醇-正丙醇混合液（总容量 1 L 左右），倒入储料罐。

4）打开直接进料阀和进料泵开关，向精馏塔塔釜内加料到指定高度（冷液面在塔釜总高的 2/3 处），然后关闭进料阀和进料泵。

（2）全回流操作。

1）打开塔顶冷凝器进水阀门，保证冷却水充足。

2）记录室温，接通总电源开关（220 V）。

3）调节加热电压至约 130 V，待塔板上建立液层后适当加大电压，使塔内维持正常操作。

4）当各块塔板上鼓泡均匀后，保持加热釜电压不变，在全回流情况下稳定 20 min 左右。期间要随时观察塔内传质情况直至操作稳定。然后分别在塔顶、塔釜取样口用注射器同时取样，通过阿贝折光仪分析样品浓度是否达标。

（3）部分回流操作。

1）接通塔釜冷却水，冷却水流量以保证釜馏液温度接近常温为准。

2）打开间接进料阀和进料泵，调节转子流量计，以 2.0~3.0 L/h 的流量向塔内加料，用回流比控制器调节回流比为 $R=4$，馏出液收集在塔顶液回收罐中。

3）塔釜产品经冷却后由溢流管流出，收集在容器内。

4）待操作稳定后，观察塔板上的传质状况，记下加热电压、塔顶温度等有关数据。在整个操作中维持进料流量计读数不变，用注射器分别抽取塔顶、塔釜和进料口 3 处的样品，用阿贝折光仪分析，并记录下进塔原料液的温度（即室温）。

（4）实验结束。

1）取好实验数据并检查无误后可停止实验，关闭进料阀和加热开关，关闭回流比控制器开关。

2）停止加热 10 min 后再关闭冷却水，将一切复原。

3）根据物系的 t-x-y 关系确定部分回流下进料的泡点温度并进行数据处理。

（5）计算机操作。

将计算机和设备用数据线相连接，打开设备总电源，打开计算机精馏程序，用程序控制加热釜、进料泵、回流比控制器的开关，设置加热电压和回流比数值，查看温度曲线。

2.7.4　实验注意事项

（1）由于实验所用物系属易燃物，所以实验中要特别注意安全，在操作过程中避免洒落试样，以免发生危险。

（2）本实验设备加热功率由仪表自动调节，注意控制加热，升温要缓慢，以免发生爆沸（过冷沸腾）使釜液从塔顶冲出。若出现此现象应立即断电，重新操作。在升温和正常操作过程中釜的电功率不能过大。

（3）开车时要先接通冷却水再向塔釜供热，停车时操作反之。

（4）检测浓度使用阿贝折光仪。读取折光指数时，一定要同时记录测量温度并按给定的折光指数-质量分数-测量温度的关系（表2-16）测定相关数据。

（5）为便于对全回流和部分回流的实验结果（塔顶产品质量）进行比较，应尽量使两组实验的加热电压及所用料液浓度相同或相近。连续做实验时，应将前一次实验留存在塔釜、塔顶、塔底产品接收器内的料液倒回原料液储罐中循环使用。

2.7.5 实验数据记录与整理

本实验的数据处理见表2-18。

表2-18 精馏实验原始数据及处理结果

实验装置：1 实际塔板数：10 实验物系：乙醇-正丙醇 折光仪分析温度：30 ℃

装置组成	全回流：$R \to \infty$		部分回流：$R=4$；进料量：3 L/h；进料温度：21.7 ℃；泡点温度：91 ℃		
装置组成	塔顶组成	塔釜组成	塔顶组成	塔釜组成	进料组成
折光指数 n	1.3610	1.3770	1.3620	1.3775	1.3765
质量分数 w	0.847	0.166	0.805	0.144	0.187
摩尔分数 x	0.879	0.206	0.843	0.180	0.231
理论板数	3.6179		6.1187		
总板效率/%	36.179		61.187		

实验数据处理过程如下：

（1）全回流。

当塔顶样品折光指数 $n_D = 1.3610$ 时，乙醇的质量分数为：

$w = 58.844116 - 42.61325 \times n_D = 58.844116 - 42.61325 \times 1.3610 = 0.847$

摩尔分数为：

$$x_D = \frac{\dfrac{0.847}{46}}{\dfrac{0.847}{46} + \dfrac{1 - 0.847}{60}} = 0.878$$

同理，当塔釜样品折光指数 $n_W = 1.3770$ 时，乙醇的质量分数为：

$w = 58.844116 - 42.61325 \times n_W = 58.844116 - 42.61325 \times 1.3770 = 0.166$

摩尔分数为：

$$x_W = 0.206$$

用图解法（图 2-15）图解理论板数：

$$N_T = 4.6179 - 1 = 3.6179 \quad （塔釜算作一块理论板）$$

$$全塔效率 \ \eta = \frac{N_T}{N_P} = \frac{3.6179}{10} = 36.179\%$$

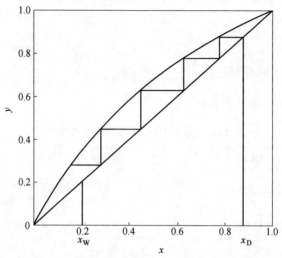

泡点温度：	样品室温度：30 ℃	进料温度：	
$R \rightarrow \infty$	塔顶浓度	塔底浓度	进料浓度
折光指数 n	1.3610	1.3770	1.3765
质量分数 w	0.847	0.166	0.187
摩尔分数 x	0.879	0.206	0.231
实际板数	理论板数	塔板效率/%	
10	3.6179	36.179	

图 2-15　图解全回流理论板数

（2）部分回流（$R = 4$）。当塔顶样品折光指数 $n_D = 1.3620$，塔釜样品折光指数 $n_W = 1.3775$，进料样品折光指数 $n_F = 1.3765$ 时，可由全回流计算方法算出摩尔分数 $x_D = 0.843$，$x_W = 0.180$，$x_F = 0.231$。

当进料温度 $t_F = 21.7$ ℃，在 $x_F = 0.231$ 下泡点温度为 91 ℃。

乙醇在 56.35 ℃下的比热容为 $c_{p1} = 3.07$ kJ/(kg·℃)。

正丙醇在 56.35 ℃下的比热容为 $c_{p2} = 2.85$ kJ/(kg·℃)。

乙醇在 91 ℃下的汽化潜热 $r_1 = 819$ kJ/kg。

正丙醇在 91 ℃下的汽化潜热 $r_2 = 680$ kJ/kg。

混合液体的比热容为：

$$c_{pm} = 46 \times 0.231 \times 3.07 + 60 \times (1 - 0.231) \times 2.85$$
$$= 164.12 \text{ kJ/(kmol} \cdot \text{℃})$$

混合液体的汽化潜热为:

$$r_m = 46 \times 0.231 \times 819 + 60 \times (1 - 0.231) \times 680 = 40078 \text{ kJ/kmol}$$

$$q = \frac{c_{pm} \times (t_B - t_F) + r_m}{r_m} = \frac{164.12 \times (91 - 21.7) + 40078}{40078} = 1.28$$

$$q \text{ 线斜率} = \frac{q}{q-1} = 4.57$$

在平衡线和精馏段操作线、提馏段操作线之间作图分析,理论板数为 6.1187。

$$全塔效率 \ \eta = \frac{N_T}{N_P} = 61.187\%$$

图解法求解理论板数如图 2-16 所示。

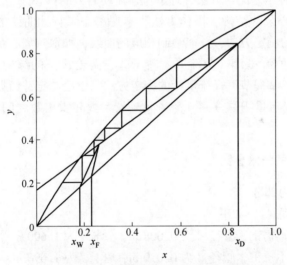

图 2-16　图解部分回流理论板数

泡点温度:　样品室温度:30 ℃　进料温度:			
$R \rightarrow \infty$	塔顶浓度	塔底浓度	进料浓度
折光指数 n	1.3620	1.3775	1.3765
质量分数 w	0.805	0.144	0.187
摩尔分数 x	0.843	0.180	0.231
实际板数	理论板数	塔板效率/%	
10	6.1187	61.187	

2.7.6　思考题

（1）全回流操作有哪些特点？

（2）如何判断塔内操作是否稳定？

（3）回流比改变对馏出液和釜残液的组成有何影响？

（4）塔内操作稳定以后，各塔板的温度分布有何规律？

2.8　化工流动过程综合实验（综合实验）

2.8.1　实验目的

（1）熟悉将流体阻力实验、离心泵性能实验、流量计流量系数测定实验有机结合在一起的多功能实验装置。

（2）熟悉光滑直管、粗糙直管的摩擦阻力系数与雷诺数的测量方法，并能绘制关系曲线。

（3）学习几种压差测量方法，理解流体流动阻力的概念。

（4）了解离心泵的结构、操作方法，掌握离心泵特性曲线的测定方法，掌握管路特性曲线的测定方法，并能绘制相应的曲线，加深对离心泵性能的理解。

（5）了解各种流量计（节流式、转子式、涡轮式）的结构、性能及特点，掌握其使用方法。掌握节流式流量计的标定方法，学会测定并绘制文丘里流量计的流量标定曲线（流量-压差关系），掌握流量系数和雷诺数之间的关系（C_0-Re 关系）。

2.8.2　实验设备的技术参数

（1）流体阻力部分。

1）被测直管段材料如下。

① 光滑管：不锈钢，管径 d 为 0.008 m，管长 l 为 1.690 m。

② 粗糙管：不锈钢，管径 d 为 0.010 m，管长 l 为 1.690 m。

③ 局部系数测量管：不锈钢，管径 d 为 0.015 m，管长 l 为 1.690 m。

2）玻璃转子流量计型号规格如下：

型　号	测量范围/(L·h^{-1})	精度/级
LZB-25	100~1000	1.5
LZB-10	10~100	2.5

3）压差传感器：型号 LXWY，测量范围为 200 kPa。

4）数字显示仪表选用宇电数字显示仪表，型号规格如下：

测量参数名称	仪表名称	数量/个
温度	AI-501B	1
压差	AI-501BV24	1
流量	AI-501BV24	1
功率	AI-501B	1

5）离心泵的型号为 WB70/055。

（2）流量计性能部分。流量测量采用文丘里流量计，喉径为 0.020 m。实验管路管径为 0.043 m。

（3）离心泵性能部分。

1）离心泵：型号 WB70/055，电动机效率为 60%。

2）真空表：用于泵入口真空度的测量，测量范围为 $-0.1 \sim 0$ MPa，精度为 1.5 级，真空表测压位置管内径 $d_入 = 0.036$ m。

3）压力表：用于泵出口压力的测量，测量范围为 $0 \sim 0.25$ MPa，精度 1.5 级，压力表测压位置管内径 $d_出 = 0.043$ m。

4）流量计：采用涡轮流量计，精度为 0.5 级。

5）两测压口之间的距离：真空表与压力表测压口之间的垂直距离 $h_0 = 0.280$ m。

（4）管路特性部分。变频器的型号为 N2-401-H，量程为 $0 \sim 50$ Hz。

2.8.3 实验装置

实验装置流程示意图如图 2-17 所示。实验装置仪表面板如图 2-18 所示。

（1）流体阻力测量。水泵 2 将水箱 1 中的水抽出，送入实验系统，经玻璃转子流量计 22、23 测量流量，然后送入被测直管段测量流体流动阻力，经回流管流回水箱 1。被测直管段流体流动阻力 Δp 可根据其数值大小分别采用压力传感器 12 或空气-水倒 U 形管来测量。

（2）流量计、离心泵性能测定。水泵 2 将水箱 1 内的水输送到实验系统，流体经涡轮流量计 13 计量，用流量调节阀 32 调节流量，回到水箱。同时测量文丘里流量计两端的压差、离心泵进出口压强、离心泵电动机的输入功率，并记录。

（3）管路特性测量。用流量调节阀 32 调节液体流量到某一值，改变电动机频率，测定涡轮流量计的频率、泵入口真空度、泵出口压强，并记录。

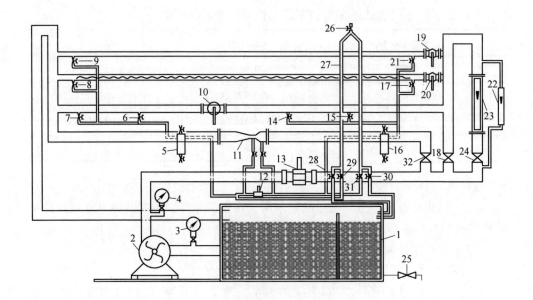

图 2-17　化工流动过程综合实验流程示意图

1—水箱；2—水泵；3—入口真空表；4—出口压力表；5, 16—缓冲罐；6, 14—测局部阻力近端阀；
7, 15—测局部阻力远端阀；8, 17—粗糙管测压阀；9, 21—光滑管测压阀；10—局部阻力阀；
11—文丘里流量计（孔板流量计）；12—压力传感器；13—涡轮流量计；18, 24, 32—阀门；
19—光滑管；20—粗糙管阀；22—小转子流量计；23—大转子流量计；25—水箱放水阀；
26—倒 U 形管放空阀；27—倒 U 形管；28, 30—倒 U 形管排水阀；29, 31—倒 U 形管平衡阀

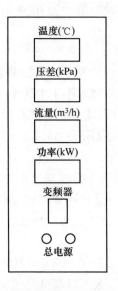

图 2-18　流体流动综合实验装置面板示意图

2.8.4 实验步骤

（1）流体阻力的测量。向水箱内注水至水满为止，最好使用蒸馏水，以保持流体清洁。

1）光滑管阻力测定。关闭粗糙管路阀门，将光滑管管路阀门全开，在流量为零的条件下，打开倒U形管的进水阀，检查导压管内是否有气泡存在。若倒U形管内液柱高度差不为零，则表明导压管内存在气泡，需要进行赶气泡操作，导压系统如图2-19所示。

操作方法如下：

① 增大流量，打开倒U形管进水阀3，使倒U形管内的液体充分流动，以赶出管路内的气泡。若观察气泡已被赶净，关闭流量调节阀，关闭倒U形管进水阀3，慢慢旋开倒U形管上部的放空阀5后，分别缓慢打开阀门1、2，至液柱降至中点上下时马上关闭阀门，管内形成气-水柱，此时管内

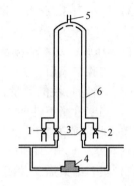

图2-19 导压系统示意图
1，2—排水阀；3—倒U形管进水阀；4—压力传感器；5—倒U形管放空阀；6—倒U形管

液柱高度差不一定为零。然后关闭倒U形管放空阀5，打开倒U形管进水阀3，此时倒U形管两液柱的高度差应为零（1~2 mm 的高度差可以忽略），如不为零则表明管路中仍有气泡存在，需要重复进行赶气泡操作。

② 将该装置的两个转子流量计并联，根据流量大小选择不同量程的流量计测量流量。

③ 差压变送器与倒U形管也并联，用于测量压差，流量小时用U形管压差计测量，流量大时用差压变送器测量。应在最大流量和最小流量之间进行实验操作，一般测取 15~20 组数据。

需要注意的是，在测大流量的压差时应关闭倒U形管进水阀3，防止水利用倒U形管形成回路，影响实验数据。

2）粗糙管阻力测定。

① 关闭光滑管的管路阀门，将粗糙管的管路阀门全开，从小流量到最大流量，测取 15~20 组数据。

② 测取水箱水温。待数据测量完毕，关闭流量调节阀，停泵。

3）局部阻力测量。关闭实验管路上所有阀门后的半开局部阻力阀门，用流量调节阀24（见图2-17，本节余同）调节流体流量并稳定后，分别测取远端、近端压差。

（2）流量计、离心泵性能的测定。

1）向水箱内注入蒸馏水。检查流量调节阀 32（图 2-17）以及压力表 4 的开关及真空表 3 的开关是否关闭（应关闭）。

2）启动离心泵，缓慢打开调节阀 32 至全开。待系统内流体稳定，即系统内已没有气体时，打开压力表和真空表的开关，方可测取数据。

3）用阀门 32 调节流量，从流量为零至最大或流量从最大到零，测取 10～15 组数据，同时记录涡轮流量计的频率、文丘里流量计的压差、泵入口的真空度、泵出口的压强、功率表读数，并记录水温。

4）实验结束后，关闭流量调节阀，停泵，切断电源。

（3）管路特性的测量。

1）测定管路特性曲线时，先置流量调节阀 32 为某一开度，调节离心泵电动机频率（调节范围 20～50 Hz），测取 8～10 组数据，同时记录电动机频率、泵入口的真空度、泵出口的压强、流量计读数，并记录水温。

2）实验结束后，关闭流量调节阀，停泵，切断电源。

2.8.5　实验注意事项

（1）直流数字表操作方法请仔细阅读说明书，待熟悉其性能和使用方法后再进行操作。

（2）启动离心泵之前以及从光滑管阻力测量过渡到其他测量操作之前，都必须检查所有流量调节阀是否关闭。

（3）利用压力传感器测量大流量下的 Δp 时，应切断空气-水倒置 U 形玻璃管的阀门，否则将影响测量数值的准确性。

（4）在实验过程中每调节一个流量之后应待流量和直管压降的数据稳定以后方可记录数据。

（5）若之前较长时间未做实验，启动离心泵时应先盘轴转动，否则易烧坏电动机。

（6）该装置电路采用五线三相制配电，实验设备应良好接地。

（7）使用变频调速器时一定注意"FWD"指示灯亮时，切忌按"FWD REV"键，"REV"指示灯亮时电动机反转。

（8）启动离心泵前，必须关闭流量调节阀，关闭压力表和真空表的开关，以免损坏测量仪表。

（9）实验水质要清洁，以免影响涡轮流量计的运行。

2.8.6　实验数据记录与整理

2.8.6.1　流体阻力测量

A　直管摩擦系数 λ 与雷诺数 Re 的测定

（1）实验原理及计算过程。

直管的摩擦阻力系数是雷诺数和相对粗糙度的函数，即 $\lambda = f(Re, \varepsilon/d)$，对一定的相对粗糙度而言，$\lambda = f(Re)$。

流体在一定长度的等直径水平圆管内流动时，其管路阻力引起的能量损失为：

$$h_f = \frac{p_1 - p_2}{\rho} = \frac{\Delta p_f}{\rho} \tag{2-40}$$

又因为摩擦阻力系数与阻力损失之间有如下关系（范宁公式）：

$$h_f = \frac{\Delta p_f}{\rho} = \lambda \times \frac{l}{d} \times \frac{u^2}{2} \tag{2-41}$$

整理式（2-40）和式（2-41）得：

$$\lambda = \frac{2d}{\rho l} \times \frac{\Delta p_f}{u^2} \tag{2-42}$$

$$Re = \frac{du\rho}{\mu} \tag{2-43}$$

式中　p_1——位置 1 处的压力，Pa；

　　　p_2——位置 2 处的压力，Pa；

　　　ρ——流体的密度，kg/m^3；

　　Δp_f——直管阻力引起的压强降，Pa；

　　　l——管长，m；

　　　d——管径，m；

　　　u——流速，m/s；

　　　μ——流体的黏度，Pa·s。

在实验装置中，直管段管长 l 和管径 d 都已固定。若水温一定，则水的密度 ρ 和黏度 μ 也是定值。所以，本实验实质上是测定直管段流体阻力引起的压强降 Δp_f 与流速 u（流量 V）之间的关系。

根据实验数据和式（2-42）可计算出不同流速下的直管摩擦系数 λ，用式（2-43）可计算对应的 Re，从而整理出直管摩擦系数和雷诺数的关系，绘出 λ 与 Re 的关系曲线。

（2）计算举例。

1）光滑管、小流量数据（以表 2-19 第 14 组数据为例）。

$Q = 60$ L/h，$h = 50$ mm（介质为水），实验水温 $t = 15.5$ ℃，黏度 $\mu = 1.16 \times 10^{-3}$ Pa·s，密度 $\rho = 998.55$ kg/m^3。

管内流体流速为：

$$u = \frac{Q}{\frac{\pi}{4}d^2} = \frac{60/(3600 \times 1000)}{(\pi/4) \times 0.008^2} = 0.33 \text{ m/s}$$

阻力降为：

$$\Delta p_f = \rho g h = 998.55 \times 9.81 \times (50/1000) = 490 \text{ Pa}$$

雷诺数为：

$$Re = \frac{du\rho}{\mu} = \frac{0.008 \times 0.33 \times 998.55}{1.16 \times 10^{-3}} = 2.273 \times 10^3$$

阻力系数为：

$$\lambda = \frac{2d}{\rho l} \times \frac{\Delta p_f}{u^2} = \frac{2 \times 0.008}{998.55 \times 1.690} \times \frac{490}{0.33^2} = 4.27 \times 10^{-2}$$

2) 粗糙管、大流量数据（以表 2-20 第 8 组数据为例）。

$Q = 300 \text{ L/h}$，$\Delta p = 17.7 \text{ kPa}$，实验水温 $t = 15.5 \text{ ℃}$，黏度 $\mu = 1.16 \times 10^{-3} \text{ Pa} \cdot \text{s}$，密度 $\rho = 998.55 \text{ kg/m}^3$。

管内流体流速为：

$$u = \frac{Q}{\frac{\pi}{4}d^2} = \frac{300/(3600 \times 1000)}{(\pi/4) \times 0.010^2} = 1.06 \text{ m/s}$$

阻力降为：

$$\Delta p_f = 17.7 \times 1000 = 17700 \text{ Pa}$$

雷诺数为：

$$Re = \frac{du\rho}{\mu} = \frac{0.010 \times 1.06 \times 998.55}{1.16 \times 10^{-3}} = 0.912 \times 10^4$$

阻力系数为：

$$\lambda = \frac{2d}{\rho l} \times \frac{\Delta p_f}{u^2} = \frac{2 \times 0.010}{998.55 \times 1.690} \times \frac{17700}{1.06^2} = 0.186$$

B 局部阻力系数的测定

（1）实验原理及计算过程。

局部阻力系数 ζ 的测定如下：

$$h'_f = \frac{\Delta p'_f}{\rho} = \zeta \frac{u^2}{2} \qquad (2\text{-}44)$$

$$\zeta = \frac{2}{\rho} \times \frac{\Delta p'_f}{u^2} \qquad (2\text{-}45)$$

式中　h'_f——局部阻力引起的能量损失，J/kg；

　　$\Delta p'_f$——局部阻力引起的压强降，Pa；

　　ζ——局部阻力系数。

局部阻力引起的压强降 $\Delta p'_f$ 可用下面的方法测量：在一条各处直径相等的直管段上安装待测局部阻力的阀门，在其上、下游开两对测压口 a—a' 和 b—b'，如

图 2-20 所示，使 $ab=bc$，$a'b'=b'c'$，则 $\Delta p_{f,ab}=\Delta p_{f,bc}$，$\Delta p_{f,a'b'}=\Delta p_{f,b'c'}$。

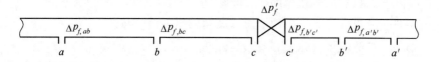

图 2-20　局部阻力测量取压口布置图

在 $u—a'$ 之间列伯努利方程式：

$$p_a - p_{a'} = 2\Delta p_{f,ab} + 2\Delta p_{f,a'b'} + \Delta p'_f \tag{2-46}$$

在 $b—b'$ 之间列伯努利方程式：

$$
\begin{aligned}
p_b - p_{b'} &= \Delta p_{f,bc} + \Delta p_{f,b'c'} + \Delta p'_f \\
&= \Delta p_{f,ab} + \Delta p_{f,a'b'} + \Delta p'_f
\end{aligned} \tag{2-47}
$$

联立式（2-46）和式（2-47），则：

$$\Delta p'_f = 2(p_b - p_{b'}) - (p_a - p_{a'}) \tag{2-48}$$

为了实验方便，$p_b - p_{b'}$ 称为近点压差，$p_a - p_{a'}$ 称为远点压差，其数值用差压传感器来测量。

（2）计算举例。

局部阻力实验数据以表 2-21 的第 1 组数据为例。

$Q = 800$ L/h，近点压差为 186.0 kPa，远点压差为 186.6 kPa，实验水温 $t =$ 20.8 ℃，密度 $\rho = 997.49$ kg/m³，$d = 0.015$ m。

管内流体流速为：

$$u = \frac{Q}{\dfrac{\pi}{4}d^2} = \frac{800/(3600 \times 1000)}{(\pi/4) \times 0.015^2} = 1.26 \text{ m/s}$$

局部阻力为：

$$\Delta p'_f = 2(p_b - p_{b'}) - (p_a - p_{a'}) = (2 \times 186 - 186.6) \times 1000 = 185400 \text{ Pa}$$

局部阻力系数为：

$$\zeta = \frac{2}{\rho} \times \frac{\Delta p'_f}{u^2} = \frac{2}{997.49} \times \frac{185400}{1.26^2} = 234.1$$

2.8.6.2　流量计性能测定

（1）实验原理及计算过程。

流体通过节流式流量计时，在上、下游两取压口之间产生压强差，它与流量的关系为：

$$V_s = C_0 A_0 \sqrt{\frac{2(p_上 - p_下)}{\rho}} \tag{2-49}$$

式中　V_s——被测流体（水）的体积流量，m³/s；

C_0——流量系数；

A_0——流量计节流孔截面积，m^2；

$p_上 - p_下$——流量计上、下游两取压口之间的压强差，Pa；

ρ——被测流体（水）的密度，kg/m^3。

用涡轮流量计作为标准流量计来测量流量 V_s，每一个流量在压差计上都有一个对应的读数，将压差计读数 Δp 和流量 V_s 绘制成一条曲线，即流量标定曲线。同时利用式（2-49）整理数据可进一步得到 C_0-Re 关系曲线。

（2）计算举例（以表 2-22 第 5 组数据为例）。

涡轮流量计 $Q = 7.74$ m^3/h，流量计压差 $\Delta p = 23.4$ kPa，实验水温 $t = 15.5\ ℃$，黏度 $\mu = 1.16 \times 10^{-3}$ Pa·s，密度 $\rho = 998.55$ kg/m^3，$d = 0.043$ m。

管内流体流速为：

$$u = \frac{7.74}{3600 \times \frac{\pi}{4} \times 0.043^2} = 1.481 \text{ m/s}$$

雷诺数为：

$$Re = \frac{du\rho}{\mu} = \frac{0.043 \times 1.481 \times 998.55}{1.16 \times 10^{-3}} = 5.48 \times 10^4$$

流量为：

$$Q = C_0 A_0 \sqrt{\frac{2\Delta p}{\rho}}$$

流量系数为：

$$C_0 = \frac{Q}{A_0 \sqrt{\frac{2\Delta p}{p}}} = \frac{7.74}{3.600 \times \frac{\pi}{4} \times 0.02 \times 0.02 \times \sqrt{\frac{2 \times 23.4 \times 1000}{998.55}}} = 1.001$$

2.8.6.3 离心泵性能的测定

（1）实验原理及计算过程。

1）H 的测定。在泵的吸入口和排出口之间列伯努利方程：

$$Z_入 + \frac{p_入}{\rho g} + \frac{u_入^2}{2g} + H = Z_出 + \frac{p_出}{\rho g} + \frac{u_入^2}{2g} + H_{f,入-出} \tag{2-50}$$

$$H = (Z_出 - Z_入) + \frac{p_出 - p_入}{\rho g} + \frac{u_出^2 - u_入^2}{2g} + H_{f,入-出} \tag{2-51}$$

式（2-51）中 $H_{f,入-出}$ 是泵的吸入口和排出口之间管路内的流体流动阻力，与伯努利方程中的其他项比较，$H_{f,入-出}$ 值很小，故可忽略。于是式（2-51）变为：

$$H = (Z_{出} - Z_{入}) + \frac{p_{出} - p_{入}}{\rho g} + \frac{u_{出}^2 - u_{入}^2}{2g} \tag{2-52}$$

将测得的 $Z_{出} - Z_{入}$ 和 $p_{出} - p_{入}$ 值以及计算所得的 $u_{入}$、$u_{出}$ 代入上式即可求得 H 的值。

2）N 的测定。功率表测得的功率为电动机的输入功率。由于泵由电动机直接带动，传动效率可视为1，所以电动机的输出功率等于泵的轴功率，即：

泵的轴功率 $N(\mathrm{kW})$ = 电动机的输出功率

电动机的输出功率(kW) = 电动机的输入功率 × 电动机的效率

泵的轴功率(kW) = 功率表读数 × 电动机的效率

3）η 的测定。计算公式见式（2-53）和式（2-54）。

$$\eta = \frac{N_e}{N} \tag{2-53}$$

$$N_e = \frac{HQ\rho g}{1000} = \frac{HQ\rho}{102} \tag{2-54}$$

式中　η——泵的效率；

　　　N——泵的轴功率，kW；

　　　N_e——泵的有效功率，kW；

　　　H——泵的扬程，m；

　　　Q——泵的流量，$\mathrm{m^3/s}$；

　　　ρ——水的密度，$\mathrm{kg/m^3}$。

（2）计算举例（以表2-23第1组数据为例）。

涡轮流量计读数 $Q = 11.07\ \mathrm{m^3/h}$，离心泵电动机输入功率 $N = 0.76\ \mathrm{kW}$，离心泵出口压力 $p_{出} = 0.04\ \mathrm{MPa}$，离心泵入口压力 $p_{入} = -0.003\ \mathrm{MPa}$，实验水温 $t = 13.6\ ℃$，黏度 $\mu = 1.22 \times 10^{-3}\ \mathrm{Pa \cdot s}$，密度 $\rho = 998.99\ \mathrm{kg/m^3}$，$d_{入} = 0.036\ \mathrm{m}$，$d_{出} = 0.043\ \mathrm{m}$。

$$H = (Z_{出} - Z_{入}) + \frac{p_{出} - p_{入}}{\rho g} + \frac{u_{出}^2 - u_{入}^2}{2g}$$

$$u_{入} = \frac{Q}{\frac{\pi}{4}d_{入}^2} = \frac{11.07/3600}{\pi/4 \times 0.036^2} = 3.022\ \mathrm{m/s}$$

$$u_{出} = \frac{Q}{\frac{\pi}{4}d_{出}^2} = \frac{11.07/3600}{\pi/4 \times 0.043^2} = 2.119\ \mathrm{m/s}$$

$$H = 0.28 + \frac{(0.04 + 0.003) \times 1000000}{998.99 \times 9.81} + \frac{3.022^2 - 2.119^2}{2 \times 9.81} = 4.91\ \mathrm{m}$$

$$N = 功率表读数 \times 电动机的效率 = 0.76 \times 60\% = 0.456 \text{ kW} = 456 \text{ W}$$

$$N_e = \frac{HQ\rho}{102} = \frac{4.91 \times 11.07/3600 \times 1000 \times 998.99}{102} = 147.87 \text{ W}$$

$$\eta = \frac{N_e}{N} = \frac{147.87}{456} \times 100\% = 32.43\%$$

2.8.6.4 管路特性的测定

当离心泵安装在特定的管路系统中工作时，实际的工作压头和流量不仅与离心泵本身的性能有关，还与管路特性有关，也就是说，在液体输送过程中，泵和管路两者是相互制约的。

管路特性曲线是流体流经管路系统的流量与所需压头之间的关系。若将泵的特性曲线与管路特性曲线绘制在同一坐标图上，两曲线的交点即为泵在该管路的工作点。因此，如同通过改变阀门开度来改变管路特性曲线一样，也可通过改变泵的转速来改变泵的特性曲线，从而得出管路特性曲线。泵的压头 H 的计算方法同上。

附：相关实验数据见表 2-19~表 2-24。

表 2-19 流体阻力实验数据记录表（光滑管内径 8 mm，管长 1.690 m）

（实验水温 $t = 15.5 \text{ °C}$，液体密度 $\rho = 998.55 \text{ kg/m}^3$，液体黏度 $\mu = 1.16 \times 10^{-3} \text{ Pa} \cdot \text{s}$）

序号	流量 Q /(L·h^{-1})	直管压差 Δp		Δp /Pa	流速 u/(m·s^{-1})	Re	λ
		kPa	mmH$_2$O				
1	1000	83.1		83100	5.53	38076	0.02577
2	900	69.0		69000	4.98	34268	0.02638
3	800	54.5		54500	4.42	30461	0.02638
4	700	42.0		42000	3.87	26653	0.02655
5	600	32.3		32300	3.32	22846	0.02779
6	500	23.3		23300	2.76	19038	0.02887
7	400	15.4		15400	2.21	15230	0.02981
8	300	8.2		8200	1.66	11423	0.02822
9	200	4.4		4400	1.11	7615	0.03407
10	100	1.2		1200	0.55	3808	0.03717
11	90		130	1273	0.50	3427	0.04870
12	80		104	1019	0.44	3046	0.04930
13	70		75	735	0.39	2665	0.04644
14	60		50	490	0.33	2285	0.04214

续表 2-19

序号	流量 Q /(L·h⁻¹)	直管压差 Δp		Δp/Pa	流速 u/(m·s⁻¹)	Re	λ
		kPa	mmH₂O				
15	50		38	372	0.28	1904	0.04612
16	40		29	284	0.22	1523	0.05499
17	30		19	186	0.17	1142	0.06405
18	20		12	118	0.11	762	0.09102
19	10		6	59	0.06	381	0.18205

注：1 mmH₂O=9.80665 Pa。

表 2-20　流体阻力实验数据记录表（粗糙管内径 10 mm，管长 1.690 m）

（实验水温 $t=15.5\ ℃$，液体密度 $\rho=998.55\ kg/m^3$，液体黏度 $\mu=1.16\times10^{-3}\ Pa\cdot s$）

序号	流量 Q /(L·h⁻¹)	直管压差 Δp		Δp/Pa	流速 u /(m·s⁻¹)	Re	λ
		kPa	mmH₂O				
1	1000	147.7		147700	3.54	30461	
2	900	125.0		125000	3.18	27415	
3	800	100.7		100700	2.83	24369	
4	700	79.1		79100	2.48	21322	
5	600	62.9		62900	2.12	18276	
6	500	46.4		46400	1.77	15230	
7	400	30.0		30000	1.42	12184	
8	300	17.7		17700	1.06	9138	
9	200	9.5		9500	0.71	6092	
10	100	3.3		3300	0.35	3046	
11	90		318	3116	0.32	2741	
12	80		261	2558	0.28	2437	
13	70		212	2077	0.25	2132	

注：1 mmH₂O=9.80665 Pa。

表 2-21　局部阻力实验数据记录表

（实验水温 $t=20.8\ ℃$，密度 $\rho=997.49\ kg/m^3$）

序号	流量 Q /(L·h⁻¹)	近端压差 /kPa	远端压差 /kPa	流速 u /(m·s⁻¹)	局部阻力 /kPa	阻力系数 ζ
1	800	186.0	186.6	1.26	185400	235.3
2	600	104.3	105	0.94	103600	233.8
3	400	44.5	45.5	0.63	43500	220.9

表 2-22 流量计性能测定实验数据记录表

（实验水温 $t=15.5$ ℃，液体密度 $\rho=998.55$ kg/m³，液体黏度 $\mu=1.16\times10^{-3}$ Pa·s）

序号	文丘里流量计压差 /kPa	文丘里流量计压差 /Pa	流量 Q /(m³·h⁻¹)	流速 u /(m·s⁻¹)	Re	C_0
1	47.9	47900	11.17	2.138	79127	1.010
2	42.9	42900	10.52	2.013	74522	1.005
3	35.9	35900	9.62	1.841	68147	1.004
4	29.2	29200	8.67	1.659	61417	1.004
5	23.4	23400	7.74	1.481	54829	1.001
6	17.8	17800	6.77	1.296	47958	1.004
7	13.2	13200	5.83	1.116	41299	1.004
8	9.1	9100	4.77	0.913	33790	0.989
9	5.5	5500	3.70	0.708	26210	0.987
10	3.3	3300	2.88	0.551	20402	0.992
11	1.5	1500	1.87	0.358	13247	0.955

表 2-23 离心泵性能测定实验数据记录表

（实验水温 $t=13.6$ ℃，液体密度 $\rho=998.89$ kg/m³，液体黏度 $\mu=1.22\times10^{-3}$ Pa·s，泵进出口高度差 $h=0.28$ m）

序号	流量 Q /(m³·h⁻¹)	入口压力 $p_入$/MPa	出口压力 $p_出$/MPa	电动机功率 /kW	出口流速 $u_出$ /(m·s⁻¹)	入口流速 $u_入$ /(m·s⁻¹)	压头 H/m	泵轴功率 N/W	η/%
1	11.07	0.003	0.04	0.76	2.119	3.022	4.91	456	32.4
2	10.18	0.001	0.067	0.79	1.947	2.778	7.42	474	43.3
3	9.16	0	0.08	0.78	1.752	2.500	8.61	468	45.8
4	8.23	0	0.109	0.78	1.574	2.246	11.53	468	55.2
5	7.38	0	0.125	0.76	1.412	2.014	13.14	456	57.8
6	6.32	0	0.144	0.73	1.209	1.725	15.05	438	59.1
7	5.25	0	0.157	0.69	1.004	1.433	16.35	414	56.4
8	4.33	0	0.16	0.64	0.828	1.182	16.64	384	51.0
9	3.53	0	0.18	0.6	0.675	0.963	18.67	360	49.8
10	2.67	0	0.193	0.53	0.511	0.729	20.00	318	45.7
11	1.59	0	0.205	0.47	0.304	0.434	21.20	282	32.6
12	0.76	0	0.21	0.42	0.145	0.207	21.70	252	17.8
13	0.00	0	0.22	0.4		0	22.70	240	0

表 2-24 离心泵管路特性曲线测定实验数据记录表

（实验水温 $t = 15.5$ ℃，液体密度 $\rho = 998.55$ kg/m³，泵进出口高度差 $h = 0.28$ m）

序号	电动机频率/Hz	入口压力 $p_入$/MPa	出口压力 $p_出$/MPa	流量 $Q/(\text{m}^3 \cdot \text{h}^{-1})$	压头 H/m
1	50	0.0030	0.040	11.16	8.11
2	48	0.0010	0.039	10.85	7.70
3	46	0.0000	0.036	10.53	6.99
4	44	0.0000	0.035	10.17	6.58
5	42	0.0000	0.034	9.67	6.17
6	40	0.0000	0.033	9.29	5.45
7	38	0.0000	0.030	8.84	4.74
8	36	0.0000	0.026	8.38	4.74
9	34	0.0000	0.023	7.91	4.02
10	32	0.0000	0.021	7.45	3.81
11	30	0.0000	0.020	7.01	3.20
12	20	0.0000	0.014	4.65	0.74
13	10	0.0000	0.011	2.24	0.44
14	0	0.0000	0.000	0.00	0.44

实验所得到的曲线如图 2-21～图 2-24 所示。

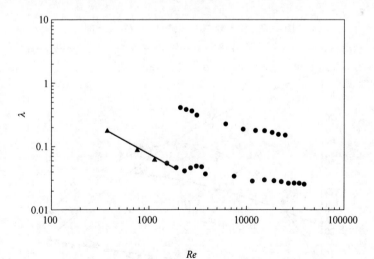

图 2-21 直管摩擦阻力系数 λ 与雷诺数 Re 关系图

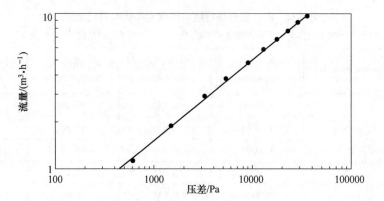

图 2-22　文丘里流量计标定曲线关系图

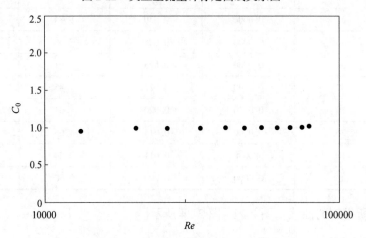

图 2-23　流量系数 C_0 与雷诺数 Re 关系图

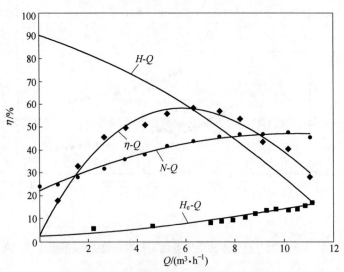

图 2-24　离心泵特性曲线和管路特性曲线图

2.9 综合传热实验（综合实验）

2.9.1 实验目的

（1）了解间壁式传热元件，掌握传热系数测定的实验方法。

（2）掌握热电阻测温的方法，观察水蒸气在水平管外壁上的冷凝现象。

（3）学会传热系数测定的实验数据处理方法，了解影响传热系数的因素和强化传热的途径。

2.9.2 实验原理

在工业生产过程中，大多数情况下冷、热流体通过固体壁面（传热元件）进行热量交换，称为间壁式换热。如图 2-25 所示，间壁式传热过程由热流体与固体壁面的对流传热、固体壁面的热传导和固体壁面与冷流体的对流传热组成。

传热达到稳定时，有：

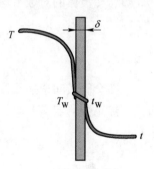

$$Q = m_1 c_{p1}(T_1 - T_2) = m_2 c_{p2}(t_2 - t_1)$$
$$= \alpha_1 A_1 (T - T_W)_m = \alpha_2 A_2 (t_W - t)_m$$
$$= KA\Delta t_m \qquad (2-55)$$

图 2-25　间壁式传热过程示意图

式中　　Q——传热量，J/s；

m_1——热流体的质量流量，kg/s；

c_{p1}——热流体的比热容，J/(kg·℃)；

T_1——热流体的进口温度，℃；

T_2——热流体的出口温度，℃；

m_2——冷流体的质量流量，kg/s；

c_{p2}——冷流体的比热容，J/(kg·℃)；

t_1——冷流体的进口温度，℃；

t_2——冷流体的出口温度，℃；

α_1——热流体与固体壁面的对流传热系数，W/(m²·℃)；

A_1——热流体侧的对流传热面积，m²；

$(T - T_W)_m$——热流体与固体壁面的对数平均温差，℃；

α_2——冷流体与固体壁面的对流传热系数，W/(m²·℃)；

A_2——冷流体侧的对流传热面积，m²；

$(t_W - t)_m$——固体壁面与冷流体的对数平均温差，℃；

K——以传热面积 A 为基准的总传热系数，W/(m²·℃)；

Δt_{m}——冷、热流体的对数平均温差，℃。

热流体与固体壁面的对数平均温差可由式（2-56）计算：

$$(T - T_{\mathrm{W}})_{\mathrm{m}} = \frac{(T_1 - T_{\mathrm{W}1}) - (T_2 - T_{\mathrm{W}2})}{\ln \dfrac{T_1 - T_{\mathrm{W}1}}{T_2 - T_{\mathrm{W}2}}} \tag{2-56}$$

式中　$T_{\mathrm{W}1}$——热流体进口处热流体侧的壁面温度，℃；

　　　$T_{\mathrm{W}2}$——热流体出口处热流体侧的壁面温度，℃。

固体壁面与冷流体的对数平均温差可由式（2-57）计算：

$$(t_{\mathrm{W}} - t)_{\mathrm{m}} = \frac{(t_{\mathrm{W}1} - t_1) - (t_{\mathrm{W}2} - t_2)}{\ln \dfrac{t_{\mathrm{W}1} - t_1}{t_{\mathrm{W}2} - t_2}} \tag{2-57}$$

式中　$t_{\mathrm{W}1}$——冷流体进口处冷流体侧的壁面温度，℃；

　　　$t_{\mathrm{W}2}$——冷流体出口处冷流体侧的壁面温度，℃。

热、冷流体的对数平均温差可由式（2-58）计算：

$$\Delta t_{\mathrm{m}} = \frac{(T_1 - t_2) - (T_2 - t_1)}{\ln \dfrac{T_1 - t_2}{T_2 - t_1}} \tag{2-58}$$

当在套管式间壁换热器中，环隙通以水蒸气，内管管内通以冷空气或水进行对流传热系数测定实验时，由式（2-55）得内管内壁面与冷空气或水的对流传热系数：

$$\alpha_2 = \frac{m_2 c_{p2}(t_2 - t_1)}{A_2 (t_{\mathrm{W}} - t)_{\mathrm{m}}} \tag{2-59}$$

在实验中测定紫铜管的壁温 $t_{\mathrm{W}1}$、$t_{\mathrm{W}2}$，冷空气或水的进、出口温度 t_1、t_2，实验用紫铜管的长度 l、内径 d_2，冷流体的质量流量，以及 $A_2 = \pi d_2 l$，即可计算 α_2。

然而，直接测量固体壁面的温度，尤其是管内壁的温度，实验技术难度大，而且所测得的数据准确性差，会带来较大的实验误差。因此，通过测量相对容易测定的冷、热流体温度来间接推算流体与固体壁面的对流传热系数就成为研究人员广泛采用的一种实验研究手段。

由式（2-55）得：

$$K = \frac{m_2 c_{p2}(t_2 - t_1)}{A \Delta t_{\mathrm{m}}} \tag{2-60}$$

实验测定 m_2、t_1、t_2、T_1、T_2，并查取 $t_{平均} = \dfrac{1}{2}(t_1 + t_2)$ 下冷流体对应的 c_{p2}、换热面积 A，即可由上式计算得出总传热系数 K。

2.9.2.1　对流传热系数的求取

A　近似法求算对流传热系数 α_2

以管内壁面积为基准的总传热系数与对流传热系数间的关系为：

$$\frac{1}{K} = \frac{1}{\alpha_2} + R_{S2} + \frac{bd_2}{\lambda d_m} + R_{S1}\frac{d_2}{d_1} + \frac{d_2}{\alpha_1 d_1} \tag{2-61}$$

式中　d_1——换热管外径，m；

$\quad\quad d_2$——换热管内径，m；

$\quad\quad d_m$——换热管的对数平均直径，m；

$\quad\quad b$——换热管的壁厚，m；

$\quad\quad \lambda$——换热管材料的导热系数，W/(m·℃)；

$\quad\quad R_{S1}$——换热管外侧的污垢热阻，m^2·℃/W；

$\quad\quad R_{S2}$——换热管内侧的污垢热阻，m^2·℃/W。

用本装置进行实验时，管内冷流体与管壁的对流传热系数为几十到几百瓦；管外为蒸汽冷凝，冷凝传热系数 α_1 可达 10^4 W/(m^2·℃) 左右，因此冷凝传热热阻 $\frac{d_2}{\alpha_1 d_1}$ 可忽略，同时蒸汽冷凝较为清洁，因此换热管外侧的污垢热阻 $R_{S1}\frac{d_2}{d_1}$ 也可忽略。实验中的传热元件材料采用紫铜，导热系数为 383.8 W/(m·℃)，壁厚为 2.5 mm，因此换热管壁的导热热阻 $\frac{bd_2}{\lambda d_m}$ 可忽略。若换热管内侧的污垢热阻 R_{S2} 也忽略不计，则由式（2-61）得：

$$\alpha_2 \approx K \tag{2-62}$$

由此可见，被忽略的传热热阻与冷流体侧的对流传热热阻相比越小，此法的准确性就越高。

B　传热准数关联式求算对流传热系数 α_2

流体在圆形直管内强制湍流对流传热时，若符合如下范围：$Re = 1.0 \times 10^4 \sim 1.2 \times 10^5$，$Pr = 0.7 \sim 120$，管长与管内径之比 $l/d \geqslant 60$，则传热准数关联式为：

$$Nu = 0.023Re^{0.8}Pr^n \tag{2-63}$$

式中　Nu——努塞尔数，$Nu = \frac{\alpha d}{\lambda}$；

$\quad\quad Re$——雷诺数，$Re = \frac{du\rho}{\mu}$；

$\quad\quad Pr$——普朗特数，$Pr = \frac{c_p\mu}{\lambda}$；

$\quad\quad n$——流体被加热时 $n = 0.4$，流体被冷却时 $n = 0.3$；

$\quad\quad \alpha$——流体与固体壁面的对流传热系数，W/(m^2·℃)；

　　d——换热管内径，m；

　　λ ——流体的导热系数，W/(m·℃)；

　　u——流体在管内流动的平均速度，m/s；

　　ρ ——流体的密度，kg/m³；

　　μ ——流体的黏度，Pa·s；

　　c_p——流体的比热容，J/(kg·℃)。

水或空气在管内强制对流被加热时，可将式（2-63）改写为：

$$\frac{1}{\alpha_2} = \frac{1}{0.023} \times \left(\frac{\pi}{4}\right)^{0.8} \times d_2^{1.8} \times \frac{1}{\lambda_2 Pr_2^{0.4}} \times \left(\frac{\mu_2}{m_2}\right)^{0.8} \tag{2-64}$$

令：

$$m = \frac{1}{0.023} \times \left(\frac{\pi}{4}\right)^{0.8} \times d_2^{1.8} \tag{2-65}$$

$$X = \frac{1}{\lambda_2 Pr_2^{0.4}} \times \left(\frac{\mu_2}{m_2}\right)^{0.8} \tag{2-66}$$

$$Y = \frac{1}{K} \tag{2-67}$$

$$C = R_{S2} + \frac{bd_2}{\lambda d_m} + R_{S1}\frac{d_2}{d_1} + \frac{d_2}{\alpha_1 d_1} \tag{2-68}$$

则式（2-67）可写为：

$$Y = mX + C \tag{2-69}$$

当测定管内不同流量下的对流传热系数时，由式（2-68）计算所得的 C 值为一常数。管内径 d_2 一定时，m 也为常数。因此，实验时测定不同流量所对应的 t_1、t_2、T_1、T_2，由式（2-58）、式（2-60）、式（2-66）、式（2-67）求取一系列 X、Y 值，再在 X-Y 图上作图或将所得的 X、Y 值回归成一条直线，该直线的斜率即为 m。任一冷流体流量下的传热系数 α_2 可用下式求得：

$$\alpha_2 = \frac{\lambda_2 Pr_2^{0.4}}{m} \times \left(\frac{m_2}{\mu_2}\right)^{0.8} \tag{2-70}$$

2.9.2.2　冷流体质量流量的测定

（1）若用转子流量计测定冷空气的流量，还须用下式换算得到实际被测流体的流量：

$$V' = V \sqrt{\frac{\rho(\rho_f - \rho')}{\rho'(\rho_f - \rho)}} \tag{2-71}$$

式中　V'——实际被测流体的体积流量，m³/s；

　　　　V——标定用流体的体积流量，m³/s；

　　　　ρ' ——实际被测流体的密度，kg/m³，均可取 $t_{平均} = \frac{1}{2}(t_1 + t_2)$ 下水或空气

的密度，见冷流体物性与温度的关系式；

ρ ——标定用流体的密度，kg/m^3，对水，$\rho = 1000 \ kg/m^3$，对空气，$\rho = 1.205 \ kg/m^3$；

ρ_f ——转子材料的密度，kg/m^3。

于是得到：

$$m_2 = V'\rho' \tag{2-72}$$

（2）若用孔板流量计测定冷流体的流量，则：

$$m_2 = \rho V \tag{2-73}$$

式中 ρ ——冷流体在进口温度下的密度，kg/m^3；

V ——冷流体进口处流量计的读数，m^3/s。

2.9.2.3 冷流体物性与温度的关系

在 0~100 ℃之间，冷流体的物性与温度的关系有如下拟合公式。

（1）空气的密度与温度的关系式：

$$\rho = 10^{-5}t^2 - 4.5 \times 10^{-3}t + 1.2916 \tag{2-74}$$

（2）空气的比热容与温度的关系为 60 ℃以下 $c_p = 1005 \ J/(kg \cdot ℃)$，70 ℃以上 $c_p = 1009 \ J/(kg \cdot ℃)$。

（3）空气的导热系数与温度的关系式：

$$\lambda = -2 \times 10^{-8}t^2 + 8 \times 10^{-5}t + 0.0244 \tag{2-75}$$

（4）空气的黏度与温度的关系式：

$$\mu = (-2 \times 10^{-6}t^2 + 5 \times 10^{-3}t + 1.7169) \times 10^{-5} \tag{2-76}$$

2.9.3 实验装置

2.9.3.1 实验装置的结构

本实验装置是以空气和水蒸气为介质、对流换热的简单套管换热器和强化内管的套管换热器。通过对换热器的实验研究，可以掌握对流传热系数 α_i 的测定方法，加深对其概念和影响因素的理解；并应用线性回归分析方法，确定关联式 $Nu = ARe^m Pr^{0.4}$ 中常数 A、m 的值。通过对管程内部插有螺旋线圈的空气-水蒸气强化套管换热器的实验研究，测定其准数关联式 $Nu = BRe^m$ 中常数 B、m 的值和强化比 Nu/Nu_0，了解强化传热的基本理论和基本方式。

强化传热被学术界称为第二代传热技术，它能减小初设计的传热面积，从而减小换热器的体积和质量，提高现有换热器的换热能力，使换热器能在较低温差下工作，并且能够减小换热器的阻力以减少换热器的动力消耗，更有效地利用热能和节约资金。强化传热的方法有多种，本实验装置是采用在换热器内管中插入螺旋线圈的方法来强化传热的。

螺旋线圈的结构如图 2-26 所示。螺旋线圈由直径在 3 mm 以下的钢丝按一定节距绕成。将金属螺旋线圈插入管内并固定，即可构成一种强化传热管。在近壁区域，流体一方面由于螺旋线圈的作用而发生旋转，另一方面还周期性地受到线圈螺旋金属丝的扰动，从而使传热效果强化。由于绕制线圈的金属丝直径很小，流体旋流强度也较弱，所以阻力较小，有利于节省能源。螺旋线圈是以线圈节距 H 与管内径 d 的比值为技术参数的，称为长径比。长径比是影响传热效果和阻力系数的重要因素。科学家通过实验研究总结了形式为 $Nu = BRe^m$ 的经验公式，其中 B 和 m 的数值因螺旋丝尺寸不同而不同。

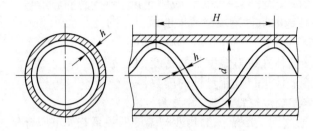

图 2-26　螺旋线圈内部结构

　　单纯研究强化手段的强化效果（不考虑阻力的影响），可以用强化比的概念作为评判标准，它的形式是 Nu/Nu_0，其中 Nu 是强化管的努塞尔数，Nu_0 是普通管的努塞尔数，显然，强化比 $Nu/Nu_0 > 1$，而且比值越大，强化效果越好。

　　实验装置如图 2-27 所示。

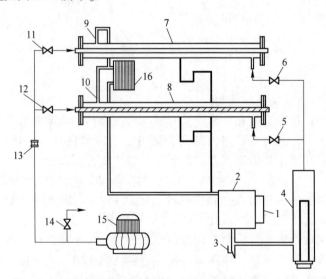

图 2-27　空气-水蒸气传热综合实验装置流程图

1—液位计；2—储水罐；3—排水阀；4—蒸汽发生器；5—强化套管蒸汽进口阀；6—光滑套管蒸汽进口阀；7—光滑套管换热器；8—内插螺旋线圈的强化套管换热器；9—光滑套管蒸汽出口；10—强化套管蒸汽出口；11—光滑套管空气进口阀；12—强化套管空气进口阀；13—孔板流量计；14—空气旁路调节阀；15—旋涡气泵；16—蒸汽冷凝器

实验设备的主要技术参数见表 2-25。

表 2-25 实验装置结构参数

实验内管内径 d_i/mm		20.0
实验内管外径 d_0/mm		22.0
实验外管内径 D_i/mm		50.0
实验外管外径 D_0/mm		57.0
测量段（紫铜内管）长度 L/m		1.2
强化内管内插物的（螺旋线圈）尺寸	丝径 h/mm	3
	节距 H/mm	40
加热釜	操作电压/V	≤200
	操作电流/A	≤10

2.9.3.2 其他设备的使用

（1）空气流量计。空气流量计由孔板、压力传感器及数字显示仪表组成。空气流量由式（2-77）计算：

$$V_{t1} = c_0 \times A_0 \times \sqrt{\frac{2\Delta p}{\rho_{t1}}} \tag{2-77}$$

式中 c_0——孔板流量计的孔流系数，$c_0 = 0.65$；

　　A_0——孔的面积，m^2；

　　Δp——孔板两端的压差，kPa；

　　ρ_{t1}——空气在入口温度（即流量计处的温度）下的密度，kg/m^3。

实验条件下的空气流量 V 需按式（2-78）换算：

$$V = V_{t1} \times \frac{273 + \overline{t}}{273 + t_1} \tag{2-78}$$

式中 V——实验条件（管内平均温度）下的空气流量，m^3/h；

　　$\overline{t}$——换热器管内的平均温度，℃；

　　t_1——传热内管空气入口的（即流量计处）温度，℃。

（2）温度测量。空气进、出传热管测量段的温度 t 均由 Pt100 铂电阻温度计测量，可由数字显示仪表直接读出。管外壁面平均温度 t_w 由数字温度计测出（热电偶为铜-康铜热电偶）。

（3）蒸汽发生器。蒸汽发生器是产生水蒸气的装置，使用体积为 5 L，内装有一支 5 kW 的电热器，用 110 V 的电压加热约 15 min 后水便沸腾，为了安全和长久使用，建议最高加热电压不超过 150 V（由加热电压表调节）。旁边配有方形水箱，为保证蒸汽发生器连续给水，每次实验前先检查水箱中的液位，水箱中的水不可低于水箱高度的 3/4，否则容易导致加热器干烧。

（4）气源（鼓风机）。气源选用旋涡气泵 XGB-12 型。

（5）稳定时间。将外管内充满饱和蒸汽，空气流量调节好后，过 3~5 min，空气进、出口的温度可基本稳定，这段时间称为稳定时间。

2.9.4　实验步骤

（1）实验前的检查准备。

1）向水箱中加水至液位计上端。

2）检查空气旁路调节阀 14（见图 2-27，本节余同）是否全开（应全开）。

3）检查蒸汽支路控制阀 5、6 和空气支路控制阀 11、12 是否已打开（应保证有一路处于开启状态），保证蒸汽和空气管线畅通。

4）合上总电源开关，设定加热电压，启动电加热器，开始加热。

（2）实验过程。

1）打开加热开关，仪器按设定好的加热电压自动控制加热电压，蒸汽发生器内的水经过加热后产生水蒸气，并经过空气冷却器冷凝，冷凝液回流到储水罐中。

2）换热器壳程内有水蒸气后，将变频器的频率调至 50 Hz，打开空气旁路调节阀 14 后启动风机，用空气旁路调节阀 14 来调节空气的流量，在一定的流量下稳定 3~5 min 后，用温度巡检仪分别测量空气的流量、空气进、出口的温度、管壁温度和换热器内管壁面的温度。然后改变流量，稳定后分别测量空气的流量、空气进、出口的温度和壁面温度。

3）实验结束后，停止加热，依次关闭风机和总电源。

2.9.5　实验注意事项

（1）实验前要将加热器内的水加到指定位置，防止电热器干烧损坏电器。特别是每次实验结束后、进行下次实验之前一定要检查水位，及时补充。

（2）进行计算机数据采集和过程控制实验时，应严格按照计算机使用规程操作计算机，在采集数据和控制过程中要注意观察实验现象。

（3）开始加热时，加热电压控制在 160 V 左右为宜，加热电压过大容易导致壁温不稳。

（4）加热约 10 min 后，可提前启动鼓风机，保证实验开始时空气入口温度比较稳定，可节省实验时间。

（5）必须保证蒸汽上升管线畅通，即在给蒸汽加热釜加电压之前，两个蒸汽支路控制阀之一必须打开。转换支路时，应先开启需要的支路阀门，再关闭另一个阀门，且开启和关闭控制阀门时动作要缓慢，防止管线骤然截断使蒸汽压力过大而突然喷出。

（6）必须保证空气管线畅通，即在接通风机电源之前，两个空气支路控制阀之一和空气旁路调节阀必须打开。转换支路时，应先关闭风机电源，然后再开启或关闭控制阀。

（7）本实验装置加装蒸汽冷凝器，使蒸汽冷凝后回到储水罐中，启动加热电源时，蒸汽冷凝器的风扇同时启动。注意电源线的相线、零线、地线不能接错。

2.9.6　实验数据记录与整理

实验数据的计算过程如下所示（以光滑管第一组数据为例）。

孔板流量计压差 $\Delta p = 0.64$ kPa，壁面温度 $t_w = 95.7$ ℃，进口温度 $t_1 = 25.9$ ℃，出口温度 $t_2 = 64.2$ ℃。

（1）传热管内径 d_i（mm）及流通截面积 F（m^2）数据如下：

$$d_i = 20.0 \text{ mm} = 0.020 \text{ m}$$

$$F = \pi d_i^2/4 = 3.142 \times 0.0200^2/4 = 3.142 \times 10^{-4} \text{ m}^2$$

（2）传热管有效长度 L(m) 及传热面积 S_i(m^2) 数据如下：

$$L = 1.200 \text{ m}$$

$$S_i = \pi L d_i = 3.142 \times 1.200 \times 0.020 = 7.5408 \times 10^{-2} \text{ m}^2$$

（3）t_1 为孔板处空气的温度，可查得空气的平均密度 ρ_{t1}，例如 $t_1 = 23.6$ ℃，查得 $\rho_{t1} = 1.18$ kg/m^3。

（4）传热管测量段空气平均物性常数的确定方法如下：

先算出测量段空气的定性温度 $\bar{t}$，为简化计算，取 $\bar{t}$ 值为空气进口温度 t_1 与出口温度 t_2 的平均值，即：

$$\bar{t} = \frac{t_1 + t_2}{2} = \frac{25.9 + 64.2}{2} = 45.05 \text{ ℃}$$

据此查得：测量段空气的平均密度 $\rho = 1.11$ kg/m^3；测量段空气的平均比热容 $c_p = 1005$ J/(kg·℃)；测量段空气的平均导热系数 $\lambda = 0.0278$ W/(m·℃)；测量段空气的平均黏度 $\mu = 1.93 \times 10^{-5}$ Pa·s。

传热管测量段空气的平均普朗特数的0.4次方为：

$$Pr^{0.4} = 0.696^{0.4} = 0.865$$

（5）空气流过测量段的平均体积 V 的计算如下。

孔板流量计体积流量为：

$$V_{t1} = c_0 \times A_0 \times \sqrt{\frac{2\Delta p}{\rho_{t1}}}$$

$$= 0.65 \times 3.14 \times 0.0165^2 \times 3600/4 \times \sqrt{\frac{2 \times 0.64 \times 1000}{1.18}}$$

$$= 16.47 \ \text{m}^3/\text{h}$$

传热管内平均体积流量 V_m 为：

$$V_m = V_{t_1} \times \frac{273 + \overline{t}}{273 + t_1} = 16.47 \times \frac{273 + 45.05}{273 + 25.9} = 17.53 \ \text{m}^3/\text{h}$$

平均流速为：

$$u_m = \frac{V_m}{F \times 3600} = \frac{17.53}{3.142 \times 10^{-4} \times 3600} = 15.50 \ \text{m/s}$$

(6) 冷、热流体的平均温度差 Δt_m 的计算如下，$t_w = 95.7 \ ℃$。

$$\Delta t_m = t_w - \frac{t_1 + t_2}{2} = 95.7 - 45.05 = 50.65 \ ℃$$

(7) 其余计算如下。

传热速率为：

$$Q = \frac{V_m \times \rho_t \times c_p \times \Delta t}{3600} = \frac{17.53 \times 1.11 \times 1005 \times (64.2 - 25.9)}{3600} = 208 \ \text{W}$$

$$\alpha_i = \frac{Q}{\Delta t_m \times S_i} = 208/(50.65 \times 7.5408 \times 10^{-2}) = 54.46 \ \text{W/(m}^2 \cdot ℃)$$

传热准数为：

$$Nu = \alpha_i \times \frac{d_i}{\lambda} = 54.46 \times \frac{0.020}{0.0278} = 39.2$$

测量段空气的平均流速为：

$$u_m = 15.50 \ \text{m/s}$$

雷诺数为：

$$Re = \frac{d_i u \rho}{\mu} = \frac{0.020 \times 15.50 \times 1.11}{1.93 \times 10^{-5}} = 1.78 \times 10^4$$

(8) 作图、回归得到准数关联式 $Nu = ARe^m Pr^{0.4}$ 中的系数：

$$Nu = 0.0236 Re^{0.809} Pr^{0.4}$$

(9) 重复步骤 (1)~(8)，处理强化管的实验数据，作图、回归得到准数关联式 $Nu = BRe^m$ 中的系数：

$$Nu = 0.01746 Re^{0.85635} Pr^{0.4}$$

(10) 数据整理见表 2-26 和表 2-27，作图得到套管换热器实验准数关联图如图 2-28 所示。

表 2-26 数据整理表（普通管换热器）

装置编号	1	2	3	4	5	6
流量计压差/kPa	0.64	1.38	1.94	2.57	2.92	3.26
t_1/℃	25.9	27.9	29.8	33.0	35.0	35.6
ρ_{t1}/(kg·m^{-3})	1.18	1.17	1.16	1.15	1.15	1.14
t_2/℃	64.2	62.7	62.7	63.3	63.8	64.2
t_w/℃	95.7	94.8	94.1	94.0	93.8	93.6
t_m/℃	45.05	45.30	46.25	48.15	49.40	49.90
ρ_m/(kg·m^{-3})	1.11	1.11	1.11	1.10	1.10	1.10
$\lambda_m \times 100$/[W·(m·℃)$^{-1}$]	2.78	2.79	2.79	2.81	2.82	2.82
c_{pm}/[J·(kg·℃)$^{-1}$]	1005	1006	1007	1008	1009	1010
$\mu_m \times 10^5$/(Pa·s)	1.93	1.94	1.94	1.95	1.95	1.96
t_2-t_1/℃	38.3	34.8	32.9	30.3	28.8	28.6
Δt_m/℃	50.65	49.50	47.85	45.85	44.40	43.70
V_{t1}/(m^3·h^{-1})	16.47	22.40	27.11	31.73	34.08	36.25
V_m/(m^3·h^{-1})	17.90	24.33	29.54	34.78	37.50	39.95
u_m/(m·s^{-1})	8.08	10.98	13.32	15.69	16.92	18.02
Q/W	213	263	301	325	332	351
α_i/[W·(m^2·℃)$^{-1}$]	43.42	54.89	65.03	73.24	77.30	83.04
Re	12996	17641	21301	24824	26585	28243
Nu	43.7	55.2	65.2	73.1	76.8	82.4
$Nu/Pr^{0.4}$	50.5	63.7	75.3	84.4	88.8	95.2

表 2-27 数据整理表（强化管换热器）

装置编号	1	2	3	4	5	6
流量计压差/kPa	2.23	1.76	1.41	0.90	0.58	0.26
t_1/℃	37.0	31.5	28.3	24.9	24.3	25.9
ρ_{t1}/(kg·m^{-3})	1.14	1.16	1.17	1.18	1.18	1.18
t_2/℃	79.4	78.4	78.0	78.3	79.5	83.0
t_w/℃	94.3	94.3	94.4	94.8	95.5	96.1
t_m/℃	58.20	54.95	53.15	51.6	51.90	54.45
ρ_m/(kg·m^{-3})	1.07	1.08	1.08	1.09	1.09	1.08
$\lambda_m \times 100$/[W·(m·℃)$^{-1}$]	2.88	2.86	2.84	2.83	2.84	2.85

续表 2-27

装置编号	1	2	3	4	5	6
$c_{pm}/[\mathrm{J} \cdot (\mathrm{kg} \cdot \mathrm{℃})^{-1}]$	1005	1006	1007	1008	1009	1010
$\mu_m \times 10^5/(\mathrm{Pa} \cdot \mathrm{s})$	2.00	1.98	1.97	1.96	1.97	1.98
$t_2 - t_1/℃$	42.4	46.9	49.7	53.4	55.2	57.1
$\Delta t_m/℃$	36.10	39.35	41.25	43.20	43.60	41.65
$V_{t1}/(\mathrm{m}^3 \cdot \mathrm{h}^{-1})$	33.70	29.69	26.45	21.03	16.87	11.32
$V_m/(\mathrm{m}^3 \cdot \mathrm{h}^{-1})$	38.09	33.24	29.45	23.30	18.71	12.65
$u_m/(\mathrm{m} \cdot \mathrm{s}^{-1})$	17.18	14.99	13.28	10.51	8.44	5.71
Q/W	481	470	444	380	315	219
$\alpha_i/[\mathrm{W} \cdot (\mathrm{m}^2 \cdot ℃)^{-1}]$	137.74	123.35	111.21	90.81	74.67	54.31
Re	25730	22856	20451	16320	13080	8724
Nu	133.8	120.8	109.5	89.7	73.7	53.3
$Nu/Pr^{0.4}$	50.5	63.7	75.3	84.4	88.8	95.2

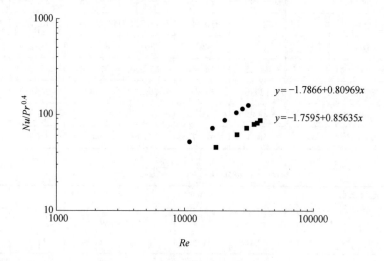

图 2-28   套管换热器实验准数关联图

2.9.7   思考题

(1) 强化传热有哪些具体措施? 螺旋丝强化传热为什么要在空气侧?

(2) 通过实验, 对量纲分析方法有哪些认识?

(3) 通过实验, 对传热过程和间壁式换热器有哪些认识?

2.10 膜法水处理实验——纳滤与反渗透 截留性能比较（设计实验）

2.10.1 实验目的

（1）掌握评价纳滤和反渗透除盐率的标准方法。

（2）了解纳滤和反渗透除盐性能差异。

2.10.2 实验原理

反渗透（reverse osmosis，RO）又称逆渗透，一种以压力差为推动力，从溶液中分离出溶剂的膜分离操作。对膜一侧的料液施加压力，当压力超过它的渗透压时，溶剂会逆着自然渗透的方向作反向渗透。从而在膜的低压侧得到透过的溶剂，即渗透液；高压侧得到浓缩的溶液，即浓缩液。若用反渗透处理海水，在膜的低压侧得到淡水，在高压侧得到卤水。

反渗透时，溶剂的渗透速率即液流能量 N 为：

$$N = K_h(\Delta p - \Delta \pi) \tag{2-79}$$

式中　K_h——水力渗透系数，它随温度升高稍有增大；

　　　Δp——膜两侧的静压差；

　　　$\Delta \pi$——膜两侧溶液的渗透压差。

稀溶液的渗透压 π 可表示为：

$$\pi = icRT \tag{2-80}$$

式中　i——溶质分子电离生成的离子数；

　　　c——溶质的浓度；

　　　R——摩尔气体常数；

　　　T——绝对温度。

反渗透通常使用非对称膜和复合膜。反渗透所用的设备，主要是中空纤维式或卷式的膜分离设备。反渗透膜能截留水中的各种无机离子、胶体物质和大分子溶质，从而取得净制的水。也可用于大分子有机物溶液的预浓缩。由于反渗透过程简单，能耗低，近20年来得到迅速发展。现已大规模应用于海水和苦咸水淡化、锅炉用水软化和废水处理，并与离子交换结合制取高纯水，目前其应用范围正在扩大，已开始用于乳品、果汁的浓缩以及生化和生物制剂的分离和浓缩方面。

纳滤（nanofiltration，NF）是一种介于反渗透和超滤之间的压力驱动膜分离过程，纳滤膜的孔径范围在几纳米左右。纳滤分离原理近似机械筛分，但由于纳滤膜本体带有电荷性使其在很低压力下仍具有较高的脱盐性能。纳滤具有以下两个特征：

（1）对于液体中相对分子质量为数百的有机小分子具有分离性能。

（2）对于不同价态的阴离子存在道南效应。物料的荷电性、离子价数和浓度对膜的分离效应有很大影响。

由于纳滤膜大多从反渗透膜衍化而来，如醋酸纤维素膜、芳香族聚酰胺复合膜和磺化聚醚砜膜等。与反渗透相比，其操作压力更低，因此纳滤又被称作"低压反渗透"或"疏松反渗透"（loose RO）。纳滤主要运用于饮用水和工业用水的纯化、废水净化处理、工艺流体中有价值成分的浓缩等方面，在电子、食品和医药等行业的应用愈发广泛。

2.10.3　实验装置与设备

（1）自制纳滤/反渗透实验装置一套，含隔膜泵、压力表、流量计、膜组件支架等单元，如图 2-29 所示。

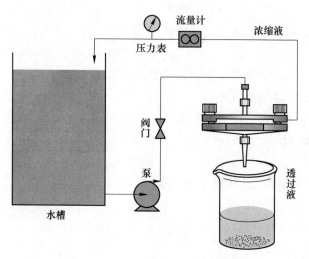

图 2-29　纳滤/反渗透实验装置

（2）栅网片、纳滤膜片（ϕ47 mm）、反渗透膜片（ϕ47 mm）。

（3）电导率仪。

（4）分析天平。

（5）NaCl（分析纯）、$MgSO_4$（分析纯），配制成浓度为 4 g/L 的贮备液。

（6）50 mL、500 mL 烧杯，1000 mL 量筒，1 mL、2 mL、5 mL、10 mL、25 mL、50 mL 移液管。

（7）去离子水。

2.10.4　实验步骤

（1）由贮备液配制浓度为 0.1 g/L、0.2 g/L、0.4 g/L、0.8 g/L、1.0 g/L、2.0 g/L 的 NaCl 和 $MgSO_4$ 标准溶液，各 100 mL。

（2）测量标准溶液的电导率，填入表 2-28，并绘制电导率与电解质浓度的标准曲线。

表 2-28　标准溶液浓度及其对应的电导率

溶　质	浓度/$(g \cdot L^{-1})$	电导率/$(\mu S \cdot cm^{-1})$
NaCl	0.1	
	0.2	
	0.4	
	0.8	
	1.0	
	2.0	
$MgSO_4$	0.1	
	0.2	
	0.4	
	0.8	
	1.0	
	2.0	

（3）配制浓度为 2.0 g/L 的 NaCl 和 $MgSO_4$ 溶液作为工作液，各 1 L。

（4）测量工作液的电导率，并记录于表 2-29 中。

表 2-29　纳滤和反渗透处理前后溶液电导率变化

溶　质	纳　滤		反　渗　透	
	工作液电导率 /$(\mu S \cdot cm^{-1})$	透过液电导率 /$(\mu S \cdot cm^{-1})$	工作液电导率 /$(\mu S \cdot cm^{-1})$	透过液电导率 /$(\mu S \cdot cm^{-1})$
NaCl				
$MgSO_4$				

（5）熟悉实验装置，连接管路，安装栅网片和纳滤膜。

（6）将 NaCl 溶液倒入水槽，泵出口阀和流量计针阀处于关闭状态，接通电源，逐步调节泵出口阀和流量计针阀，使流量稳定在 60 mL/min，压力稳定在 10^5 Pa。

（7）用烧杯接取透过液，弃去最初的 20 mL，润洗烧杯后接取透过液 15 ~ 20 mL，关闭电源。

（8）测量透过液的电导率，并记录于表 2-29 中。

（9）弃去水槽中剩余的工作液，用去离子水冲洗管路，更换 $MgSO_4$ 工作液重复上述实验。

（10）更换反渗透膜重复上述实验。

（11）用去离子水清洗实验装置，整理实验台及数据。

2.10.5 实验数据记录与整理

（1）根据电导率绘制 NaCl 和 $MgSO_4$ 的标准曲线。

（2）根据以下公式计算纳滤膜和反渗透膜对 NaCl 和 $MgSO_4$ 的截留率。

$$\eta(\%) = \left(1 - \frac{c_{透过液}}{c_{工作液}} \right) \times 100\%$$

2.10.6 思考题

（1）结合纳滤和反渗透的工作原理，分析两者对 NaCl 和 $MgSO_4$ 的截留效果差异。

（2）列举纳滤和反渗透的适用领域。

2.11 离子交换膜隔膜电解法实验（设计实验）

2.11.1 实验目的

许多工业废水中含有酸性物质、重金属离子和溶解性盐类等污染物，无法用常规的物理加生物的方法处理，这就需要用化学或物理化学的方法来处理。膜分离法属于物理化学处理方法，是利用薄膜来分离水中某些物质的方法的统称。当物质透过薄膜的动力是电力时，称为电渗析法。电渗析是指在外加直流电场的作用下，利用离子的导电性和离子交换膜的选择透过性（半透性），使水中正、负离子定向迁移而从水溶液中分离的物化过程。将离子交换膜置于电解槽中，用来回收工业废水中的重金属离子，由此产生了隔膜电解法，隔膜电解法是电解与渗析的组合。在给水处理中，常利用电渗析法进行海水淡化（除盐），这种方法主要注重膜室中进行的反应，而一般不考虑电极反应；在废水处理中，常常利用电极反应来达到废水处理和回收有用物质的目的。用离子交换膜隔膜电解法来处理酸性废水、含铬废水、镀镍废水等，具有设备简单、操作方便、效果显著、无需化学药品等优点。

本实验的目的是：

（1）了解离子交换膜隔膜电解法的基本概念。

（2）掌握隔膜电解法处理含铜废水的实验方法。

（3）了解评价隔膜电解法处理效果的三项技术经济指标。

2.11.2 实验原理

本实验要处理的工业废水是强酸性含铜废水，废水中含有铜离子和大量的氯离子等。实验的主要设备是电解槽和直流稳压电源等。电解槽中间安置了一张阳离子交换膜（只允许阳离子通过），将电解槽分隔成阴、阳二极室。阳极室内插入石墨板作为阳极，与直流稳压电源的正极相接。室内加入5%（体积分数）的稀硫酸，起导电和浓集杂质离子的作用。阴极室内插入紫铜板作为阴极，与直流稳压电源的负极相接。室内加入要处理的强酸性含铜废水。由于离子交换膜的隔膜作用，两极室的极液和反应物不会相互混淆，保证了在阴极还原的铜不会被阳极氧化，从而提高了电解效率。由于阳离子的选择透过性（半透性）阻挡了废水中大量氯离子向阳极迁移，使阳极在电解过程中不会产生大量氯气。电解时，电解槽的阴极和阳极之间产生了电位差，使铜离子向阴极迁移，在阴极得到电子被还原；硫酸根和其他负离子向阳极迁移，在阳极失去电子被氧化。本实验的电极反应为：

阳极（石墨板）：

$$H_2O \longrightarrow O_2 \uparrow + 2H^+ + 2e^- \quad （酸性条件下）$$

$$2Cl^- \longrightarrow Cl_2 \uparrow + 2e^- \quad （极少量 Cl^- 渗析透过隔膜）$$

阴极（紫铜板）：

$$Cu^{2+} + 2e^- \longrightarrow Cu$$

$$2H^+ + 2e^- \longrightarrow H_2 \uparrow$$

上述反应过程如图 2-30 所示。

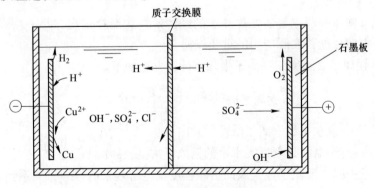

图 2-30　隔膜电解法示意图

　　电解反应时，能使电解正常进行所需要的最小电压为分解电压。它必须大于理论分解电压（原电池的电动势）、极化电压（浓度极化、化学极化）及溶液内阻与膜阻力之和。分解电压的大小与电极的性质、废水的性质、电流密度及温度等因素有关。铜的理论分解电压为 1.7 V，氢的理论分解电压为 2.2 V。当外加电压大于铜的分解电压时，铜离子开始向阴极迁移。当外加电压大于氢的分解电压时，氢离子也开始向阴极迁移。随着大量氢离子的迁移，电流急剧增大，使得电压-电流曲线上出现一个很明显的转折点。这个转折点的电压值就是实验条件下的工作电压。

　　离子交换膜隔膜电解法处理效果的好坏，可用以下三项指标来评估：

　　（1）电流效率。电流效率计算方法如下：

$$电流效率 = \frac{W_{实}}{W_{理}} \times 100\% \tag{2-81}$$

式中　　$W_{实}$——实际去除的铜量，g，$W_{实} = (\rho_b - \rho_a) \times V_t$，其中 ρ_b 和 ρ_a 分别为处理前后废水中的铜离子浓度（g/L），V_t 为处理废水的体积（L）；

　　　　$W_{理}$——理论上应析出的铜量，g，$W_{理} = It\dfrac{M}{2}/26.8$，其中 I 为电流达到稳定后的数值（A），t 为电解操作时间（h），M 为铜的摩尔质量，63.5 g/mol，26.8 为法拉第常数（A·h/mol）。

　　法拉第常数是指电解反应时，在电极上析出或溶解 1 mol 物质所消耗的电量为 26.8 A·h。电流效率反映了电解设备的电能利用情况，是电解槽的技术性能指标，其值小于 1。它的大小与 pH 值、电解压力和废水浓度有关。

　　（2）电耗。电耗是指电解时析出 1 kg 铜所消耗的电能，计算方法如下：

$$电耗(kW·h/kg) = \frac{UIt}{W_{理}} \tag{2-82}$$

式中　　U——电压，V。

　　电耗反映了隔膜电解法处理废水的经济效益和能耗情况，是一项经济指标，也是隔膜电解法能否实际应用的重要依据。

　　（3）铜离子去除率。铜离子去除率计算方法如下：

$$铜离子去除率 = \frac{\rho_0 - \rho}{\rho_0} \times 100\% \tag{2-83}$$

式中　　ρ_0——废水中的铜离子浓度，g/L；

　　　　ρ——经电解处理后废水中的铜离子浓度，g/L。

　　铜离子去除率反映了重金属的去除程度及电解效果的好坏，关系到电解隔膜法的有效性和可行性，也是一项技术指标。

2.11.3 实验装置与设备

（1）实验装置。实验装置主要由电解槽、阳离子交换膜、石墨板、紫铜板、直流稳压电源等组成，如图2-31所示。

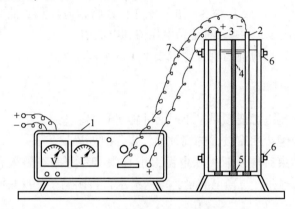

图2-31 隔膜电解法实验装置图

1—直流稳压电源；2—紫铜板；3—石墨板；4—阳离子交换膜；
5—耐酸橡皮垫片；6—固定架（上、下）；7—导线

电解槽用有机玻璃、塑料块制成。槽中间有一阳离子交换膜，用长螺丝和三角铁将两个半槽体、耐酸橡皮垫片与膜夹紧。膜两边的两个极室中间有凹槽，可插铜板和石墨板，每个极室的水容积为100 mL。

（2）实验设备和仪器仪表。

1）晶体管直流稳压电源：30 V/5 A，1台。

2）电解槽：由有机玻璃和塑料块组成，11 cm×7 cm×4 cm（净尺寸），1个。

3）紫铜板：12.5 cm×7.5 cm×0.3 cm，1块。

4）石墨板：12.5 cm×7.5 cm×0.3 cm，1块。

5）阳离子交换膜：均相膜，1张。

6）耐酸橡皮垫片：厚2 mm，2块。

7）络合滴定法测定废水中铜离子浓度的仪器：1套。

2.11.4 实验步骤

（1）配制5%（体积分数）的稀硫酸溶液。

（2）阳室中加入100 mL 5%（体积分数）的稀硫酸，阴室中加入100 mL酸性含铜废水。

（3）将石墨板和紫铜板分别插入阳室和阴室，并接通直流稳压电源的正、负接线柱。

（4）将槽电压分别加到 1.0 V、1.5 V、2.0 V、2.5 V、3.0 V、3.5 V 等，直至电流达到 5.0 A，记录每次电流到达恒值时的数值，将两极室的液体倒掉。

（5）根据实验步骤（4）的记录，以电压为纵坐标、电流为横坐标作图，得到电压-电流曲线，找出曲线转折点的电压值。

（6）按实验步骤（2）、（3）进行操作，并将槽电压加到曲线转折点的电压值，进行电解反应 2 h，结束时记录电压值和电流值。

（7）测定电解反应前后酸性含铜废水中的铜离子浓度。

2.11.5　实验注意事项

（1）直流稳压电源要预热半小时后才能进行实验。

（2）酸性含铜废水有较强的腐蚀性，操作时要谨慎。

（3）反应结束后应及时关闭电源，小心取出并洗净石墨板和紫铜板，同时刮下紫铜板上的铜粉，洗净电解槽，放入清水，将阳离子交换膜浸泡在清水中。

2.11.6　实验数据记录与整理

（1）测定并记录实验基本参数。

实验日期：_____年_____月_____日

电解前废水中的铜离子浓度：_____ mg/L

电解时间：_____ h

电解后废水中铜离子浓度：_____ mg/L

电解电压：_____ V

电解电流：_____ A

阴极室中加入的含铜废水体积：_____ mL

阳极室中加入 5%（体积分数）的稀硫酸体积：_____ mL

（2）求转折点电压的实验记录可参考表 2-30。

表 2-30　电压、电流记录表

槽电压 E/V	1.0	1.5	2.0	2.5	3.0	3.5	4.0	4.5	5.0
电流 Z/A									

（3）水样铜离子浓度的测定数据可参考表 2-31 记录。

表 2-31　EDTA 滴定数据记录表

水　　样	电解前水样	电解后水样
水样体积/mL		
EDTA 初读数/mL		

续表 2-31

水 样	电解前水样	电解后水样
EDTA 终读数/mL		
差值/mL		

（4）计算电解效率、电耗和铜离子去除率。

2.11.7 思考题

（1）为何在电压-电流曲线上有一较明显的转折点？

（2）如果不用隔膜进行电解，将会产生哪些不良后果？

（3）实验结果计算中的三项指标说明了什么问题？如何正确评价电解反应的效果？

（4）为什么要将酸性含铜废水放在阴极室？如与稀硫酸位置对换，是否可行？为什么？

3 化工反应与合成实验

3.1 全混釜反应器反应动力学的测定

3.1.1 实验目的

掌握在全混釜中于连续操作条件下测定反应器内均相反应动力学的原理和方法。

3.1.2 实验原理

在稳定条件下,根据全混釜反应器的物料衡算基础,有:

$$- r_A = \frac{F}{V}(c_{A0} - c_A) = \frac{c_{A0}}{\tau_m}\left(1 - \frac{c_A}{c_{A0}}\right) \tag{3-1}$$

式中 r_A——反应速率;

    F——流量,mL/min;

    V——进料量,mL;

  c_{A0}——初始时刻乙酸乙酯浓度,mol/L;

   c_A——乙酸乙酯浓度,mol/L;

  τ_m——时间,min。

对于乙酸乙酯水解反应:

$$CH_3COOC_2H_5 + H^- \xrightarrow{k} CH_3COO^- + C_2H_5OH \tag{3-2}$$

当 $c_{A0} = c_{B0}$,且在等分子流量进料时,其反应速率 $- r_A$ 可表示为如下形式:

$$- r_A = k c_A^L c_B^L = k c_A^n = c_{A0}^n k \left(\frac{c_A}{c_{A0}}\right)^n \tag{3-3}$$

或

$$\ln(- r_A) = \ln c_{A0}^n k + n \ln\left(\frac{c_A}{c_{A0}}\right) \tag{3-4}$$

式中 c_B——氢氧化钠浓度,mol/L;

   L——化学计量数;

   k——反应速率常数;

n——反应级数。

由于 $c_{A0} \propto (L_0 - L_\infty)$，$c_A \propto (L_t - L_\infty)$，代入式（3-1）、式（3-4）得：

$$-r_A = \frac{c_{A0}}{m} \times \frac{L_0 - L_t}{L_0 - L_\infty} \tag{3-5}$$

$$\ln(-r_A) = \ln c_{A0}^n k + n\ln\left(\frac{L_t - L_\infty}{L_0 - L_\infty}\right) \tag{3-6}$$

式中 L_0，L_∞——分别为反应初始和反应完毕时的电导率，$\mu S/cm$；

   L_t——空间时间为 τ_m 时的电导率，$\mu S/cm$。

根据反应溶液的电导率的大小，由式（3-5）可以直接得到相应的反应速率 $-r_A$，由式（3-6）对 $\ln(-r_A)$-$\ln\left(\frac{L_t - L_\infty}{L_0 - L_\infty}\right)$ 作图，可得到反应速率常数 k 及反应级数 n。

3.1.3　实验装置与材料

（1）实验装置。本实验装置流程示意图如图 3-1 所示。

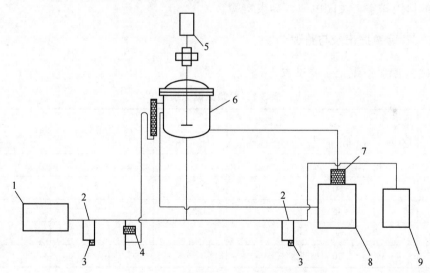

图 3-1　乙酸乙酯水解反应实验流程示意图

1—乙酸乙酯储槽；2—蠕动泵；3—蠕动泵开关；4—排水阀；5—搅拌电机；
6—釜式反应器；7—循环泵；8—恒温水浴槽；9—氢氧化钠储槽

（2）实验材料。实验材料包括乙酸乙酯（分析纯）、氢氧化钠（分析纯）、蒸馏水。

3.1.4　实验步骤

（1）预先配制 0.040 mol/L 的标准氢氧化钠和乙酸乙酯溶液各 10 L，使得 $c_{A0}=c_{B0}$（A 为乙酸乙酯，B 为氢氧化钠），分别存放于氢氧化钠和乙酸乙酯槽中。

（2）准确量取 20 mL 氢氧化钠溶液和 20 mL 蒸馏水，倒入 250 mL 三角烧瓶内振荡混合均匀，测定电导率 L_0。

（3）同时准确量取 20 mL 氢氧化钠溶液和 20 mL 乙酸乙酯溶液，倒入 250 mL 三角烧瓶内振荡混合均匀，2 h 后测定电导率 L_∞。

（4）打开排水阀 4，将反应釜中的残留液排净。

（5）打开蠕动泵 2，同时等流量往釜式反应器中加氢氧化钠和乙酸乙酯溶液，保持搅拌电机转速和系统温度恒定。

（6）由电导率仪直接测定反应器内反应浓度的变化，等待电导率的曲线回直走平，说明水解反应平衡，则可以读取该流量下的电导率数据 L_t 及出口流量。

（7）改变流量，重复步骤（6），直到设计的各个流量下的实验完成。

（8）关闭蠕动泵 2，停止搅拌，设置温度为 0 ℃并关闭恒温水浴离心泵，将釜内的溶液排空，关闭电源，结束实验。

3.1.5　实验数据记录与整理

（1）原始数据记录表见表 3-1。

表 3-1　原始数据记录表

序号	时间 /min	流量 /(mL·min⁻¹)	电导率 L_t /(μS·cm⁻¹)	$\dfrac{L_0-L_t}{L_0-L_\infty}$	$-r_A$	$\ln(-r_A)$	$\ln\left(\dfrac{L_0-L_t}{L_0-L_\infty}\right)$
1		15					
2		30					
3		45					
4		60					
5		70					

反应温度＝＿＿＿℃，c_{A0}＝＿＿＿mol/L，L_0＝＿＿＿μS/cm，L_∞＝＿＿＿μS/cm，釜体积 V＝＿＿＿mL。

（2）求该反应级数 n 和反应速率常数 k。

3.1.6　思考题

（1）与间歇反应器相比较，本实验采用连续式搅拌釜测定动力学数据，本方法存在哪些优点和缺点？

（2）试分析造成本实验误差的主要因素有什么？为什么说流量的波动对该反应速率有较大影响？

3.2　间歇釜反应器转化率的测定

3.2.1　实验目的

（1）了解间歇釜反应器的构造与操作流程。
（2）掌握在间歇釜中测定反应活化能与转化率的方法。

3.2.2　实验原理

丙酮碘化反应方程式为：

$$CH_3COCH_3 + I_2 \xrightarrow{H^+} CH_3COCH_2I + H^+ + I^- \tag{3-7}$$

H^+ 是反应的催化剂，由于丙酮碘化反应本身生成 H^+，所以这是一个自动催化反应。实验证明丙酮碘化反应是一个复杂反应，一般认为可分成两步进行，即：

$$CH_3COCH_3 + H^+ \longrightarrow CH_3COH = CH_2 \tag{3-8}$$

$$CH_3COH = CH_2 + I_2 \xrightarrow{H^+} CH_3COCH_2I + H^+ + I^- \tag{3-9}$$

反应（3-8）是丙酮的烯醇化反应，反应可逆且进行得很慢。反应（3-9）是烯醇的碘化反应，反应快速且能进行到底。因此，丙酮碘化反应的总速率可认为是由反应（3-8）所决定，其反应的速率方程可表示为：

$$-\frac{dc_{I_2}}{dt} = kc_{丙酮}c_{HCl} \tag{3-10}$$

式中　c_{I_2}，$c_{丙酮}$，c_{HCl}——碘、丙酮、酸的浓度，mol/L；

k——总反应速率常数。

如果反应物碘是少量的，而丙酮和酸相对碘是过量的，则可认为反应过程中丙酮和酸的浓度基本保持不变。则可得：

$$-c_{I_2} = kc_{丙酮}c_{HCl} + t + B \tag{3-11}$$

式中　B——积分常数。

由 c_{I_2} 对时间 t 作图，可求得反应速率常数 k 值。

因碘溶液在可见区有宽的吸收带，而在此吸收带中，盐酸、丙酮、碘化丙酮和碘化钾溶液则没有明显的吸收，所以可采用分光光度法直接测量碘浓度的变化。

根据朗伯-比尔定律：

$$A = alc_{I_2} \tag{3-12}$$

式中　A——吸光度；

　　　a——摩尔吸收系数，L/(mol·cm)；

　　　l——光的路径长度，cm。

若 al 已知，可通过式（3-12）计算碘浓度。

此反应中，碘的转化率可表示为：

$$x_{I_2} = \frac{c_{I_2,0} - c_{I_2}}{c_{I_2,0}} \tag{3-13}$$

式中　$c_{I_2,0}$——I_2 的初始浓度，mol/L；

　　　c_{I_2}——反应后 I_2 的浓度，mol/L。

3.2.3　实验装置与材料

（1）实验装置。本实验装置流程示意图如图 3-2 所示。GSH-1L 反应釜采用不锈钢制造而成，主要部件有釜盖、釜体、法兰、磁力搅拌系统、加热系统和控制仪系统。

图 3-2　间歇釜反应器

1）釜盖：由 8 个螺丝与法兰釜体连接在一起，釜盖上部与磁力搅拌器系统连接，四周连接阀门、压力表、安全阀、取样阀、冷却水进口和出口。釜盖上平面设有直插釜内的测温探头。

2）磁力搅拌系统：采用外环形磁性材料的磁力偶合使釜内搅拌轴旋转，扭矩大，运转无摩擦点，避免泄漏发生。

3）进气阀门：通过进气阀将各种气体注入釜内，也可作放空阀使用。

4）取样阀：釜内有一根不锈钢管，上端固定在釜盖的下平面上，下端伸入釜体底部，在反应过程中可将物料取出作试样用，也可将各种气体和液体注入釜底进行反应。

5）压力表：压力表与安全阀连在一起，显示釜体内的操作压力，当超过设计压力时，安全阀自动爆破排出气体。

6）冷却水进出口：可通过进出口任何一端注入冷水降低釜内温度。

7）加热炉：根据需要设定使用温度、设定加热电压控制加热速度。

8）控制仪：可控制整个系统，通过面板上的旋钮调节转速，温度仪表采用高精度 PID 温控表，同时可根据需要调节电压高低。

实验装置的技术参数见表 3-2。

表 3-2　实验装置的技术参数

名　称	参　数	名　称	参　数
有效容积/L	1	设备材质	304 钢
设计压力/MPa	11.5	工作压力/MPa	9.8
设计温度/℃	320	电动机功率/W	123
工作最高温度/℃	300	加热方式	电加热
搅拌转速/(r·min^{-1})	0~1000	加热功率/kW	2

（2）其他设备。

1）2100 型分光光度计（附带有恒温夹层的比色皿）1 台，超级恒温槽 1 台，25 mL 容量瓶 2 个，50 mL 容量瓶 2 个，5 mL 移液管 3 支。

2）2.00 mol/L 的 HCl 标准溶液（标定），2.00 mol/L 的丙酮溶液，0.050 mol/L 的碘溶液（含 4% 碘化钾）。

3.2.4　实验步骤

（1）实验前的准备。

1）调节恒温槽到 25 ℃，调节 2100 型分光光度计。

2）配制溶液并恒温保存。配制 0.0050 mol/L 的碘溶液：移取 5 mL 0.050 mol/L 的碘溶液于 50 mL 的容量瓶中，稀释到刻度，放入 25 ℃ 的恒温槽中恒温 10 min（用于测定 al 值）。

（2）测定 al 值（25 ℃ 条件下）。在 500 nm 波长下测上述恒温后的 0.0050

mol/L 的碘溶液的吸光度 A，平行测量 3 次，取平均值。

（3）测定反应进行到不同时刻的吸光度 A。

1）用专用扳手拧开法兰上的 8 个螺丝，打开反应釜。

2）向反应釜中加入 80 mL 0.050 mol/L 的碘溶液，80 mL 2.00 mol/L 的 HCl 溶液，11.6 mL 丙酮，用纯水定容至 0.8 L。同时取少量的原料，测其吸光度，备用。

3）拧紧反应釜法兰螺丝，给电动机通入冷却水，防止电动机发热。

4）打开控制仪上的电源开关，设定温度到 25 ℃，打开搅拌，观察反应釜压力的变化和搅拌转速。

5）保持反应条件恒定，每 2 min 取样一次，在 500 nm 波长下测吸光度 A，直到吸光度 A 小于 0.05 为止。

6）测 35 ℃时的 al 值和反应进行到不同时刻的吸光度 A，方法同上。

7）测试完毕后，清洗容量瓶、比色皿，关闭分光光度计。

8）用恒流泵抽出釜里面的全部溶液，然后用蒸馏水清洗干净，抽出清洗液倒掉。

3.2.5　实验数据记录与整理

（1）测定 al 值。原始数据记录表见表 3-3。

表 3-3　原始数据记录表

$c_{I_2} = $ ＿＿＿＿＿＿ mol/L；$c_{HCl} = $ ＿＿＿＿＿＿ mol/L；$c_{丙酮} = $ ＿＿＿＿＿＿ mol/L

0.0050 mol/L 的碘溶液吸光度 A	A_1	A_2	A_3	$\overline{a}$	al
25 ℃					
35 ℃					

（2）反应进行到不同时刻的吸光度 A 值。原始数据记录表见表 3-4。

表 3-4　原始数据记录表

25 ℃				35 ℃			
测量时间 （2 min）	A	测量时间 （2 min）	A	测量时间 （2 min）	A	测量时间 （2 min）	A

（3）数据处理。

1）由已知碘溶液的浓度和测得的吸光度值，计算 al 值。

2）由不同时刻的吸光度 A（表3-4）计算 c_{I_2}，绘制 c_{I_2}-t 图，求出直线斜率；由直线斜率计算反应速率常数 k 值。

3）将 25 ℃、35 ℃ 条件下的反应速率常数值代入阿伦尼乌斯公式，$E = 2.303R \dfrac{T_1 T_2}{T_2 - T_1} \lg \dfrac{k_2}{k_1}$ 计算反应的活化能，式中 T 为绝对温度，k 为速率常数。

4）计算 25 ℃、35 ℃ 条件下碘的转化率。

3.2.6 思考题

（1）间歇反应器和平推流反应器有何异同？

（2）试分析造成本实验误差的主要因素有什么？

3.3 多釜串联反应器返混状况测定

3.3.1 实验目的

（1）掌握停留时间分布的测定方法。

（2）了解停留时间分布与多釜串联模型的关系。

（3）了解模型参数 W 的物理意义及计算方法。

3.3.2 实验原理

在连续流动的反应器内，不同停留时间的物料之间的混合称为返混。返混程度的大小，通常用物料在反应器内的停留时间分布来测定。然而在测定不同状态的反应器内物料的停留时间分布时发现，相同的停留时间分布可以有不同的返混情况，即返混与停留时间分布不存在一一对应的关系，因此不能用停留时间分布的实验测定数据直接表示返混程度，而要借助于相关的数学模型来直接表达。

物料在反应器内的停留时间完全是一个随机过程，须用概率分布的方法来定量描述。所用的概率分布函数为停留时间分布密度函数 $E(t)$ 和停留时间分布函数 $F(t)$。停留时间分布密度函数 $E(t)$ 的物理意义是：同时进入的 N 个流体粒子中，停留时间介于 t 到 $t + \Delta t$ 间的流体粒子所占的分率 dN/N 为 $E(t)dt$。停留时间分布函数 $F(t)$ 的物理意义是：流过系统的物料中停留时间小于 t 的物料的分率。

本实验停留时间分布测定所采用的主要是示踪响应法。它的原理是：在反应器入口用电磁阀控制的方式加入一定量的示踪剂——饱和 KCl，通过电导率仪测量反应器出口处水溶液电导率的变化，间接地描述反应器内流体的停留时间。常用的示踪剂加入方式有脉冲输入、阶跃输入和周期输入等。本实验选用脉冲输入法。脉冲输入法是在较短的时间内（0.1~1.0 s）向设备内一次注入一定量的示踪剂，同时开始计时，并不断分析出口处示踪物料的浓度 $c(t)$ 随时间的变化。在反应器出口处测得的示踪计浓度 $c(t)$ 与时间 t 的关系曲线即响应曲线。由响应曲线计算出 $E(t)$ 与时间 t 的关系，并绘出 $E(t)$-t 关系曲线。

对反应器作示踪剂的物料衡算，即：

$$Qc(t)\,\mathrm{d}t = mE(t)\,\mathrm{d}t \tag{3-14}$$

式中 Q——主流体的流量；

$c(t)$ ——t 时刻反应器内示踪剂浓度；

m——示踪剂的加入量。

示踪剂的加入量可以用下式计算：

$$m = \int_0^\infty Qc(t)\,\mathrm{d}t \tag{3-15}$$

在 Q 值不变的情况下，由式（3-14）和式（3-15）求出 $E(t)$：

$$E(t) = \frac{c(t)}{\int_0^\infty Qc(t)\,\mathrm{d}t} \tag{3-16}$$

由此可见，$E(t)$ 与示踪剂浓度 $c(t)$ 成正比。因此，本实验中用水作为连续流动的物料，以饱和 KCl 作示踪剂，在反应器出口处检测溶液的电导值。在一定范围内，KCl 浓度 $c(t)$ 与电导值 $L(t)$ 成正比，则可用电导值来表达物料的停留时间变化关系，即 $E(t) \propto L(t)$，这里 $L(t) = L_t - L_\infty$，L_t 为 t 时刻的电导值，L_∞ 为无示踪剂时的电导值。

为了比较不同停留时间分布之间的差异，还需引进两个统计特征，即数学期望和方差。

数学期望对停留时间分布而言就是平均停留时间 $\overline{t}$，即：

$$\overline{t} = \frac{\int_0^\infty tE(t)\,\mathrm{d}t}{\int_0^\infty E(t)\,\mathrm{d}t} = \int_0^\infty tE(t)\,\mathrm{d}t \tag{3-17}$$

采用离散形式表达，并取相同的时间间隔 Δt，则：

$$\overline{t} = \frac{\sum tc(t)\Delta t}{\sum c(t)\Delta t} = \frac{\sum tL(t)}{\sum L(t)} \tag{3-18}$$

方差是和理想反应器模型关系密切的参数。它的表达式为：

$$\sigma_t^2 = \int_0^\infty t^2 E(t)\,\mathrm{d}t - (\overline{t})^2 \tag{3-19}$$

也采用离散形式表达，并取相同的 Δt，则：

$$\sigma_t^2 = \frac{\sum t^2 c(t)}{\sum c(t)} - (\overline{t})^2 = \frac{\sum t^2 L(t)}{\sum L(t)} - (\overline{t})^2 \qquad (3\text{-}20)$$

对活塞流反应器，$\sigma_t^2 = 0$；而对全混流反应器，$\sigma_t^2 = (\overline{t})^2$；对介于上述两种理想反应器之间的非理想反应器可用多釜串联模型描述，多釜串联模型中的模型参数 N 可以由实验数据处理得到的 σ_t^2 来计算：

$$N = \frac{(\overline{t})^2}{\sigma_t^2} \qquad (3\text{ }21)$$

当 N 为整数时，代表该非理想流动反应器可用 N 个等体积的全混流反应器的串联来建立模型。当 N 为非整数时，可以用四舍五入的方法近似处理，也可以用不等体积的全混流反应器串联模型。

3.3.3　实验装置与材料

（1）实验装置。本实验装置流程示意图如图 3-3 所示。

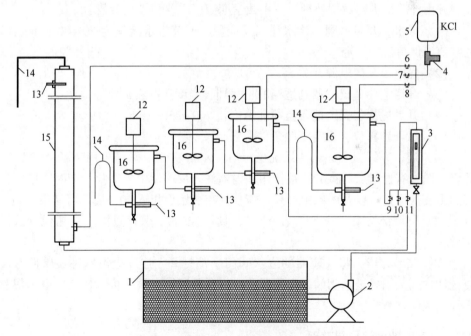

图 3-3　连续流动反应器返混实验装置

1—水箱；2—水泵；3—转子流量计；4—电磁阀；5—KCl 储瓶；6～11—截止阀；
12—搅拌电机；13—电导电极；14—溢流口；15—管式反应器；16—釜式反应器

反应器为有机玻璃制成的搅拌釜，其有效容积为 1 L，搅拌方式为叶轮搅拌。示踪剂是通过一个电磁阀瞬时注入反应器。示踪剂 KCl 在不同时刻浓度 $c(t)$ 的检测通过电导率仪完成。数据采集原理如图 3-4 所示。

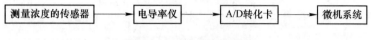

图 3-4　数据采集原理图

电导率仪的传感元件为铂电极，当含有 KCl 的水溶液通过安装在釜内液相出口处的铂电极时，电导率仪将浓度 $c(t)$ 转化为毫伏级的直流电压信号，该信号经放大器与 A/D 转化卡处理后，由模拟信号转换为数字信号。该代表浓度 $c(t)$ 的数字信号在微机内用预先输入的程序进行数据处理并计算出每釜的平均停留时间、方差以及模型参数 N 后，由打印机输出。

（2）实验材料。实验材料包括自来水、KCl 饱和溶液。

3.3.4　实验步骤

实验用脉冲示踪法接收响应信号，在进口注入 KCl 饱和溶液，由电导率仪显示出口的电导值，通过计算机在线采集，在屏幕上显示停留时间分布密度函数曲线，并由计算机进行数据处理计算出数学期望、方差和模型参数 N。

（1）通水，开启水阀，让水注满反应釜，调节进水流量为 20~30 L/h 之间的某值，保持流量稳定。

（2）通电，开启电源开关。

（3）开启电导率仪，调到适当的量程档、温度和电极常数等。

（4）开动搅拌装置，使各釜搅拌速度在 200~250 r/min。

（5）打开计算机，设定实验条件参数。

（6）运行大约 30 min，待系统稳定后，点击软件中采样界面上的"开始"，看显示图上有显示点后将 KCl 液体用注射器注入反应器中。实验所需时间可以根据图形变换而定，以及图像由最高点恢复到与初始点相近 20 s 后即可结束实验。

（7）待测试结束，按下"结束"按钮后，按下"保存数据"按钮保存数据文件。

（8）实验完毕，将反应器的进水阀门全都打开，连续进清水冲洗管路，反复三四次。关闭各进水阀门、电源开关，打开釜底排水阀，将水排空。退出实验程序，关闭计算机。

3.3.5　实验数据记录与整理

（1）原始数据记录与处理。本实验采用计算机数据采集与处理系统，直接由电导率仪输出信号至计算机，由计算机对数据进行采集与分析，在显示器上画出停留时间分布动态曲线图，并在实验结束后自动计算平均停留时间、方差和模型参数。停留时间分布曲线图与相应数据均可方便地保存或打印输出。

（2）根据计算得到的模型参数 N，讨论系统返混程度的大小。

3.3.6 思考题

（1）既然反应器的个数是 3 个，模型参数 N 又代表全混流反应器的个数，那么模型参数 N 就应该是 3，若不是，为什么？

（2）全混流反应器具有什么特征，如何利用实验方法判断搅拌釜是否达到全混流反应器的模型要求？如果尚未达到，如何调整实验条件使其接近这一理想模型？

（3）测定釜中停留时间的意义何在？

（4）如何限制或加剧返混程度？

3.4 催化剂载体——活性氧化铝制备实验

活性氧化铝（Al_2O_3）是一种具有优异性能的无机物质，不仅能用作脱水吸附剂、色谱吸附剂，更重要的其还是一种优良的催化剂载体，能制备得到负载型催化剂，并广泛应用于化工领域，涉及重整、加氢、脱氢、脱水、脱卤、歧化、异构化等各种反应。活性氧化铝能如此广泛地被采用，主要原因是其结构上有多种形态及其优良的物化性质。学习有关 Al_2O_3 的制备方法，对掌握催化剂制备有重要意义。

3.4.1 实验目的

（1）通过铝盐与碱性沉淀剂的沉淀反应，掌握氧化铝催化剂和催化剂载体的制备过程。

（2）了解制备氧化铝水合物的技术和原理。

（3）掌握活性氧化铝的成形方法。

3.4.2 实验原理

催化剂或催化剂载体用的活性氧化铝在物性和结构方面都有一定要求，最基本的参数是比表面积、孔结构、晶体结构等。例如，重整催化剂是将贵重金属铂、铼负载在 γ-Al_2O_3 或 η-Al_2O_3 上。氧化铝的结构对反应活性影响极大，如烃类脱氢催化剂，若将 Cr-K 载在 γ-Al_2O_3 或 η-Al_2O_3 上，催化活性较好，而载在其他形态氧化铝上，催化活性很差，这说明它不仅起载体作用，而且也起到了活性组分的作用，因此，也称这种氧化铝为活性氧化铝。α-Al_2O_3 在反应中是惰性物质，只能作载体使用。制备活性氧化铝的方法不同，得到的产品结构也不相同，其活性的差异颇大，因此制备中应严格控制每一步骤的条件，不应混入杂质。尽管制备方法和路线很多。但无论哪种路线都必须制成氧化铝水合物氢氧化铝（$Al(OH)_3$），再经高温脱水生成氧化铝。自然界存在的氧化铝或氢氧化铝脱水生成的氧化铝不能作载体或催化剂使用，这不仅是因为杂质多，主要是难以得到所要求的结构和催化活性，为此，必须经过重新处理。由此可见，制备氧化铝水合物是制备活性氧化铝的基础。

氧化铝水合物经 X 射线分析，可知有多种形态，通常分为结晶态和非结晶态。结晶态中有一水化物和三水化物两类形体；非结晶态则含有无定形和结晶度很低的水化物两种形体，它们都是凝胶态。氧化铝水合物的总括如图 3-5 所示。

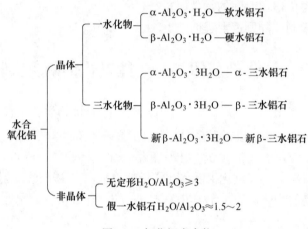

图 3-5　氧化铝水合物

无定形水合氧化铝，尤其是一水铝石，在制备中能通过控制溶液 pH 值或温度向一水氧化铝转变，经老化后大部分变成 $\alpha\text{-}Al_2O_3 \cdot H_2O$，而这种形态是生成 $\gamma\text{-}Al_2O_3$ 的唯一路线。此外上述 $\alpha\text{-}Al_2O_3 \cdot H_2O$ 凝胶是针状聚集体，难以洗涤过滤。$\beta\text{-}Al_2O_3 \cdot 3H_2O$ 是球形颗粒，紧密排列，易于洗涤过滤。

氧化铝水合物是非稳定态，加热会脱水，随着脱水气氛和脱水温度的不同可生成各种晶形的氧化铝。当受热到 1200 ℃ 时，各种晶型的氧化铝都将变成 $\alpha\text{-}Al_2O_3$（也称刚玉）。$\alpha\text{-}Al_2O_3$ 具有最小的表面积和孔容积。水合物受热后晶型变化情况如图 3-6 所示。

可见，不论获得何种晶型的氧化铝都要首先制成氢氧化铝。氢氧化铝也是制备陶瓷和无机阻燃及阻燃添加剂的重要原料。

制备水合氧化铝的方法很多，可以以铝盐、偏铝酸钠、烷基铝、金属铝、拜耳法氢氧化铝等为原料，控制不同的温度、pH 值、反应时间、反应浓度等操作，可得到均一的相态和不同物性的氧化铝。通常有以下几种制备方法。

（1）以铝盐为原料。用三氯化铝（$AlCl_3$）等的水溶液与沉淀剂——氨水、NaOH、Na_2CO_3 等溶液作用生成氧化铝水合物。

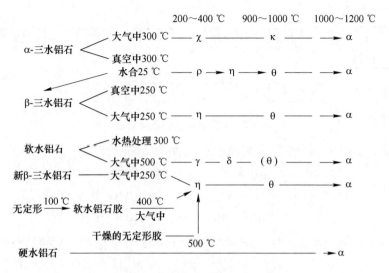

图 3-6 水合物受热晶型变化图

$$AlCl_3 + 3NH_4OH \longrightarrow Al(OH)_3\downarrow + 3NH_4Cl \qquad (3\text{-}22)$$

球状活性氧化铝以三氯化铝为原料有较好的成形性能。实验中通常多使用该法制备水合氧化铝。

（2）以偏铝酸钠为原料。偏铝酸钠（$NaAlO_2$）可在酸性溶液作用下分解沉淀析出氢氧化铝。此原料在工业生产上较经济，是常用的生产活性氧化铝的方法。但此方法常混有不易脱除的 Na^+，故常用通入 CO_2 的方法制备各种晶型的氢氧化铝。

$$2NaAlO_2 + CO_2 + 3H_2O \longrightarrow Na_2CO_3 + 2Al(OH)_3\downarrow \qquad (3\text{-}23)$$

或

$$NaAlO_2 + HNO_3 + H_2O \longrightarrow Na_2NO_3 + Al(OH)_3\downarrow \qquad (3\text{-}24)$$

制备过程中有 Al^{3+} 和 OH^- 存在是必要的，其他离子可经水洗被除掉。另外还有许多方法可以制取特殊要求的催化剂或载体。制备催化剂或载体时，都要求除去 S、P、As、Cl 等有害杂质，否则催化活性较差。

本实验采用铝盐与氨水沉淀法。将沉淀物在 pH＝8～9 范围内老化一定时间，使之变成 α-水铝石，再用去离子水洗去氯离子。将滤饼用酸胶溶成流动性能较好的溶胶，用滴加法滴入油氨柱内，凝胶在油中受表面张力作用收缩成球，再进入氨水中，经中和和老化后形成较硬的凝胶球状物（直径在 1～3 mm 之间），经水洗去除油氨后，进行干燥。也可将酸化的溶胶通过喷雾干燥生成 40～80 μm 的微球氢氧化铝。上述过程可用框图表示，如图 3-7 所示。

沉淀是制成一定活性和物理性质的关键，对滤饼洗涤难易有直接影响，其操作条件决定了颗粒大小、粒子排列和结晶完整程度，加料顺序、浓度和速度也对

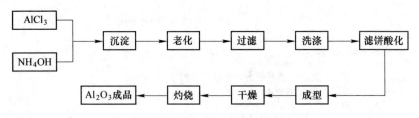

图 3-7　活性氧化铝制备流程图

其有影响。沉淀中 pH 值不同，得到的水化物则不同。例如：

$$Al^{3+} + OH^- \begin{cases} pH < 7 & \longrightarrow \quad \text{无定形胶体} \\ pH = 9 & \longrightarrow \quad \alpha\text{-}Al_2O_3 \cdot H_2O \ \text{胶体} \\ pH > 10 & \longrightarrow \quad \beta\text{-}Al_2O_3 \cdot H_2O \ \text{结晶} \end{cases}$$

当 Al^{3+} 倾倒于碱液中时，pH 值由大于 10 向小于 7 转变。产物有各种形态的水化物，不易得到均一形体。如果反向投料，若 pH 值不超过 10，会产生两种形体，但经老化也会趋于一种形体。为此，并流接触并维持稳定的 pH 值可得到均一的形体。

老化是使沉淀形成不再发生可逆结晶变化的过程，同时使一次粒子再结晶、纯化和生长；另外也使胶粒之间进一步黏结，胶体粒子得以增大。这一过程随温度升高而加快，常常在较高的温度下进行。

洗涤的目的是除去沉淀中的杂质。若杂质以反离子形式吸附在胶粒周围而不易进入水中时，则需用水在搅拌情况下把滤饼打散成浆状物再过滤，反复多次操作才能洗净。若有 SO_4^{2-} 存在，则难以完全清洗干净。当 pH 值接近 7 时，氢氧化铝会随水流失，一般应维持 pH>7。

酸化胶溶成形过程需要设置。这个过程是在胶溶剂存在下，使凝胶这种暂时凝集起来的分散相重新变成溶胶。当向氢氧化铝中加入少量 HNO_3 时会发生如下反应：

$$Al(OH)_3 + 3HNO_3 \longrightarrow Al(NO_3)_3 + 3H_2O \tag{3-25}$$

生成的 Al^{3+} 在水中电离并吸附在氢氧化铝表面上，NO_3^- 为反离子，从而形成胶团的双电层，仅有少量的 HNO_3 就足以使凝胶态的滤饼全部发生胶溶，以致变成流动性很好的溶胶体，当 Cl^-、Na^+ 或其他离子存在时，溶胶的流动性和稳定性变差。应尽可能避免杂质存在，否则会影响催化剂的活性。利用溶胶在适当 pH 值和适当介质中能溶胶化的原理，可把溶胶以小滴形式滴入油层，这时由于表面张力而形成球滴，球滴下降中遇碱性介质形成凝胶化小球，以此来制备氧化铝小球催化剂。

3.4.3　实验仪器与试剂

仪器：500 mL 烧杯 2 个、搅拌器 1 台、真空泵及抽滤系统 1 套、500 mL 量筒 2 个、抽滤漏斗和陶瓷皿。

试剂：三氯化铝、浓氨水（体积分数为 25%，化学纯）、去离子水、pH 试纸、"平平加"表面活性剂和变压器油。

3.4.4 实验步骤

（1）溶液配制。

1）取 285 mL 蒸馏水放入 500 mL 的烧杯内，称取 15 g 无水三氯化铝（要求快速称量，否则因吸湿而不准确），分次投入水中，搅拌后澄清。如果有不溶物或颗粒杂质，可用漏斗过滤，最终配成质量分数为 5% 的 $AlCl_3$ 溶液。

2）取浓氨水（体积分数为 25%）50 mL，用水稀释一倍待用。

（2）水合氧化铝的制备。

1）将三氯化铝溶液放入三口瓶内，并装上机械搅拌，升温至 40 ℃，在搅拌下快速倒入氨水（按理论量 80%），观察搅拌桨叶的转动情况。若溶液变黏稠，再加少许氨水，沉淀的胶体变稀。用玻璃棒蘸取沉淀胶体滴到 pH 试纸上，测定 pH 值在 8~9 之间则合格，停止加氨水，继续搅拌 30 min，随时测 pH 值，如有下降再补加氨水。

2）30 min 后把温度升至 70 ℃，停止搅拌，将其静止老化 1 h。

3）将老化的凝胶倒入抽滤漏斗内过滤。第一次过滤速度较快，随着洗涤次数的增加，过滤速度逐渐减慢。

4）取出过滤抽干的滤饼，加入少量水，搅拌，使滤饼全部变成浆状物后，再次过滤，通常至少洗涤 5 次。最后用硝酸银溶液滴定滤液，若不产生白色沉淀即为无氯离子。取少量凝胶在显微镜下观察。

5）将洗好的滤饼放在 500 mL 烧杯内，称重，待酸化使用。

（3）成形操作。

1）取 500 mL 量筒，内放 300 mL 的体积分数为 12.5% 氨水和 50 mL 变压器油，再加少量"平平加"表面活性剂。由此构成简易油氨柱。

2）滤饼中加入浓度为 12 mol/L 的硝酸溶液，用量为滤饼的 2%~3%（质量分数）。用玻璃棒强烈搅动，滤饼逐渐变成乳状的 $Al(OH)_3$ 溶胶（流动性很好），之后再用力搅动一定时间，将块状凝胶全部打碎，用 50 mL 针筒取浆液，装上针头，针尖向下，向油氨柱中滴加溶液。溶胶在油层中收缩成球，穿过油层后进入氨水中变成球状凝胶体。在氨水中老化 30 min。

3）吸出油层和氨水，倒出凝胶球状物，用蒸馏水洗油和氨水。洗涤时可加少量洗净剂或"平平加"等。

（4）干燥及灼烧。洗净后的球状氢氧化铝凝胶，在室温下自然干燥 24 h，然后放于烘箱中于 105 ℃下干燥 6 h，再置于高温炉中 500 ℃下灼烧 4 h，最后生成 $\gamma\text{-}Al_2O_3$（当操作条件不当会混有 $\eta\text{-}Al_2O_3$）。

3.4.5　实验数据记录与整理

（1）计算 $Al(OH)_3$ 和 Al_2O_3 的实际收率并解释与理论收率相差较大的原因。

（2）测定最后成形的外观形状和尺寸。

3.4.6　思考题

（1）如何控制活性氧化铝的质量？

（2）欲获得高比表面积的氧化铝，应改变什么操作条件？是否还有其他方法？

（3）怎样才能提高洗涤效率？怎样才能提高氧化铝收率？

（4）氧化铝有哪些用途？

3.5　浸渍法制备贵金属催化剂

3.5.1　实验目的

（1）学习贵金属/炭载体催化剂的制备方法。

（2）了解载体催化剂的制备原理。

（3）了解邻氯硝基苯的碱性还原机理。

3.5.2　实验原理

加氢还原硝基化合物的主要催化剂有镍（骨架或载体镍）、复合氧化物、贵金属系。其中，镍、复合物催化剂常用于将硝基完全还原为氨基，而贵金属催化剂具有较高的还原选择性，可完全还原，也可部分还原。

本实验通过浸渍法，使贵金属溶液吸附于高比表面积的活性炭表面，再将贵金属盐经甲醛还原为金属微晶，从而负载于活性炭上。将贵金属活性组分载体化，既可节省催化剂有效使用量，又可提高催化活性。

该催化剂可用于部分还原邻氯硝基苯，在碱性介质中制备 2,2′-二氯氢化偶氮苯，进而在酸性条件下使还原产物发生重排，得到 3,3′-二氯联苯胺，后者为极重要的有机颜料中间体。现在已有很多国内外厂家改用催化加氢法生产 3,3′-二氯联苯胺，环境污染少，产品质量高，生产能力显著增强，生产量增加很快。由于游离的 3,3′-二氯联苯胺易氧化、水溶性不好，因此均制备为盐酸盐或硫酸盐使用，本实验将其转化为盐酸盐。还原及重排反应如下：

还原反应为：

重排反应为：

3.5.3 实验步骤

（1）配制质量分数为10%的硝酸。将36.8 g质量分数为95%的硝酸加入至313.2 g的水中，同时搅拌，得350 g质量分数为10%的硝酸。

（2）筛分活性炭。将活性炭用360目（40 μm）和180目（77 μm）的标准筛过筛，取用40~77 μm的活性炭。

（3）配制质量分数为30%的氢氧化钠溶液。将9.5 g质量分数为96%的氢氧化钠加入至20.4 g水中，溶解即得到约30 g质量分数为30%的氢氧化钠溶液。

（4）溶解氯化钯。将4.1 g氯化钯放入10 mL质量分数为36%~37%的浓盐酸中，由于氯化钯溶解较慢，可稍微加热一段时间即可全溶解，得到棕褐色溶液，再加入25 mL水，配制成混合液。

（5）预处理活性炭。将350 g质量分数为10%的硝酸加入至500 mL的四口瓶中，然后向其中加入54 g筛好的活性炭，加热至60 ℃，于60~63 ℃搅拌反应2.5 h，然后降至室温，过滤掉硝酸，将滤饼用去离子水水洗至中性，放入烘箱中于100~102 ℃干燥45 min。

（6）制备质量分数为5%的钯/炭催化剂。在100 mL烧杯中，加入600 mL水、46.5 g处理过的活性炭，用框式搅拌使活性炭悬浮于水中，加热至80 ℃，加入配好的氯化钯溶液，然后在快速搅拌下加入4 mL质量分数为36%~38%的甲醛水溶液，接着滴加质量分数为30%的氢氧化钠水溶液，直至反应物对石蕊试纸呈碱性，继续搅拌5 min，降温至55 ℃过滤，用去离子的水洗涤，吸干，滤饼先在空气中干燥，然后移入装有氢氧化钾的干燥器中干燥。

3.5.4 实验注意事项

（1）预处理后的载体活性炭要用水充分洗涤至无硝酸。
（2）贵金属/炭催化剂在制备后，要充分洗净其他的金属离子。

3.5.5 思考题

（1）载体催化剂的制备方法有几种？各有何特点？
（2）由于是贵金属催化剂，一定要考虑催化剂的重复使用及回收，废弃的贵金属/炭催化剂如何回收？

4 化工热力学实验

4.1 二氧化碳临界现象观测及 p-V-T 关系的测定

4.1.1 实验目的

（1）了解 CO_2 临界状态的观测方法，增加对临界状态概念的认识。

（2）加深课堂上所讲的纯流体热力学状态：汽化、冷凝、饱和态和超临界流体等基本概念的理解。

（3）掌握 CO_2 的 p-V-T 关系的测定方法，熟悉用实验测定真实气体状态变化规律的方法和技巧。

4.1.2 实验原理

当纯流体处于平衡态时，其状态参数 p、V 和 T 存在以下关系：

$$F(p, V, T) = 0 \quad 或 \quad V = f(p, T)$$

根据相律，纯流体在单相区的自由度为 2，当温度一定时，体积随压力而变化；在二相区，纯流体的自由度为 1，温度一定时，压力一定，仅体积发生变化。本实验就是利用定温的方法测定 CO_2 的 p 和 V 之间的关系以获得 CO_2 的 p-V-T 数据。

4.1.3 实验装置

实验装置由试验台本体、压力台和恒温浴组成，如图 4-1 所示。

试验台本体如图 4-2 所示。

实验中由压力台送来的压力油进入高压容器和玻璃杯上半部，迫使水银进入预先装有 CO_2 气体的承压玻璃管（毛细管），CO_2 被压缩，其压力和容积通过压力台上的活塞杆的进退来调节。温度由恒温水套的水温调节，水套的恒温水由恒温浴供给。

CO_2 的压力由压力台上的精密压力表读出（注意：绝对压力 = 表压 + 大气压），温度由水套内的精密温度计读出。比容由 CO_2 柱的高度和质面比常数计算得出。

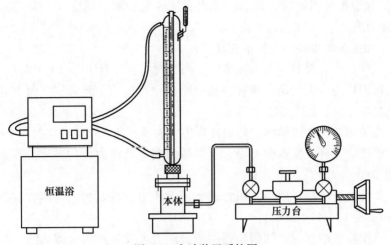

图 4-1　实验装置系统图

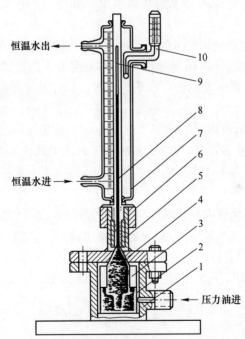

图 4-2　试验台本体

1—高压容器；2—玻璃杯；3—压力油；4—水银；5—密封填料；6—填料压盖；7—恒温水套；
8—承压玻璃管；9—CO_2；10—精密温度计

4.1.4　实验步骤

（1）按图 4-1 装好实验设备。

（2）接通恒温浴电源，调节恒温水到所要求的实验温度（以恒温水套内精密温度计为准）。

（3）加压前的准备——抽油充油操作。

1）关闭压力表及其进入本体油路的两个阀门，开启压力台上油杯的进油阀。

2）摇退压力台上的活塞螺杆，直至螺杆全部退出。此时压力台上的油筒中抽满了油。

3）先关闭油杯的进油阀，然后开启压力表及其进入本体油路的两个阀门。

4）摇进活塞杆，使本体充油。直至压力表上有压力读数显示，毛细管下部出现水银为止。

5）如活塞杆已摇进到头，压力表上还无压力读数显示，毛细管下部未出现水银，则重复 1）~4）步骤。

6）再次检查油杯的进油阀是否关闭，压力表及其进入本体油路的两个阀门是否开启。温度是否达到所要求的实验温度。如条件均已调定，则可进行实验测定。

（4）测定承压玻璃管内 CO_2 的质面比常数 K 值。由于承压玻璃管内的 CO_2 质量不便测量，承压玻璃管内径（截面积）不易测准，因此本实验用间接方法确定 CO_2 的比容。假定承压玻璃管内径均匀一致，CO_2 比容和高度成正比。具体方法如下：

1）已知，纯 CO_2 液体在 25 ℃、7.8 MPa 时，比容 $V = 0.00124$ m^3/kg。

2）实验测定本装置在 25 ℃、7.8 MPa（表压大约为 7.7 MPa）时，CO_2 液柱高度为：

$$\Delta h_0 = h' - h_0$$

式中　h_0——承压玻璃管内径顶端的刻度（酌情扣除尖部长度），m；

　　　h'——25 ℃、7.8 MPa 下水银柱上端液面刻度（注意玻璃水套上刻度的标记方法），m。

则 25 ℃、7.8 MPa 下比容为：

$$V = \frac{\Delta h_0 A}{m} = 0.00124 \text{ } m^3/kg$$

$$K = \frac{m}{A} = \frac{\Delta h_0}{0.00124}$$

式中　Δh_0——测量温度压力下水银柱上端液面刻度，m；

　　　A——承压玻璃管截面积，m^2；

　　　m——CO_2 质量，kg；

　　　K——质面比常数。

当 Δh 为测量温度压力下 CO_2 柱高度，则此温度压力下 CO_2 的比容为：

$$V = \frac{h - h_0}{m/A} = \frac{\Delta h}{K}$$

式中 h——任意温度、压力下的水银柱高度，m。

（5）测定低于临界温度下的等温线（$t = 20\ ℃$ 或 $t = 25\ ℃$）。

1）将恒温水套温度调至 $t = 20\ ℃$ 或 $t = 25\ ℃$，并保持恒定。

2）压力从 4.0 MPa 左右（毛细管下部出现水银面）开始，读取相应水银柱上端液面刻度，记录第一个数据点。

3）提高压力约 0.3 MPa，达到平衡时，读取相应水银柱上端液面刻度，记录第二个数据点。注意加压时，应足够缓慢地摇进活塞杆，以保证定温条件，此时，水银柱高度应稳定在一定数值，不发生波动。

4）按压力间隔 0.3 MPa 左右，逐次提高压力，测量第三、第四或更多数据点，直到出现第一小滴 CO_2 液体为止。

5）注意此阶段压力改变后 CO_2 状态的变化，特别是测准出现第一小滴 CO_2 液体时的压力和最后一个 CO_2 小气泡刚消失时的压力以及相应水银柱上端液面刻度。此阶段压力改变应很小，要交替进行升压和降压操作，压力应按出现第一小滴 CO_2 液体和最后一个 CO_2 小气泡刚消失的具体条件进行调整。

6）当 CO_2 全部液化后，继续按压力间隔 0.3 MPa 左右升压，直到压力达到 8.0 MPa 为止。

（6）测定临界等温线和临界参数，观察临界现象。

1）将恒温水套温度调至 $t = 31.1\ ℃$，按上述步骤（5）的方法和步骤测出临界等温线，注意在曲线的拐点（$p = 7.376$ MPa）附近，应缓慢调整压力（调压间隔可为 0.05 MPa），以较准确地确定临界压力和临界比容。

2）观察临界现象。

① 临界乳光现象。保持临界温度不变，摇进活塞杆使压力升至 p_c 附近处，然后突然摇退活塞杆降压（注意勿使试验台本体晃动），在此瞬间玻璃管内将出现圆锥型的乳白色的闪光现象，这就是临界乳光现象。这是由于 CO_2 分子受重力场作用沿高度分布不均和光的散射所造成的。可以反复实验几次观察这个现象。

② 整体相变现象。临界点附近时，汽化热接近于零，饱和蒸汽线与饱和液体线接近合于一点。此时气液的相互转变不像临界温度以下时那样逐渐积累，需要一定的时间，表现为一个渐变过程；而是当压力稍有变化时，气液以突变的形式相互转化。

③ 气液二相模糊不清现象。处于临界点附近的 CO_2 具有共同的参数（p，V，T），不能区别此时 CO_2 是气态还是液态。如果说它是气体，那么，这气体是接近液态的气体；如果说它是液体，那么，这液体又是接近气态的液体。下面用实验证明这结论。因为此时是处于临界温度附近，如果按等温过程，使 CO_2 压缩或膨

胀，则管内什么也看不到，因此现在按绝热过程进行。先在压力处于 7.4 MPa（临界压力）附近突然降压，CO_2 状态点不是沿等温线，而是沿绝热线降到二相区，管内 CO_2 出现了明显的液面。这就是说，如果这时管内 CO_2 是气体，那么这种气体离液相区很近，是接近液态的气体；当膨胀之后，突然压缩 CO_2 时，这液面又立即消失了，这时 CO_2 液体离气相区也很近，是接近气态的液体。这时 CO_2 既接近气态，又接近液态，所以只能是处于临界点附近。临界状态流体是一种气液不分的流体。这就是临界点附近气液二相模糊不清现象。

（7）测定高于临界温度的等温线（$t = 40$ ℃）。将恒温水套温度调至 $t = 40$ ℃，按上述步骤（5）相同的方法和步骤进行。

4.1.5 实验数据记录与整理

不同温度下 CO_2 p-V 数据测定结果表见表 4-1。

表 4-1 不同温度下 CO_2 p-V 数据测定结果表

室温：_____ ℃；大气压：_____ MPa；毛细管内径顶端的刻度 h_0：_____ m；质面比常数 K：_____

序号	$t = 25$ ℃				$t = 31.1$ ℃				$t = 40$ ℃			
	$p_{绝}$ /MPa	Δh /m	$V=$ ($\Delta h/K$) /($m^3 \cdot kg^{-1}$)	现象	$p_{绝}$ /MPa	Δh /m	$V=$ ($\Delta h/K$) /($m^3 \cdot kg^{-1}$)	现象	$p_{绝}$ /MPa	Δh /m	$V=$ ($\Delta h/K$) /($m^3 \cdot kg^{-1}$)	现象
1												
2												
3												
4												
5												
6												
7												
8												
9												
10												
11												
12												
13												
14												
15												
等温实验时间 /min												

CO_2 的临界比容 V_c 记录表见表 4-2。

表 4-2 CO_2 的临界比容 V_c 记录表　　　　　（m^3/kg）

标准值	实验值	$V_c = RT_c/p_c$	$V_c = 3RT_c/(8p_c)$
0.00216			

实验数据处理步骤如下。

（1）按 25 ℃、7.8 MPa 时 CO_2 液柱高度 Δh_0（$= h' - h_0$）（m），计算承压玻璃管内 CO_2 的质面比常数 K 值。

（2）按表 4-1 Δh 数据计算不同压力 p 下 CO_2 的体积 V，计算结果填入表 4-1。

（3）按表 4-1 三种温度下 CO_2 的 $p\text{-}V\text{-}T$ 数据在 $p\text{-}V$ 坐标系中画出三条 $p\text{-}V$ 等温线。

（4）将实验得到的等温线与理论等温线比较，分析两者的差异及引起差异的原因。

（5）估算 25 ℃下 CO_2 的饱和蒸气压，并与 Antoine 方程计算结果比较。

4.1.6　实验注意事项

（1）实验压力不能超过 8 MPa，实验温度不高于 40 ℃。

（2）应缓慢摇进活塞螺杆，否则来不及平衡，难以保证恒温恒压条件。

（3）一般按压力间隔 0.3～0.5 MPa 升压。但在将要出现液相，存在气液二相及气相将完全消失以及接近临界点的情况下，升压间隔要很小，升压速度要缓慢。严格讲，温度一定时，在气液二相同时存在的情况下，压力应保持不变。

（4）准确测出 25 ℃、7.8 MPa 时 CO_2 的液柱高度 Δh_0。准确测出 25 ℃下出现第一个小液滴时的压力和体积（高度）及最后一个小气泡将消失时的压力和体积（高度）。

（5）由压力表读得的数据是表压，数据处理时应按绝对压力（绝对压力 = 表压 + 大气压）。

附 CO_2 的物性数据：

$T_c = 304.25$ K，$p_c = 7.376$ MPa，$V_c = 0.0942$ $m^3/kmol$，$M = 44.01$。

Antoine 方程为：

$$\log p^S = A - B/(T + C)$$

式中　p^S——温度 T 下的纯液体饱和蒸气压，kPa；

　　　T——绝对温度，K；

A，B，C——物性常数，不同物质对应不同的 A、B、C 值，$A = 7.76331$，$B = 1566.08$，$C = 97.87$（273～304 K）。

4.1.7　思考题

（1）质面比常数 K 值对实验结果有何影响？为什么？

（2）分析本实验的误差来源，如何使误差尽量减少？

（3）为什么测量 25 ℃ 下等温线时？出现第一个小液滴时的压力和最后一个小气泡将消失时的压力相等？

4.2　二元气液平衡数据的测定

4.2.1　实验背景

气液平衡（vapour-liquid equilibrium，VLE）是由 n 个组分的混合物构成一个封闭系统，并有气液两相共存，一定的温度和压力下，两相达到平衡时，各组分在气液两相中的化学位趋于相等，或运用逸度更为方便，在混合物中 i 组分在气相和液相中的逸度相等，称为气液平衡。

对于混合物，相平衡的关系主要是指温度、压力和各相的组成，作为非均相系统的性质，还应包括互成平衡的各相的其他热力学性质。它们的计算需要将混合物的相平衡准则与反映混合物特性的模型（状态方程+混合法则或活度系数模型）结合起来。

气液平衡是实际应用中涉及最多的相平衡，也是研究得最多、最成熟的一类相平衡。其他类型的相平衡（如液液平衡、气体在溶剂中的溶解平衡、固液平衡等）的原理与气液平衡有一定的相似性。

一个由 N 个组分组成的两相（如气相 V 和液相 L，如图 4-3 所示）系统，在一定温度、压力下达到气液平衡。该两相平衡系统的基本强度性质就是温度 T、压力 p，气相组成为 y_1，y_2，…，y_{N-1}（$\sum y_i =1$），液相组成为 x_1，x_2，…，x_{N-1}（$\sum x_i =1$），共有 $2+(N-1)+(N-1)= 2N$ 个。由相律知，N 元的两相平衡系统的自由度是 $f=N-2+2=N$，若给定 N 个独立变量，其余 N 个强度性质就能确定下来，这是气液平衡计算的主要任务。完成了气液平衡计算，该非均相系统中的其他任何一个相的热力学性质就容易得到了，因为平衡状态下的非均相系统中的各个相都可以作为均相系统处理。

相图不仅具有重要的实际应用意义，而且还有助于理解相平衡和计算。相律提供了确定系统所需的强度性质数目。在二元气、液混合物中，其基本的强度性质是（T、p、x_1、y_1），系统的自由度为 $f=2-M +2=4-M$（M 是相的数目），系统的最小相数为 $M=1$，故最大自由度为 3，表明最多需要 3 个强度性质来确定系统。这样，二元气液相图就要表达成三维立体曲面的形式。

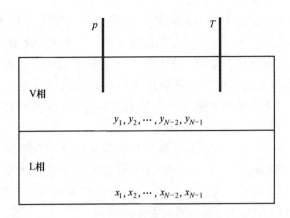

图 4-3 混合物的气液平衡系统

为了便于用二维相图来研究问题，习惯上可以增加一个对强度性质限制的条件（常有等温条件和等压条件，有时也用定组成相图），此时系统的自由度为 $f = 3 - M$。在单向区，$M = 1$，$f = 2$，系统状态可以表示在二维平面上；在气液共存时，$M = 2$，$f = 1$，故气液平衡关系就能表示成曲线。

本实验中以给定基本强度性质 p 为例，即在固定压力条件下，单向区的状态可以表示在温度组成的平面上，气液平衡关系可以表示成温度-组成（T-x_1 和 T-y_1）的曲线，如图 4-4（a）所示。在实际应用中，等压二元气液平衡关系还可以表示成 x_1-y_1 曲线，如图 4-4（b）所示。

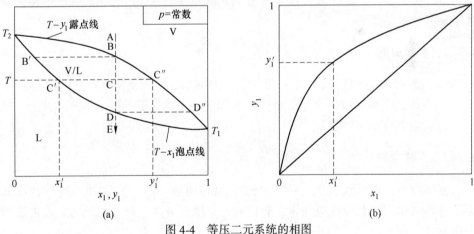

图 4-4 等压二元系统的相图
（a）T-x_1-y_1；（b）x_1-y_1

按照习惯，将二元系统中的低沸（高挥发性）组分作为组分 1，而高沸（低挥发性）组分作为组分 2。由图 4-4 可知，T_1 和 T_2 是纯组分在给定压力 p 下的沸点。连接 T_1、T_2 的两条曲线中，上面的称为露点线，表示了平衡温度与气相组

成的关系 $T\text{-}y_1$；而下面的曲线是泡点线，表示了平衡温度与液相组成的关系 $T\text{-}x_1$。可以认为，露点线上的任何一点都能代表该点气相混合物刚开始平衡冷凝的状态（换句话说，刚开始产生第一个与气相平衡的小液滴，又不至于引起气相组成改变）；而泡点线上的任何一点都能代表该点的液相混合物刚开始平衡汽化的状态（换句话说，刚开始产生第一个与液相成平衡的小气泡，又不至于引起液相组成变化）。

图 4-4（a）的 $T\text{-}x_1\text{-}y_1$ 图被露点线和泡点线划分为气相区 V、液相区 L 和气液共存区 V/L。图中的虚线 A→B→C→D→E 表示处于气相区的定组成混合物 A 在等压条件下降温的过程，系统状态沿虚线向下与露点线相交时（交点 B 是露点），产生的平衡液相是 B′点；当降温至 C 点时，产生的平衡气、液相分别是 C′、C″点（系统的总组成是不变的，C、C′和 C″点的量和组成符合杠杆规则）；当所有的气相全部冷凝时（即泡点 D），与此成平衡的气相是 D″；此后系统将在液相区继续降温至 E 点。同样，当过程相反时描述亦然。

要注意的是，混合物在相变过程与纯物质的情况有所不同，如在等压条件下，混合物的相变过程一般是变温过程，而纯物质是等温过程。

图 4-4（b）的 $x_1\text{-}y_1$ 曲线是气液平衡的另一种表达形式，曲线上的每一点的温度都是不同的，但是 $x_1\text{-}y_1$ 图不能给出温度的数据。$x_1\text{-}y_1$ 图虽然比 $T\text{-}x_1\text{-}y_1$ 图的信息少，但在平衡级分离中被广泛采用。由上面的相图可知，平衡的气、液相的组成是有差异的，多数情况下，混合物的汽化使得轻组分在气相中得到富集，重组分在液相中得到富集（但不是所有的系统都是这样），所以，气液平衡是蒸馏平衡级分离的基础。

4.2.2　实验目的

（1）测定苯-正庚烷或正己烷-正庚烷二元体系在常压下的气液平衡数据。

（2）通过实验了解平衡釜的结构，掌握气液平衡数据的测定方法和技能。

（3）绘制气液平衡曲线 $T\text{-}x\text{-}y$ 图。

4.2.3　实验原理

本实验中，组分数为 2，相数 $M=2$，故自由度 $f=2$。由于处于接近常压状态，可将气相近似视为理想气体，液相则为非理想液体，且忽略压力对液体逸度的影响。

与循环法测定气液平衡数据的平衡釜原理基本相同，如图 4-5 所示，体系达到平衡时，两个容器的组成不随时间变化，这时从 A 和 B 两容器中取样分析，可得到一组平衡数据。

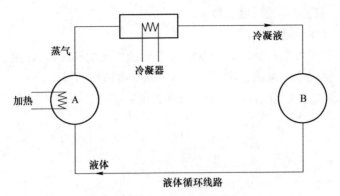

图 4-5　平衡法测定气液平衡原理图

当达到平衡时，除了两相的压力和温度分别相等外，每一组分的化学位也相等，即逸度相等，其热力学基本关系为：

$$f_i^{\mathrm{L}} = f_i^{\mathrm{V}} \qquad (4\text{-}1)$$

$$\phi_i p y_i = \gamma_i f_i^{\mathrm{L}} x_i \qquad (4\text{-}2)$$

式中　f_i^{L}——纯液体的逸度；

　　　f_i^{V}——纯气体的逸度；

　　　ϕ_i——组分 i 的逸度系数；

　　　p——体系压力（总压）；

　x_i，y_i——组分 i 在液相和气相中的摩尔分数；

　　　γ_i——组分 i 的活度系数。

常压下，气相可视为理想气体，再忽略压力对液体逸度的影响，$f_i^{\mathrm{L}} = p_i^0$，从而得出低压下的气液平衡关系为：

$$p y_i = \gamma_i p_i^0 x_i \qquad (4\text{-}3)$$

式中　p_i^0——纯组分 i 在平衡温度下的饱和蒸气压，可用安托尼（Antoine）公式计算。

由实验测得等压下的气液平衡数据，则可用下式计算出不同组成下的活度系数：

$$\gamma_i = \frac{p y_i}{x_i p_i^0} \qquad (4\text{-}4)$$

本实验中活度系数和组成关系采用 Wilson 方程关联。Wilson 方程为：

$$\ln\gamma_1 = -\ln(x_1 + \varLambda_{12} x_2) + x_2\left(\frac{\varLambda_{12}}{x_1 + \varLambda_{12} x_2} - \frac{\varLambda_{21}}{x_2 + \varLambda_{21} x_1}\right) \qquad (4\text{-}5)$$

$$\ln\gamma_2 = -\ln(x_2 + \varLambda_{21} x_1) + x_1\left(\frac{\varLambda_{21}}{x_2 + \varLambda_{21} x_1} - \frac{\varLambda_{12}}{x_1 + \varLambda_{12} x_2}\right) \qquad (4\text{-}6)$$

式中　γ——对应组分的活度系数；

　　　x——摩尔分数；

　　　Λ——二元配偶参数。其中 Wilson 方程的二元配偶参数 Λ_{12} 和 Λ_{21} 采用非线性最小二乘法，由二元气液平衡数据回归而得。

目标函数选为气相组成误差的平方和，即：

$$F = \sum_{j=1}^{m} (y_{1实} - y_{1计})_j^2 + (y_{2实} - y_{2计})_j^2 \qquad (4-7)$$

式中　$y_{1实}$，$y_{2实}$——摩尔分数实际值；

　　　$y_{1计}$，$y_{2计}$——摩尔分数计算值。

4.2.4　实验装置

二元气液平衡实验装置流程图如图 4-6 所示，实物图如图 4-7 所示。

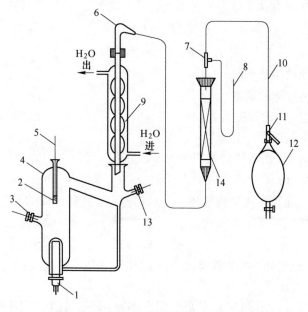

图 4-6　二元气液平衡实验装置流程图

1—加热棒；2—液体石蜡或甘油等；3—液体取样口；4—玻璃平衡釜；5—标准温度计；
6—玻璃磨口接头；7—不锈钢三通；8—U 形压力计；9—玻璃冷凝器；10—乳胶管；
11—三通阀；12—气压球；13—铝制取样口接头；14—干燥管

4.2.5　实验步骤

（1）向测温套管中倒入甘油，将标准温度计插入套管中。

（2）检查整个系统的气密性，以保证实验装置具有良好的气密性，将气压

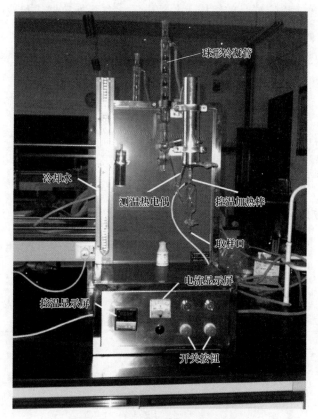

图 4-7　二元气液平衡装置实物图　　　图 4-7 彩图

球与三通管连接好，与大气相通，用手压瘪气压球，然后开启气压球所连的小阀直通系统，抽气使设备处于负压状态，U 形管压力计的液面升起，在一定值下停止。注意操作不能过快，以免将 U 形管液体抽入系统。关闭气压球所连小阀，观察 10 min，U 形管内液体位差不下降为合格。开启气压球所连小阀，使系统直通大气。

（3）由于实验测定的是常压下的气液平衡数据，应读取当天实验室的大气压值。

（4）平衡釜内加入一定浓度的苯-正庚烷混合液 20~30 mL，打开冷却水，安放好加热器，接通电源。

（5）开启开关，仪表有显示。顺时针方向调节电流给定旋钮，使电流表有显示后，给定温度控制的数值。开始时加热电流给到 0.1 A 加热，5 min 后给到 0.2 A，再等 5 min 后慢慢调到 0.25 A 左右即可，以平衡釜内液体能沸腾为准。冷凝回流液控制在每秒 2~3 滴，稳定回流 15 min 左右，以建立平衡状态。

（6）到平衡后，需要记录下温度计的读数，并用微量注射器分别取两相样品，测定其含量，确定样品的组成。关掉电源，拿下加热器，釜液停止沸腾。

（7）注射器从釜中取出 2~5 mL 的混合液，然后加入同量的一种纯物质，重新加热建立平衡。加入何种物质，可以依据上一次实验的平衡温度而定，以免实验点分布不均。本实验是降温操作，取出的混合液为 5 mL，加入苯 7 mL，实验重复 5 次。

（8）实验完毕，关掉电源和水源，处理实验数据。

实验中应注意以下两点：

（1）使用苯-正庚烷做实验时，用阿贝折光仪分析。

（2）使用正己烷-正庚烷做实验时，用气相色谱仪分析。

4.2.6 实验数据记录与整理

纯组分在常压下的沸点：苯为 80.4 ℃，正庚烷为 98.4 ℃，正己烷为 69 ℃。

（1）将在特定温度下测得的折射率（阿贝折光仪）及对应含量填入表 4-3 中。

表 4-3　气相-液相实验结果记录表（阿贝折光仪）

组号	气　相				液　相			
	折射率	温度/℃	苯含量/%	正庚烷含量/%	折射率	温度/℃	苯含量/%	正庚烷含量/%
1								
2								
3								
4								
5								

折射率的计算公式如下：

$$n = 1.38373 + 0.1064 x_{苯} \tag{4-8}$$

$$x_{正庚烷} = 1 - x_{苯} \tag{4-9}$$

式中　n——折射率；

　　$x_{苯}$——所测液体中苯的含量，%。

　$x_{正庚烷}$——所测液体中正庚烷的含量，%。

根据测得的折射率，代入式（4-8）和式（4-9）中，计算得到气相和液相中苯和正庚烷的含量。

（2）将在特定温度下测得的正己烷-正庚烷含量（气相色谱）及对应含量填入表 4-4 中。

表4-4 气相-液相实验结果记录表（气相色谱）

组号	气 相			液 相		
	温度/℃	正己烷含量/%	正庚烷含量/%	温度/℃	正己烷含量/%	正庚烷含量/%
1						
2						
3						
4						
5						

（3）以温度为纵坐标、苯含量为横坐标绘制气液平衡曲线图，如图4-8所示（T-x-y 图）。

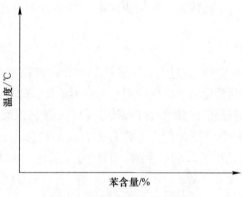

图4-8 气液平衡曲线示意图

（4）根据表4-3中记录的数据绘制出苯含量和折射率之间的关系图，如图4-9所示。根据图4-9中所示数据进行线性拟合可得到方程：$y = a - bx$。

因此，根据折射率可得到其他待测溶液的苯-正庚烷含量。

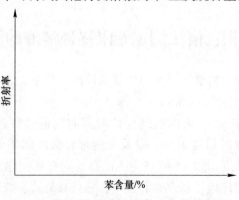

图4-9 苯含量与折射率的关系曲线示意图

（5）根据苯的密度 $\rho_{苯} = 0.8786$ g/mL，正庚烷的密度 $\rho_{正庚烷} = 0.68$ g/mL，正己烷的密度 $\rho_{正己烷} = 0.692$ g/mL，以及各自相对应的相对分子质量，计算得出各组分在液相和气相中的摩尔分数。

（6）根据安托尼（Antoine）公式，$\log p^0 = A - B/(C + t)$，查得苯和正庚烷的相关参数数据 A、B 和 C。并根据此数据计算出相应温度下的饱和蒸气压。

（7）已知两个参数分别为 $\Lambda_{12} = 0$ 和 $\Lambda_{21} = 1$，根据式（4-5）和式（4-6）求得 $\ln\gamma_1$ 和 $\ln\gamma_2$，再根据式（4-4）可求得 y_i。根据包头地区大气压取 $p = 101.00$ kPa，求得各组分气相摩尔分数的计算值。

（8）第（5）步所得数据属于实测数据，第（7）步所得数据属于计算数据，根据此两组数据，以对应温度为横坐标、摩尔分数为纵坐标，可作出气相中苯的实际值和计算值之间的关系图（图略）。

（9）根据式（4-7）可计算出气相组成误差的平方和（计算过程略）。

4.2.7 实验注意事项

（1）开始加热时电压不宜过大，以免物料由于爆沸而冲出平衡釜。

（2）气液平衡时间要足够，确保达到平衡后再取样，取样用的针管和储样用的溶剂瓶要保持干燥，储样瓶装样后要保持密封，以免由于挥发而造成人为实验误差。

（3）测量折射率时，应使溶液铺满毛玻璃板，并防止其挥发。取样分析前应确保胶头滴管和折光仪毛玻璃板干燥，取样分析后应用无水乙醇将毛玻璃板和胶头滴管冲洗干净并使其干燥。

4.2.8 思考题

（1）实验中怎样判断气液两相已达到平衡？
（2）影响气液平衡测定准确度的原因有哪些？
（3）测试过程中产生误差的原因是什么？

4.3 气相色谱法测定无限稀释溶液的活度系数

在化工开发过程中需要大量热力学基础数据，其中无限稀释溶液的活度系数 γ^∞ 即为重要数据之一，Littleweod 等于 1955 年提出用气相色谱法（gas chromatography）测定 γ^∞，由溶质的保留时间测定值推算溶质在溶剂中的 γ^∞，进而可计算任意浓度的活度系数，以及无限稀释偏摩尔溶解热等溶液热力学数据。无限稀释溶液活度系数 γ^∞ 的测定，已显出它在热力学性质研究、气液平衡推算、萃取精馏溶剂评选等多方面的应用，它具有高效、快捷、简便和样品用量少等特点。

4.3.1　实验目的

（1）掌握色谱法测无限稀释溶液的活度系数 γ^∞ 的原理，初步掌握测定技能。

（2）熟悉气相色谱仪的构成、工作原理和正确使用方法。

（3）测定给出的两个组分的比保留体积及无限稀释下的活度系数，并计算其相对挥发度。

4.3.2　实验原理

色谱是一种物理化学分离和分析方法。一般涉及两个相：固定相和流动相，流动相对固定相作连续相对运动。被分离样品各组分（溶质）与两相有不同的分子作用力（分子、离子间作用力），因各组分在流动相带动下的差速迁移和分布离散不同，其会在两个相间进行连续多次的分配，最终实现分离。简而言之，气液色谱主要因固定液对样品中各组分溶解能力的差异而使其分离。

试样组分在柱内分离，随流动相流出色谱柱，形成连续的色谱峰，在记录仪的记录纸上描绘出色谱图。它是色谱柱流出物通过检测器产生的响应信号对时间（或流动相流出体积）的曲线图，反映组分在柱内的运行情况，因载气（H_2、N_2、He）带动的样品组分量很少，在吸附等温线的线性范围内，流出曲线（色谱峰）呈对称状高斯分布。图 4-10 表示为单组分的色谱图。

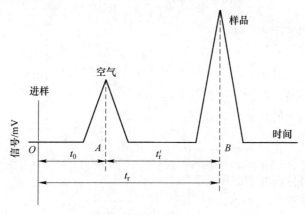

图 4-10　单组分的色谱图

色谱图中：t_0 表示死时间，指惰性气体通过色谱柱的时间，即图上的 OA 距离所代表的时间。t_r 表示保留时间，指样品中某组分通过色谱柱所需要的时间，即图上的 OB 距离所代表的时间。t_r' 表示实际保留时间，$t_r' = t_r - t_0$，即图上的 AB 距离所代表的时间。

对色谱可作出几个合理的假设：

（1）样品进样非常小，各组分在固定液中可视为处于无限稀释状态，服从亨利定律，分配系数为常数。

（2）色谱柱温度控制精度可达到$\pm 0.1\,^\circ\mathrm{C}$，可视为等温柱。

（3）组分在气、液两相中的量极小，且扩散迅速，时时处于瞬间平衡状态，可设全柱内任何点都处于气液平衡。

（4）在常压下操作的色谱过程，气相可按理想气体处理。

由此，可推导出以下无限稀释活度系数 γ^∞ 的计算公式：

$$\gamma^\infty = \frac{TR}{M_1 p^0 v_\mathrm{g}} \tag{4-10}$$

式中　　T——柱温，K；

　　　　R——摩尔气体常数，$8.314\ \mathrm{J/(mol \cdot K)}$；

　　　　M_1——固定液的相对分子质量；

　　　　p^0——溶质在柱温下的饱和蒸气压，mmHg（$1\ \mathrm{mmHg} = 1.333224 \times 10^2\ \mathrm{Pa}$），可按 Antoine 方程 $\log p^0 = A - B/(T + C)$ 计算，A、B、C 为 Antoine 方程中的常数；

　　　　v_g——溶质在柱中的比保留体积，即单位质量固定液所显示的保留体积，mL/g。

溶质在柱中的比保留体积的计算公式如下：

$$v_\mathrm{g} = \frac{V_\mathrm{g}}{W_1} = \frac{t_\mathrm{r}' \overline{F}}{W_1} = \frac{(t_\mathrm{r} - t_0)\overline{F}}{W_1} \tag{4-11}$$

式中　　V_g——保留体积，mL；

　　　　W_1——固定液质量，g；

　　　　$\overline{F}$——在室温 T_0、大气压 p_0 时，用皂膜流量计测得的载气流速 F_0 校正到柱温 T 时的平均载气流速，mL/min。

平均载气流速的计算公式如下：

$$\overline{F} = \frac{3}{2} \times \frac{(p_\mathrm{b}/p_0)^2 - 1}{(p_\mathrm{b}/p_0)^3 - 1} \times \frac{p_0 - p_\mathrm{w}}{p_0} \times \frac{T}{T_0} \times F_0 \tag{4-12}$$

式中　　p_b——进色谱柱前的压力，Pa；

　　　　p_w——室温 T_0 下的水的饱和蒸气压，Pa；

　　　　T_0——室温，K。

组分 i 对 j 的相对挥发度为：

$$\alpha_{ij} = \frac{y_i/x_i}{y_j/x_j} = \frac{\gamma_i \phi_i^0 p_i^0 \hat{\phi}_i \times \exp\left[\dfrac{V_{i1}(p - p_i^0)}{RT}\right]}{\gamma_j \phi_j^0 p_j^0 \hat{\phi}_j \times \exp\left[\dfrac{V_{j1}(p - p_j^0)}{RT}\right]}$$

据前假设可简化为：

$$\alpha_{ij}^{\infty} = \frac{\gamma_i^{\infty} p_i^0}{\gamma_j^{\infty} p_j^0} = \frac{t'_{rj}}{t'_{ri}}\qquad(4-13)$$

式中　y_i，y_j——组分 i 和 j 的气相摩尔分数；

$\quad\quad x_i$，x_j——组分 i 和 j 的液相摩尔分数；

$\quad\quad \gamma_i$，γ_j——组分 i 和 j 的活度系数；

$\quad\quad \phi_i^0$，ϕ_j^0——组分 i 和 j 在物系温度 T 和饱和蒸气压 p_i^0 和 p_j^0 下的逸度系数；

$\quad\quad \hat{\phi}_i$，$\hat{\phi}_j$——气相中组分 i 和 j 的逸度系数；

$\quad\quad V_{il}$，V_{jl}——组分 i 和 j 的液相摩尔体积。

4.3.3　实验装置与试剂

（1）装置流程。本实验采用改装过的 SP-6800A 气相色谱仪，其能补偿因温度变化和高温下固定液流失产生的噪声，数据采集和处理由色谱工作站进行。实物装置图如图 4-11 所示，实验装置流程图如图 4-12 所示。

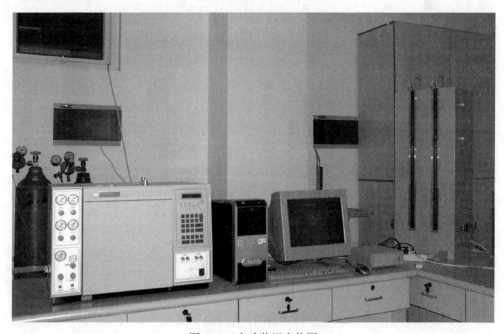

图 4-11　实验装置实物图

色谱仪由以下几个部分组成：

1）载气供输系统，包括气源、载气压力、流速控制装置和显示仪表；

2）进样系统，包括气化室、气体进样阀，通常分析用微量注射器将针头全

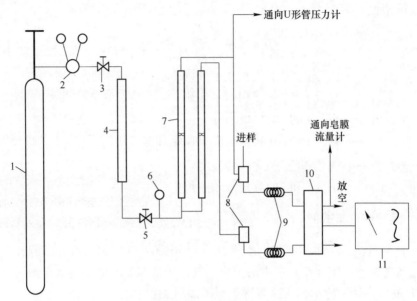

图 4-12　色谱法测无限稀释溶液的活度系数实验流程图
1—气瓶；2—减压阀；3—控制阀；4—净化器；5—稳压阀；6—压力表；7—流量计；
8—汽化器；9—色谱柱；10—检测器；11—色谱工作站

部插入气化室；

3）气相色谱柱，有填充柱和毛细管柱两类，为色谱的核心；

4）温控系统，包括恒温柱箱、温度测量控制部分，为准确测温，常用水银温度计测柱温；

5）检测系统，常用热导检测器（TCD）或氢火焰离子化检测器（FID）；

6）N2000 色谱数据工作站和计算机。

（2）实验仪器。实验仪器包括 SP-6800A 气相色谱仪、N2000 色谱数据工作站和计算机、U 形水银压力表、气压计、皂膜流量计、氢气钢瓶及减压阀、停表、精密温度计、净化器、微量进样器（5 μL）、红外灯和真空泵等。

（3）试剂。

1）固定液：异十三烷（角鲨烷）（色谱纯），邻苯二甲酸二壬酯（色谱纯）；

2）载体：101、102 或其他，乙醚（色谱纯），氢气（99.9%以上），变色硅胶，分子筛和环乙烷、正己烷、正庚烷、乙醇、丙酮、辛烷、异丙醇等分析纯试剂。

4.3.4　实验步骤

（1）色谱柱制备和安装（此步骤可由教师预先准备）。

1）根据色谱分离要求，取一段不锈钢盘管（长 1 m 左右，内径 3~4 mm）用稀酸稀碱液去除内壁可能有的油污，再用水冲洗、蒸馏水洗，最后可用乙醇洗几次，去液滴，放在烘箱干燥。

2）根据需要选择固定液的溶剂，要求溶剂和固定液间不反应、完全互溶且沸点适当。选取粒度为 60~80 目（0.178~0.250 mm）的载体，并烘干。

用精密天平称一定量（根据色谱柱容积）的载体 W_s，按固液比为 4~5 准确称量固定液 W_1'。取载体体积两倍的溶剂，先将固定液完全溶解于溶剂中，轻轻摇匀，再将载体倒入固定液-溶剂中，轻轻摇动（不能搅拌）。如溶剂沸点低，可静置过夜自然挥发或在通风橱中红外灯下缓缓蒸发至载体恢复很好的流动性。

$$固定液质量分数\ G = \frac{W_1'}{W_1' + W_s} \times 100\% \tag{4-14}$$

3）装柱。用精密天平准确称量空柱管 W_1，靠真空将载体装入柱管，装满后再称量为 W_2，用一点玻璃棉将柱管两头堵住，再称量得 W_3。

$$柱内的固定液质量 = (W_2 - W_1)G \tag{4-15}$$

$$玻璃棉质量\ W_4 = W_3 - W_2 \tag{4-16}$$

4）老化。将柱管一头与色谱仪螺纹连接，另一头通大气，以 N_2 作载气，在 20 mL/min 的流速下，控制柱温接近溶剂沸点，老化 4 h 以除去杂质，在载体表面形成一层牢固的膜。老化完毕拆下柱管称质量 W_5，则固定液的实际涂渍量为：

$$W_1 = (W_5 - W_4 - W_1)G \tag{4-17}$$

5）检漏。将色谱柱装好，打开氢气钢瓶总阀，再开减压阀达 2 kg/cm^2，打开色谱仪上的稳压阀，通氢气，注意水银压差计液面，以防水银冲出。将尾气出口堵死，观察柱前流量计转子是否快速下降至零点，如指示零位则气路不漏，如转子下降缓慢则气路有漏，应用洗洁精水检查各接头，看有无气泡冒出，只有全系统不漏气才能通电实验。氢气易燃易爆，尾气一定要通过橡皮管引导到室外。

（2）数据测定。

1）开启载气钢瓶，调节载气流量。

2）开启色谱仪电源，调节控制汽化室（100~120 ℃）、色谱柱室温度（80~100 ℃）和检测器温度（100~120 ℃）。

3）待温度稳定后，打开热导池电流，调节桥电流为 120~150 mA。开启 N2000 色谱数据工作站和计算机，走基线，待基线稳定后可进样测定。

4）用皂膜流量计和秒表测量载气流速，同时记录 U 形压差计读数、室温、大气压。

5）用 5 μL 微量注射器抽取样品 0.2 μL，再吸入空气 4 μL 一起进样。按色谱工作站-计算机系统图谱计时，测量空气峰和溶质峰的保留时间；每个样品重复进行 2~3 次测定，如重复性好，取其平均值，否则需重新测试。

6）结束工作，先关电源。按上述步骤的相反顺序关闭所有电源，并使所有旋钮回到初始位置。当柱温和检测器温度降到接近室温时关闭钢瓶总阀，当压力表显示为零时，关闭钢瓶减压阀和载气稳压阀。

4.3.5 实验数据记录与整理

某次实验关于正己烷和正庚烷的保留时间测定结果列于表 4-5，柱温下的蒸气压、比保留体积 v_g、活度系数 γ^∞ 和相对挥发度 α_{ij} 在表 4-6 中给出。实验数据见表 4-5。

表 4-5 保留时间测定实验数据表

日期：_____ 室温：_20_ ℃ 大气压：102.09 kPa

色谱条件：汽化室温度：_100_ ℃ 热导池温度：_100_ ℃ 桥电流：_100_ mA

固定液名称：邻苯二甲酸二壬酯 质量：_0.6853_ g 相对分子质量：390.56

室温下水的饱和蒸气压 p_w：_17.55_ mmHg

项目	柱温 $T/℃$	水银压差计压差 /mmHg	柱前压力绝压 /mmHg	载气流速 F_0 /(mL·min^{-1})	保留时间/min					备注
					空气	正己烷	正庚烷	苯	环己烷	
1	90			55.56	0.105	0.489	0.950			
2	90			55.56	0.108	0.498	0.909			
平均	90			55.56	0.106	0.493	0.929			
4										
5										
平均										

注：1 mmHg = 1.333224×10^2 Pa。

根据表 4-5 的结果计算出各样品在柱温下的蒸气压、比保留体积 v_g、活度系数 γ^∞ 和相对挥发度 α_{ij} 并给出计算实例，结果列于表 4-6。

表 4-6 无限稀释活度系数和相对挥发度测定实验数据表

序号	溶质	分子式	沸点 /℃	Antoine 常数			柱温下的蒸气压 /mmHg	比保留体积 v_g/(mL·g^{-1})	活度系数 γ^∞	相对挥发度 α_{ij}
				A	B	C				
1	正己烷	C_6H_{14}	68.7	15.8366	2697.55	-48.78	1845.17	35.99	0.8972	2.095
2	正庚烷	C_7H_{16}	98.4	15.8737	2911.32	-56.51	795.77	79.88	0.9373	0.477
3	苯	C_6H_6	80.0	15.9008	2788.51	-52.36				
4	环己烷	C_6H_{12}	78.0	15.7527	2766.63	-50.50				

注：1 mmHg = 1.333224×10^2 Pa。

4.3.6 实验结果讨论

给出主要实验结果，并进行分析讨论。

4.3.7 实验注意事项

（1）在进行色谱实验时，必须严格按照操作规程，开机先通载气后再打开电源，关机先关电源再关载气。实验进行中一旦出现载气断绝，应立即关闭热导电源开关，以免池内热导丝烧断。有漏气现象应关闭钢瓶总阀，关闭电源，找出原因。

（2）保持室内通风，尾气引出室外，严禁明火，不准吸烟。

（3）微量注射器是精密器件，价高易损坏，使用时轻轻缓拉针芯取样，不能拉出针筒外，用毕放回原处，注意标签不乱用。

4.3.8 思考题

（1）无限稀释活度系数的定义是什么？测定此参数有什么用处？

（2）气相色谱基本原理是什么？色谱仪由哪几个基本部分组成？各起什么作用？

（3）测 γ^∞ 的计算式推导做了哪些合理的假设？

（4）影响测定准确度的因素有哪些？

4.4 双液系气液平衡相图的绘制

4.4.1 实验目的

（1）测定常压下环己烷-乙醇二元系统的气液平衡数据，绘制沸点-组成相图。

（2）掌握双组分沸点的测定方法，通过实验进一步理解分馏原理。

（3）掌握阿贝折射仪的使用方法。

4.4.2 实验原理

两种液体物质混合而成的两组分体系称为双液系。根据两组分间溶解度的不同，可分为完全互溶、部分互溶和完全不互溶三种情况。两种挥发性液体混合形成完全互溶体系时，如果该两组分的蒸气压不同，则混合物的组成与平衡时气相的组成不同。当压力保持一定，混合物沸点与两组分的相对含量有关。

恒定压力下，完全互溶双液系的气液平衡相图（T-x）根据体系对拉乌尔定律的偏差情况，可分为 3 类：

（1）一般偏差：混合物的沸点介于两种纯组分之间，如甲苯-苯体系，如图 4-13（a）所示。

（2）最大负偏差：存在一个最小蒸气压值，比两个纯液体的蒸气压都小，混合物存在着最高沸点，如盐酸-水体系，如图 4-13（b）所示。

（3）最大正偏差：存在一个最大蒸气压值，比两个纯液体的蒸气压都大，混合物存在着最低沸点，如图 4-13（c）所示。

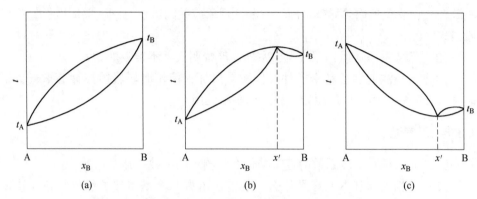

图 4-13　二组分真实液态混合物气液平衡相图（$T\text{-}x$ 图）
（a）一般偏差；（b）最大负偏差；（c）最大正偏差

后两种情况为具有恒沸点的双液系相图。它们在最低或最高恒沸点时的气相和液相组成相同，因而不能像第一类那样通过反复蒸馏的方法使双液系的两个组分相互分离，而只能采取精馏等方法分离出一种纯物质和另一种恒沸混合物。

为了测定双液系的 $T\text{-}x$ 相图，需在气液平衡后同时测定双液系的沸点、液相和气相的平衡组成。

本实验以环己烷-乙醇为体系，该体系属于上述第三种类型，在沸点仪（图4-14）中蒸馏不同组成的混合物，测定其沸点及相应的气、液二相的组成，即可作出 $T\text{-}x$ 相图。

本实验中两相的成分分析均采用折光率法测定。

折光率是物质的一个特征数值，它与物质的浓度及温度有关，因此在测量物质的折光率时要求温度恒定。溶液的浓度不同、组成不同，折光率也不同。因此可先配制一系列已知组成的溶液，在恒定温度下测其折光率，作出折光率-组成工作曲线，便可通过测折光率的大小在工作曲线上找出未知溶液的组成。

4.4.3　实验仪器与试剂

仪器包括沸点仪、阿贝折射仪、调压变压器、超级恒温水浴、温度测定仪和

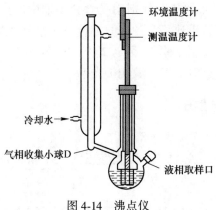

图 4-14 沸点仪

长短取样管。试剂为环己烷物质的量分数 $x_{环己烷}$ 为 0、0.2%、0.4%、0.6%、0.8%、1.0%的环己烷-乙醇标准溶液，已知在 101.325 kPa 下，纯环己烷的沸点为 80.1 ℃，乙醇的沸点为 78.4 ℃。25 ℃时，纯环己烷的折光率为 1.4264，乙醇的折光率为 1.3593。

4.4.4　实验步骤

（1）环己烷-乙醇溶液折光率与组成工作曲线的测定。调节恒温槽温度并使其稳定，阿贝折射仪上的温度稳定在某一定值，测量环己烷-乙醇标准溶液的折光率。为了适应季节的变化，可选择若干温度测量，一般可选 25 ℃、30 ℃、35 ℃三个温度。

（2）无水乙醇沸点的测定。将干燥的沸点仪安装好。从侧管加入约 20 mL 无水乙醇于蒸馏瓶内，并使传感器（温度计）浸入液体内。冷凝管接通冷凝水。按恒流源操作使用说明，将稳流电源调至 1.8~2.0 A，用加热丝将液体加热至缓慢沸腾。液体沸腾后，待测温温度计的读数稳定后应再维持 3~5 min 以使体系达到平衡。在这过程中，不时将小球中凝聚的液体倾入烧瓶。记下温度计的读数，即为无水乙醇的沸点，同时记录大气压力。

（3）环己烷沸点的测定。同（2）步操作，测定环己烷的沸点。测定前应注意，必须将沸点仪洗净并充分干燥。

（4）测定系列浓度待测溶液的沸点和折光率。同（2）步操作，从侧管加入约 20 mL 预先配制好的 1 号环己烷-乙醇溶液于蒸馏瓶内，并使传感器（温度计）浸入溶液内，将液体加热至缓慢沸腾。因最初在冷凝管下端内的液体不能代表平衡气相的组成，为加速达到平衡，须连同支架一起倾斜蒸馏瓶，使槽中气相冷凝液倾回蒸馏瓶内，重复三次（注意：加热时间不宜太长，以免物质挥发），待温度稳定后，记下温度计的读数，即为溶液的沸点。

（5）切断电源，停止加热，分别用吸管从小槽中取出气相冷凝液、从侧管处吸出少许液相混合液，迅速测定各自的折光率。剩余溶液倒入回收瓶。

（6）按 1 号溶液的操作，依次测定 2 号、3 号、4 号、5 号、6 号、7 号、8 号溶液的沸点和气液平衡时的气、液相折光率。

4.4.5　实验数据记录与整理

相关数据记录见表 4-7 和表 4-8。

阿贝折射仪温度：　29.15　℃　　大气压：　97.40　kPa

环己烷沸点：　76.1　℃　　无水乙醇沸点：　79.2　℃

表 4-7　环己烷-乙醇标准溶液的折光率

$x_{环己烷}/\%$	0	0.25	0.5	0.75	1.0
折光率	1.3475	1.3658	1.3854	1.4075	1.4280

表 4-8　环己烷-乙醇混合液测定数据表

混合液编号	混合液近似组成 $x_{环己烷}/\%$	沸点 /℃	液相分析		气相冷凝分析	
			折光率	$x_{环己烷}/\%$	折光率	$y_{环己烷}/\%$
1		74.6	1.3575	0.1215	1.3631	0.2256
2		71.1	1.3605	0.1678	1.3745	0.3589
3		64.8	1.3730	0.3205	1.3838	0.4568
4		63.8	1.3863	0.5012	1.3950	0.6007
5		62.5	1.3965	0.6105	1.3975	0.6322
6		62.6	1.4021	0.6859	1.4005	0.6689
7		69.7	1.4175	0.8803	1.4085	0.7602
8		72.5	1.4218	0.9287	1.4107	0.8009

（1）作出环己烷-乙醇标准溶液的折光率-组成关系曲线，如图 4-15 所示。

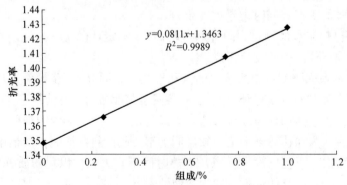

图 4-15　环己烷-乙醇的折光率-组成关系图

（2）根据工作曲线插值求出各待测溶液的气相和液相平衡组成，填入表中。以组成为横轴，沸点为纵轴，绘出平衡相图。

（3）由图找出其恒沸点及恒沸组成。

4.4.6 实验注意事项

（1）测定折光率时，动作要迅速，以避免样品中易挥发组分损失，确保数据准确。

（2）电热丝一定要被溶液浸没后方可通电加热，否则电热丝易烧断，还可能会引起有机物燃烧，所以电压不能太大，加热丝上有小气泡逸出即可。

（3）注意一定要先加溶液再加热，取样时应注意切断加热丝电源。

（4）每次取样量不宜过多，取样管一定要干燥，不能留有上次的残液，气相部分的样品要取干净。

（5）阿贝折射仪的棱镜不能用硬物触及（如滴管），擦拭棱镜需用擦镜纸。

4.4.7 思考题

（1）取出的平衡气液相样品，为什么必须在密闭的容器中冷却后方可测定其折射率？

（2）平衡时，气液两相温度是否应该一样，实际是否一样，对测量有何影响？

（3）如果要测纯环己烷、纯乙醇的沸点，蒸馏瓶必须洗净，而且烘干，而测混合液沸点和组成时，蒸馏瓶则不洗也不烘，为什么？

（4）如何判断气液已达到平衡状态？

（5）为什么工业上常生产95%的酒精？只用精馏含水酒精的方法是否可能获得无水酒精？

4.5 液体饱和蒸气压的测定

4.5.1 实验目的

（1）明确液体饱和蒸气压的意义，熟悉纯液体的饱和蒸气压与温度的关系以及克拉珀龙-克劳休斯方程。

（2）了解静态法测定液体饱和蒸气压的原理。

（3）学习用图解法求解被测液体在实验温度范围内的平均摩尔蒸发焓与正常沸点。

4.5.2　实验原理

4.5.2.1　热力学原理

通常温度下（距离临界温度较远时），纯液体与其蒸气达平衡时的蒸气压称为该温度下液体的饱和蒸气压，简称为蒸气压。蒸发 1 mol 液体所吸收的热量称为该温度下液体的摩尔汽化热。

液体的蒸气压随温度而变化，温度升高时，蒸气压增大；温度降低时，蒸气压降低，这主要与分子的动能有关。当蒸气压等于外界压力时，液体便沸腾，此时的温度称为沸点，外压不同时，液体沸点将相应改变。当外压为 101.325 kPa 时，液体的沸点称为该液体的正常沸点。

液体的饱和蒸气压与温度的关系用克拉珀龙-克劳修斯方程式表示：

$$\frac{\mathrm{d}\ln p}{\mathrm{d}T} = \frac{\Delta_{vap}H_m}{RT^2} \tag{4-18}$$

式中　p——液体的饱和蒸气压；

　　　R——摩尔气体常数；

　　　T——热力学温度；

　$\Delta_{vap}H_m$——在温度 T 时纯液体的摩尔汽化热。

假定 $\Delta_{vap}H_m$ 与温度无关，或因温度范围较小，$\Delta_{vap}H_m$ 可以近似作为常数，积分上式，得：

$$\ln p = -\frac{\Delta_{vap}H_m}{R} \times \frac{1}{T} + C \tag{4-19}$$

式中　C——积分常数。

由此式可以看出，以 $\ln p$ 对 $1/T$ 作图，应为一条直线，直线的斜率为 $-\dfrac{\Delta_{vap}H_m}{R}$，由斜率可求算液体的 $\Delta_{vap}H_m$。

4.5.2.2　实验方法

静态法测定液体的饱和蒸气压，是指在某一温度下直接测量饱和蒸气压，此法一般适用于蒸气压比较大的液体。静态法测量不同温度下纯液体的饱和蒸气压有升温法和降温法两种方法。本次实验采用升温法测定不同温度下纯液体的饱和蒸气压，所用仪器是纯液体饱和蒸气压测定装置，如图4-16所示。

平衡管由 A 球和 U 形管 B、C 组成。平衡管上接一个冷凝管，以橡皮管与压力计相连。A 内装待测液体，当 A 球的液面上纯粹是待测液体的蒸气，而 B 管与 C 管的液面处于同一水平时，则表示 B 管液面上的压力（即 A 球液面上的蒸气压）与加在 C 管液面上的外压相等。此时，平衡管内气液两相平衡的温度称为液体在此外压下的沸点。可见，利用平衡管可以获得并保持系统中为纯试样时的

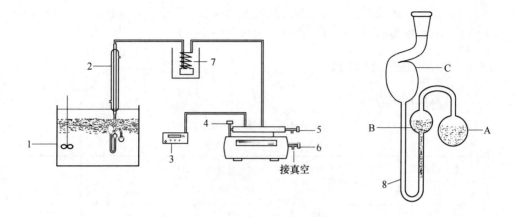

图 4-16　液体饱和蒸气压测定装置图

1—恒温槽；2—冷凝管；3—压力计；4—缓冲瓶平衡阀；5—平衡阀 1（通大气用）；
6—平衡阀 2（抽真空用）；7—冷阱；8—平衡管

饱和蒸汽，U 形管中的液体起液封和平衡指示作用。

4.5.3　实验仪器与试剂

仪器与试剂包括恒温水浴、平衡管、温度计、冷凝管、数字式低真空测压仪、真空泵及附件和无水乙醇。

4.5.4　实验步骤

（1）安装仪器。先将待测液体（本实验是无水乙醇）装入平衡管，A 球（见图 4-16，本节余同）内约占 4/5 体积，此时 U 形管内不能有液体。再按照图 4-16 装好各部分。

（2）抽真空、系统检漏。将进气阀、平衡阀 1 打开，平衡阀 2 关闭。抽气减压至压力计显示压差为 -80 kPa 时关闭进气阀和平衡阀 1，如压力计示数能在 3~5 min 内维持不变，则系统不漏气。

（3）排除 AB 弯管空间内的空气，使液体形成液封，打开平衡阀 2，恒温槽温度调至比大气压下待测液的沸点高 3~5 ℃，如此沸腾 3~5 min，停止加热，关闭平衡阀 2。

（4）乙醇饱和蒸气压的测定，当 B、C 两管的液面到达同一水平面时，立即记录此时的温度和压力，并打开平衡阀 1，使测量系统的压力减小 5~7 kPa，液体将重新沸腾，又有气泡从平衡管冒出，关闭平衡阀 1，继续降低水温。当温度降到一定程度时，B、C 液面又处于同一水平面，记录此时的温度计、压力计读数。

（5）重复上述操作，每次使系统减压 5~7 kPa，测至少 8 组数据。

（6）实验结束后，先将系统排空，然后关闭真空泵。

4.5.5 实验数据记录与整理

（1）数据记录表见表4-9。

表4-9 数据记录表

被测液体：乙醇　　　　　　室温：28.60 ℃　　　　大气压：97.67 kPa

恒温槽温度		$\frac{1}{T}\times10^3$/K	压力计读数 Δp/kPa	液体的蒸气压 $p/(p=p_{大气}+\Delta p)$ /kPa	$\ln p$
t/℃	T/K				
79.14	352.29	2.839	0	97.67	4.582
76.53	349.68	2.860	−7.30	90.37	4.504
74.58	347.73	2.876	−13.21	84.46	4.436
72.82	345.97	2.890	−20.21	77.46	4.350
70.86	344.01	2.907	−25.44	72.23	4.280
68.84	341.99	2.924	−31.33	66.34	4.195
66.56	339.71	2.944	−36.97	60.70	4.106
64.58	337.73	2.961	−42.09	55.58	4.018

（2）以 $\ln p$ 对 $1/T$ 作图，求出直线的斜率，并由斜率算出此温度范围内液体的平均摩尔汽化热 $\Delta_{vap}H_m$，如图4-17所示。

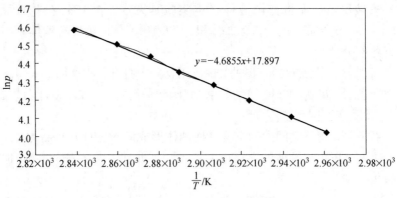

$$y=-4.6855x+17.897$$

图4-17　$1/T$ 与 $\ln p$ 的关系图

由 $k=-\dfrac{\Delta_{vap}H_m}{R}$ 得：

$$\Delta_{vap}H_m = -kR = 4.6855 \times 8.314 = 38.96 \text{ kJ}$$

4.5.6 实验注意事项

（1）预习时应该读懂各个阀门的作用及气路连接。

（2）实验前应检查并保证装置不漏气。

（3）减压速度要适当，必须防止平衡管内液体沸腾过于剧烈，致使管内液体快速蒸发。

（4）实验过程中，必须充分排尽 AB 弯管空间中的全部空气，使 B 管液面上方只含液体的蒸汽分子。平衡管内必须放置于恒温水浴中的水面以下，否则其温度与水温不同。

4.5.7 思考题

（1）为什么 AB 弯管中的空气要排干净？怎样操作？怎样防止空气倒灌？

（2）本实验方法能否用于测定溶液的饱和蒸气压？为什么？

（3）为什么实验完毕以后必须使系统和真空泵与大气相通才能关闭真空泵？

（4）如果用升温法测定乙醇的饱和蒸气压，用该实验装置是否可行？若行，如何操作？

（5）将所测摩尔汽化热与文献值相比较，结果如何？

（6）产生误差的原因有哪些？

5 化工腐蚀与防护实验

5.1 失重法测定金属腐蚀速率

5.1.1 实验目的

(1) 理解多因素如介质及其浓度、缓蚀剂等对金属腐蚀速率的影响。
(2) 通过实验，掌握失重法测量金属腐蚀速率的各个基本操作环节。
(3) 掌握腐蚀率的计算方法。

5.1.2 实验要求

实验前先由学生自己设计实验方案，然后根据实际提供的实验设备与试剂调整自己的方案并执行，得出自己的结论，锻炼分析解决实际问题的能力。

5.1.3 实验原理

使金属材料在一定条件下（温度、压力、介质浓度等）经腐蚀介质作用一定时间后，比较腐蚀前后该材料的质量变化，从而确定腐蚀速率。

对于均匀腐蚀，根据腐蚀产物易除去与否可分别采用失重指标和增重指标来表示腐蚀速率。

失重指标 V_- 为：

$$V_- = \frac{m_0 - m_1}{St} \tag{5-1}$$

增重指标 V_+ 为：

$$V_+ = \frac{m_2 - m_0}{St} \tag{5-2}$$

式中　S——试样面积，m^2；

t——实验时间，h；

m_0——腐蚀前试样的质量，g；

m_1——腐蚀后试样的质量（清除腐蚀产物后），g；

m_2——腐蚀后试样的质量（清除腐蚀产物前），g。

对于均匀腐蚀，很容易将以上腐蚀速率指标换算成以深度指标 V_t 表示的腐蚀速率：

$$V_t = \frac{V_-}{\rho} \times \frac{24 \times 365}{1000} = 8.67 \times \frac{V_-}{\rho} \tag{5-3}$$

式中 ρ——金属的密度，g/cm^3。

质量法适于室内外多种腐蚀实验，可用于材料的耐蚀性能评定、选择缓蚀剂、改变工艺条件时检查防腐效果等。本实验是碳钢在酸溶液中的全浸实验，用质量法测定其腐蚀速率。

金属在酸中的腐蚀一般是电化学腐蚀。酸类对金属的腐蚀规律主要取决于酸的氧化性。非氧化性酸，如盐酸，其阴极过程是氢去极化过程；氧化性酸，其阴极过程则主要是氧化剂的还原过程。例如，当 HNO_3 比较稀时，碳钢的腐蚀速率随酸浓度的增加而增加，是氢去极化腐蚀，当 HNO_3 浓度超过 30% 时，碳钢的腐蚀速率迅速下降，HNO_3 浓度达到 50% 时，碳钢的腐蚀速率最小，此时碳钢在 HNO_3 中腐蚀的阴极过程是：

$$NO_3^- + 2H^+ + 2e^- \longrightarrow NO_2^- + H_2O \tag{5-4}$$

酸中加入适量缓蚀剂能阻止金属腐蚀或降低金属腐蚀速率。

5.1.4 实验仪器、设备与材料（试剂）

仪器、设备：钢印、榔头、游标卡尺、毛刷、干燥器、分析天平、烧杯、量筒、搪瓷盘、温度计、电炉、玻璃棒、镊子、滤纸、尼龙丝。

材料：丙酮、去离子水、20% H_2SO_4、20% H_2SO_4 + 10 g/L 硫脲、20% HNO_3、60% HNO_3 和 12% HCl + 1% ~ 2% 六次甲基四胺。

5.1.5 实验预习要求、实验方法及步骤

5.1.5.1 实验预习要求

（1）查阅失重法测定金属腐蚀速率的相关章节，了解失重法测定腐蚀速率的机理及影响测定结果的主要因素。

（2）了解常用的腐蚀产物清除的基本方法。

（3）提交实验设计方案，包括实验目的、选择所用的混凝剂类型、具体操作步骤、计划测试项目和测试方法等内容。

5.1.5.2 实验方法及步骤

（1）试样的准备。

1）20#碳钢试样，其尺寸为 50 mm×25 mm×（2~3）mm，打磨试样。

2）用钢印给试样编号，以示区别。

3）用游标卡尺准确测量试样尺寸，计算出试样面积，记录数据。

4）试样表面除油，先用毛刷、软布在流水中清除其表面残屑、油污，用丙酮清洗后用滤纸吸干。如此处理的试样避免再用手摸，应用干净纸包好，于干燥器中干燥 24 h。

5）将干燥后的试样放在分析天平上称重，精确到 0.1 mg，称重结果记录在表 5-1 内。

表 5-1　试样称重结果记录表

编号	长/mm	宽/mm	厚/mm	孔径/mm	面积/mm²
1					
2					
3					
4					
5					
6					
7					
8					

（2）腐蚀实验。

1）分别量取 800 mL 以下溶液：$20\%H_2SO_4$、$20\%H_2SO_4+10$ g/L 硫脲、$20\%HNO_3$、$60\%HNO_3$，将其分别放在 4 个 1000 mL 的干净烧杯中。

2）将试样按编号分成四组（每组 2 片），用尼龙丝悬挂，分别浸入以上 4 个烧杯中。试样要全部浸入溶液，每个试样浸泡深度要求一致，上端应在液面以下 20 mm。

3）自试样进入溶液时开始记录腐蚀时间，半小时后，把试样取出，用水清洗。

（3）腐蚀产物的去除。腐蚀产物的清洗原则是应除去试样上所有的腐蚀产物，而只能去掉最少量的基本金属。去除腐蚀产物的方法有机械法、化学法及电化学法。该实验采用机械法和化学法。

1）机械法去除腐蚀产物。若腐蚀产物较厚可先用竹签、毛刷、橡皮擦净表面，以加速除锈过程。

2）化学法除锈。化学法除锈常用的试剂很多，对于铁和钢来说主要有以下几种配方。

① $20\%NaOH+200$ g/L 锌粉，沸腾 5 min，直至干净。

② $HCl+50$ g/L $SnCl_2+20$ g/L $SnCl_3$。

③ $12\%HCl+0.2\%As_2O_3+0.5\%SnCl_2+0.4\%$甲醛，50 ℃，15~40 min。

④ $10\%H_2SO_4+0.4\%$甲醛，40~50 ℃，10 min。

⑤ 12%HCl+1%~2%乌洛托品，50℃或常温。

⑥ 饱和 $NH_4Cl+NH_3 \cdot H_2O$，常温，直至干净。

本实验采用试剂为配方⑤，该法空白小，除锈快，经除锈后样品表面稍发黑。除净腐蚀产物后，用水清洗试样（先用自来水后用去离子水），再用丙酮擦洗、滤纸吸干表面，用纸包好，于干燥器内干燥 24 h。将干燥后的试样称重，结果记录在表 5-2 中。

表 5-2 试样测试结果记录表

组别	腐蚀介质	编号	腐蚀时间/h	试样原重/g	腐蚀后重/g	失重/g	腐蚀速率/$[g \cdot (m^2 \cdot h)^{-1}]$	腐蚀深度/mm	缓蚀率/%
一		1							
		2							
二		3							
		4							
三		5							
		6							
四		7							
		8							

5.1.6 实验报告内容

（1）实验目的。

（2）实验原理。

（3）实验步骤和方法。

（4）实验数据和数据整理结果。

（5）实验结果评定与讨论。

5.1.7 实验结果评定

（1）定性评定方法。

1）观察金属试样腐蚀后的外形，确定腐蚀是否均匀，观察腐蚀产物的颜色、分布情况及其与金属表面结合是否牢固。

2）观察溶液颜色是否变化，是否有腐蚀产物的沉淀。

（2）定量评定方法。

若腐蚀是均匀的，可依上述公式计算 V_-，并可换算成腐蚀深度。根据下式计算 20% H_2SO_4 加硫脲后的缓蚀率 G：

$$G = \frac{V - V'}{V} \times 100\% \tag{5-5}$$

式中　V——未加缓蚀剂时的腐蚀速率；

　　　　V'——加缓蚀剂时的腐蚀速率。

5.1.8　实验注意事项

（1）确定实验因素后，选择合理的实验设计方法。

（2）去除腐蚀产物后要确保试样干燥后再称量。

（3）观察记录要及时。

5.1.9　思考题

（1）为什么试样浸泡前表面要经过打磨？

（2）试样浸泡深度对实验结果有何影响？

5.2　塔菲尔直线外推法测定金属腐蚀速率

5.2.1　实验目的

（1）掌握塔菲尔直线外推法测定金属腐蚀速率的原理和方法。

（2）测定低碳钢在 1 mol/L HAc+1 mol/L NaCl 混合溶液中的腐蚀电流密度 i_{corr}、阳极塔菲尔斜率 b_a 和阴极塔菲尔斜率 b_c。

（3）深入理解活化极化控制的电化学腐蚀体系在强极化区的塔菲尔关系。

（4）学习用恒电位法绘制极化曲线。

5.2.2　实验要求

（1）了解测定金属材料腐蚀速率的电化学方法。

（2）掌握塔菲尔直线外推法的原理与方法。

5.2.3　实验原理

金属在电解质溶液中腐蚀时，金属上同时进行着两个或多个电化学反应。例如铁在酸性介质中腐蚀时，Fe 上同时发生下列反应：

$$Fe \longrightarrow Fe^{2+} + 2e^- \tag{5-6}$$

$$2H^2 + 2e^- \longrightarrow H_2 \tag{5-7}$$

在无外加电流通过时，电极上无净电荷积累，即氧化反应速率 i_a 等于还原反应速率 i_c，并且等于自腐蚀电流 I_{corr}，与此对应的电位是自腐蚀电位 E_{corr}。

如果有外加电流通过，例如在阳极极化时，电极电位向正向移动，其结果加速了氧化反应速率 i_a 而抑制了还原反应速率 i_c，此时，金属上通过的阳极电流应是：

$$I_a = i_a - |i_c| = i_a + i_c \tag{5-8}$$

同理，阴极极化时，金属上通过的阴极电流 I_c 也有类似关系：

$$I_c = - |i_c| + i_a = i_c + i_a \tag{5-9}$$

从电化学反应速率理论可知，当局部阴、阳极反应均受活化极化控制时，过电位（极化电位）η 与电流密度的关系为：

$$i_a = i_{corr} \exp(2.3\eta/b_a)$$
$$i_c = - i_{corr} \exp(-2.3\eta/b_c)$$

所以：

$$I_a = i_{corr} [\exp(2.3\eta/b_a) - \exp(-2.3\eta/b_c)]$$
$$I_c = - i_{corr} [\exp(-2.3\eta/b_c) - \exp(2.3\eta/b_a)]$$

当金属的极化处于强极化区时，阳极电流中的 i_c 和阴极电流中的 i_c 都可忽略，于是得到：

$$I_a = i_{corr} \exp(2.3\eta/b_a)$$
$$I_c = - i_{corr} \exp(-2.3\eta/b_c)$$

或写成：

$$\eta = - b_a \lg i_{corr} + b_a \lg i_a$$
$$\eta = - b_c \lg i_{corr} + b_c \lg i_c$$

可以看出，在强极化区内若将 η 对 $\lg i$ 作图，则可以得到直线关系。该直线称为塔菲尔直线。将两条塔菲尔直线外延后相交，交点表明金属阳极溶解速率 i_a 与阴极反应（析出 H_2）速率 i_c 相等，金属腐蚀速率达到相对稳定，所对应的电流密度就是金属的腐蚀电流密度。

实验时，对腐蚀体系进行强极化（极化电位一般在 $100\sim250$ mV 之间），则可得到 E-$\lg i$ 的关系曲线。把塔菲尔直线外延至腐蚀电位。$\lg i$ 坐标上与交点对应的值为 $\lg i_c$，由此可算出腐蚀电流密度 i_{corr}。由塔菲尔直线分别求出 b_a 和 b_c。

影响测量结果的因素如下：

（1）体系中浓差极化的干扰或其他外来干扰。

（2）体系中存在一个以上的氧化还原过程（塔菲尔直线通常会变形）。故在测量时为了能获得较为准确的结果，塔菲尔直线段必须延伸至少一个数量级的电流范围。

5.2.4 实验仪器、设备、材料（试剂）

实验所需仪器、设备、材料（试剂）包括恒电位仪、数字电压表、磁力搅拌器、极化池、铂金电极（辅助电极）、饱和甘汞电极、金属试样电极（纯铜、纯铝、20#碳钢、42CrMo 合金、Cr12MoV 合金）、1 cm² 工作面积、粗天平、秒表、量筒、烧杯、NaCl、Na₂SO₄、无水乙醇棉、水砂纸等。

5.2.5 实验预习要求、实验方法及步骤

5.2.5.1 实验预习要求

掌握塔菲尔直线外推法测定金属腐蚀速率的原理和方法。

5.2.5.2 实验方法及步骤

（1）配制一定浓度的 NaCl 溶液（0.2 mol/L、0.5 mol/L、1.0 mol/L）和 Na₂SO₄溶液（0.5 mol/L、1.0 mol/L、1.5 mol/L）。

（2）将工作电极用水砂纸打磨，用无水乙醇棉擦洗表面去油待用。

（3）将工作电极、参比电极、辅助电极、盐桥装入盛有电解质的极化池，盐桥毛细管尖端距研究电极表面距离可控制为毛细管尖端直径的两倍。

（4）连接好线路进行测量。

（5）测量时，先测量阴极极化曲线，然后测量阳极极化曲线。

5.2.6 实验数据记录与整理

（1）将实验数据绘在半对数坐标纸上，也可用计算机辅助作图。

（2）将阴极极化曲线的塔菲尔线性段外延求出锌和碳钢的腐蚀电流，并比较它们的腐蚀速率。

（3）分别求出腐蚀电流密度 i_{corr}、阳极塔菲尔斜率 b_a 和阴极塔菲尔斜率 b_c。

5.2.7 思考题

（1）从理论上讲，阴极和阳极的塔菲尔线延伸至腐蚀电位应交于一点，实际测量的结果如何？为什么？

（2）如果两条曲线的延伸线不交于一点，应如何确定腐蚀电流密度？

5.3 线性极化法测定金属腐蚀速率

5.3.1 实验目的

（1）掌握线性极化仪的使用方法。

（2）掌握几种求塔菲尔常数的方法。

（3）了解线性极化技术测定金属腐蚀速率的原理。

5.3.2 实验要求

（1）了解线性极化法测定金属腐蚀速率的原理和方法。

（2）掌握电位扫描法测定塔菲尔曲线。

5.3.3 实验原理

对于活化极化控制的腐蚀体系，当自腐蚀电位 E_{corr} 相距两个局部反应的平衡电位甚远时，极化电流 $i_{c外}$ 与电极电位 E 的关系方程为：

$$i_{c外} = i_{corr}\left\{\exp\left[\frac{2.3(E - E_{corr})}{b_a}\right] - \exp\left[\frac{2.3(E_{corr} - E)}{b_c}\right]\right\} \quad (5\text{-}10)$$

对上式微分并经数学处理，可得到：

$$R_p = \left(\frac{d\eta_c}{di_{c外}}\right)_{\eta \to 0} = \frac{1}{i_{c外}} \times \frac{b_a b_c}{2.3(b_a + b_c)} \quad (5\text{-}11)$$

式中　$i_{c外}$——极化电流密度，A/cm^2；

　　　i_{corr}——金属的腐蚀电流密度，A/cm^2；

　　　E_{corr}——金属的腐蚀电位，V；

　　b_a，b_c——阳、阴极塔菲尔常数，V；

　　　R_p——极化电阻，Ω；

　　　η_c——极化电位，V。

若令 $B = \dfrac{b_a b_c}{2.3(b_a + b_c)}$，则：

$$i_{corr} = \frac{B}{R_p} \quad (5\text{-}12)$$

此式为线性极化方程式。由此可知，腐蚀电流密度 i_{corr} 与极化电阻 R_p 成反比，只要测得 R_p 和 b_a、b_c 后，就可求出金属的腐蚀速率。

5.3.4 实验仪器、设备、材料（试剂）

实验所需仪器设备、材料（试剂）包括线性极化仪、碳钢电极、烧杯、电极架、砂纸、若丁（二邻甲苯基硫脲）、乌洛托品、丙酮、酒精棉、硫酸等。

5.3.5 实验预习要求、实验方法及步骤

5.3.5.1 实验预习要求
了解线性极化法测定金属腐蚀速率的原理和方法。

5.3.5.2 实验方法及步骤
（1）三电极体系准备。包括焊接、打磨、计算面积和清洗四部分。

（2）实验溶液配制。学生可自选如下若干种含有缓蚀剂的酸溶液，每种需约 800 mL：0.5 mol/L H_2SO_4 分别加 0.2 g、0.5 g、0.6 g、0.8 g、1.0 g、1.2 g 乌洛托品溶液；0.5 mol/L H_2SO_4+1 mg $(NH_2)_2CS$（硫脲）；0.5 mol/L H_2SO_4+

若丁。

（3）分别测定各电极电位，选择电位差小于 2 mV 的两个电极为工作电极和参比电极，另一电极为辅助电极。

（4）加极化电位±5 mV，记录 Δi_5 或 R_p；加极化电位±10 mV，记录 Δi_{10} 或 R_p。

5.3.6　实验数据记录与整理

（1）计算或作图求出 R_p。

（2）选用表5-3中的数据计算 i_{corr}。

表5-3　b_a、b_c数据记录表

（实验温度为20 ℃）

实 验 溶 液	塔菲尔常数/mV	
	b_a	b_c
0.5 mol/L H_2SO_4	54.4	112.1
0.5 mol/L H_2SO_4+1 mg（NH_2）$_2$CS	91.1	121.2
0.5 mol/L H_2SO_4+若丁	76.3	157.4
0.5 mol/L H_2SO_4+0.5%乌洛托品溶液	96.2	132.0

（3）比较几种缓蚀剂的缓蚀率。

5.3.7　思考题

（1）在什么条件下才能应用线性极化方程式计算金属腐蚀速率？
（2）确定塔菲尔常数的方法有哪些？

5.4　电化学腐蚀试样制备与极化曲线测定（综合实验）

5.4.1　实验目的

（1）学会一种用树脂镶制电化学实验用的金属试样的简易方法和焊接金属样品的方法。
（2）了解金属活化、钝化转变过程及金属钝化在研究腐蚀与防护中的作用。
（3）熟悉恒电位测定极化曲线的方法。

5.4.2　实验要求

通过阳极极化曲线的测定，学会选取阳极保护的技术参数。

5.4.3 实验原理

测定金属腐蚀速率、判断添加剂的作用机理、评选缓蚀剂、研究金属的钝态和钝态破坏及电化学保护，都需测量极化曲线。测量腐蚀体系的极化曲线，实际就是测量在外加电流作用下，金属在腐蚀介质中的电极电位与外加电流密度之间的关系。

阳极电位和电流的关系曲线称为阳极极化曲线。为了判断金属在电解质溶液中采用阳极保护的可能性，必须测定阳极极化曲线。测定需选择阳极保护的三个主要技术参数——致钝电流密度、维钝电流密度和钝化电位（钝化区电位范围）。

测量极化曲线的方法可以采用恒电位和恒电流两种不同方法。以电流密度为自变量测量极化曲线的方法叫恒电流法，以电位为自变量的测量方法叫恒电位法。

一般情况下，若电极电位是电流密度的单值函数时，恒电流法和恒电位法测得的结果是一致的。但是如果某种金属在阳极极化过程中，电极表面状态发生变化，具有活化/钝化变化，那么该金属的阳极过程只能用恒电位法才能将其历程全部揭示出来，这时若采用恒电流法，则阳极过程某些部分将被掩盖，而得不到完整的阳极极化曲线。

在许多情况下，一条完整的极化曲线中一个电流密度可以有几个电极电位与其相对应。例如，对于具有活化/钝化行为的金属在腐蚀体系中的阳极极化曲线是很典型的。由阳极极化曲线可知，在一定的电位范围内，金属存在活化区、钝化过渡区、钝化区和过钝化区，还可知金属的自腐蚀电位（稳定电位）、致钝电流密度、维钝电流密度和维钝电位范围。用恒电流法测量时，由自腐蚀电位点开始逐渐增加电流密度，当到达致钝电流密度点时金属开始钝化，由于人为控制电流密度恒定，故电极电位会突然增加到很正的数值（到达过钝化区），跳过钝化区，当再增加电流密度时，所测得的曲线在过钝化区。因此，用恒电流法测不出金属进入钝化区的真实情况，而是从活化区跃入过钝化区。

故采用恒电位法进行极化曲线的测量。

5.4.4 实验仪器、设备、材料（试剂）

实验所需仪器、设备、材料（试剂）包括恒电位仪、极化池、饱和甘汞电极、铂金电极、金属试样电极（纯铜、纯铝、20#钢、42CrMo 合金、Cr12MoV 合金）、金属试样（纯铜、纯铝、20#钢、42CrMo 合金、Cr12MoV 合金）、具有塑料绝缘外套的铜管、塑料套圈、金属砂纸、电烙铁、焊油、焊锡丝、玻璃棒、烧杯、托盘天平、石蜡、量筒、温度计、电炉、NaCl，无水乙醇棉和水砂纸。

5.4.5　实验预习要求、实验方法及步骤

5.4.5.1　实验预习要求

（1）了解金属活化、钝化转变过程及金属钝化在研究腐蚀与防护中的作用。

（2）熟悉恒电位测定极化曲线的方法。

（3）可网络查找相关实验视频进行预习观看。

5.4.5.2　实验方法及步骤

（1）试样制备。

1）焊接金属样品。将金属试样的所有面金属都用砂纸打磨光亮，用水冲洗干净后待用。

2）给电烙铁通电加热，待电烙铁尖端呈红色时，蘸少许焊油且接触焊锡丝，待焊锡丝熔化后，将带塑料套圈的铜杆焊在金属试样上。

3）将锯好的适当厚度的塑料套圈打磨平整待用。

4）用融化的石蜡将试样封好，待完全凝固后即可用于以后的实验。

实验过程中应注意：

1）焊接金属试样时，因电烙铁尖端部位的温度最高，要用尖端部位进行焊接。焊接时，要先在金属试样上焊上点焊锡丝，再将铜杆尖端也焊上些焊锡丝，然后把2个锡点进行焊接，这样，既容易焊上又容易焊牢。

2）不要触摸电烙铁及金属部分，以免烫伤。

（2）极化曲线测定。

1）溶液的配制。

① 配置一定浓度梯度的 NaCl 溶液（0.2 mol/L、0.5 mol/L、1 mol/L）和 Na_2SO_4 溶液（0.5 mol/L、1 mol/L、1.5 mol/L）。考虑加入一定浓度的硫酸，观察钝化现象。

② 将配制好的溶液注入极化池中。

2）操作步骤。

① 用水砂纸打磨工作电极表面，并用无水乙醇棉擦拭干净待用。

② 将辅助电极和研究电极放入极化池中，甘汞电极浸入饱和 KCl 溶液中，用盐桥连接极化池和甘汞电极，盐桥鲁金毛细管尖端距离研究电极 1~2 mm 左右。按图 5-1 所示的测量装置图连接好线路并进行测量。为简化实验也可不用盐桥。

③ 试样在 NaCl 溶液中的自腐蚀电位需提前自行测量，稳定 5 min。

④ 调节恒电位（从自腐蚀电位开始）进行阳极极化，扫描速度为 1~2 mV/s，并分别读取不同电位下相应的电流值，当电极电位达到+1.0 V 左右时即可停止实验。

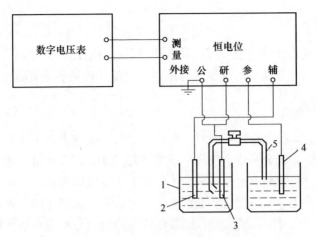

图 5-1　恒电位极化曲线测量装置图

1—极化池；2—辅助电极；3—研究电极；4—参比电极；5—盐桥

5.4.6　实验数据记录与整理

（1）计算出各点的电流密度，填入自己设计的表格。也可在计算机上处理数据。

（2）在半对数坐标纸上用所得数据作 E-lgi 曲线。可用计算机绘制出曲线。

（3）指出 20#钢在 NaCl 溶液中进行阳极保护的三个基本参数。

5.4.7　思考题

（1）什么叫恒电位法？什么叫恒电流法？测定可钝化金属的阳极极化曲线时必须采用哪种方法，为什么？

（1）使用电化学测量系统有哪些注意事项？

5.5　金属磷化工艺设计与耐蚀性能评价（设计实验）

5.5.1　实验目的

（1）了解磷化液的优化配制、磷化机理及其防护作用。

（2）了解评定金属耐蚀性能的国家标准。

（3）掌握试样制作方法。

（4）掌握金属耐蚀性能的评定及其测试方法。

5.5.2 实验要求

（1）训练基本实验技能，提高动手能力及综合运用所学知识的能力。

（2）培养对金属材料的腐蚀进行定性、定量分析及解决实际问题的能力。

5.5.3 实验原理

当把磷化金属浸入磷化液中时，磷化液中的磷酸与表面金属发生氧化还原反应，金属被氧化变成金属离子，氢离子被还原成 H_2 溢出水面，随着反应的不断进行，磷化液中的磷酸含量逐渐减少，促使上述反应向右移动，可溶性磷酸盐转变为不溶性磷酸盐，不溶性磷酸盐沉着在金属表面形成磷化膜。被磷酸溶解下来的金属离子，变成可溶性磷酸盐，随着酸度的降低而分解成不溶性磷酸盐，从而形成磷化膜。除第一主族金属元素外，磷化液中有多少种金属，在磷化膜中就有多少种不同的磷酸盐，因而磷化膜的成分是多种多样的，色彩也不相同，有浅灰色的，有深灰色的，有黑色的，有彩色的等。因磷化膜的形成与金属的溶解是同步进行的，致使磷化膜与基体金属的结合很牢固。

磷化膜本质就是在一些金属表面形成一层磷酸盐保护膜，磷化膜首先是用在金属的防腐方面，诸如钢铁这样的金属在空气中容易被腐蚀，磷化膜可以帮助它隔绝空气与水分，减慢它被氧化腐蚀的速率。此外，金属表面生产的磷化膜具有诸多微小空隙，该空隙的存在可以增大外刷油漆的附着力，减缓油漆脱落的可能性，进而防止内层金属的腐蚀，在汽车生产过程中，为了更好地提高车皮防腐性能，一般还要进行电镀处理，先镀锌，再磷化，再涂底漆，再挂面漆，这样的油漆面就非常牢固持久，这也得益于磷化膜与基体金属的结合必须是牢固的。这样的涂装方法也用在轮船业、军工业、机械行业等。其次，磷化膜还具有润滑作用，在金属拔丝以及其他的冷变形加工中，磷化后再加工能减少摩擦，从而减少裂纹，防止出现拉痕或拉断。在熔融金属的加工中，为了防止熔融金属黏贴在零件表面，可先对零件进行磷化处理，因为磷化膜有不粘贴金属的功能。此外，磷化膜不导电，绝缘性能良好，因而在电器业上有广泛的应用，在电磁硅钢片、变压器、电动机的转子和定子上等都需要进行磷化处理。最后，磷化膜厚度较小，且在磷化过程中有金属的溶解，因而在一些精密仪器的防腐中经常用到。过去的磷化技术主要应用在铁和锌等金属上，现在的应用越来越广泛。铝、铝合金、合金钢、镁合金以及铜合金等金属表面上都可以进行磷化处理，磷化技术已经成为一项重要的表面处理技术。

5.5.4 实验仪器、设备、材料（试剂）

实验所需仪器、设备、材料（试剂）包括金相显微镜、盐雾试验箱、漆膜仪等、电子天平、称量纸、纯铝片、纯铜片、304 不锈钢片（均为 20 mm×40 mm× 1 mm）、1000 mL 烧杯、500 mL 烧杯、250 mL 烧杯、氢氧化钠、碳酸钠、盐酸、无水乙醇、亚硝酸钠、硝酸锌、磷酸二氢锌、硝酸钠、氯化钾、氯化钠、氯化钙、氯化镁、硫酸钠、碳酸氢钠、硫酸铜、石墨加热板（或电炉）、玻璃棒、滴管和 1200 粒度砂纸。

5.5.5 实验预习要求、实验方法及步骤

5.5.5.1 实验预习要求

（1）了解磷化液的优化配制、磷化机理及其防护作用。

（2）了解评定金属耐蚀性能的国家标准。

5.5.5.2 实验方法及步骤

（1）金属试样的准备。预处理步骤如下。

1）用 1200 目（0.012 mm）砂纸打磨至表面无氧化皮。

2）在 50 ℃的碱溶液（NaOH 30 g/L、Na_2CO_3 20 g/L）中浸泡 5 min。

3）在体积分数为 15 %的 HCl 中浸泡 1 min。

4）在去离子水中浸洗，表面无酸溶液残留即可。

5）用热风吹干。

（2）磷化液的配置。

1）磷酸和氧化锌配制法。量取或称取磷酸放入烧杯中，称取计算量的氧化锌加水搅拌成糊状，逐步倒入放置磷酸的烧杯中，边倒入边用玻璃棒充分搅拌溶解，停止搅拌后若溶液微微浑浊则为反应终点，若不浑浊，继续添加氧化锌并搅拌，或用电动搅拌机搅拌。添加计算量的水，此时的溶液为磷酸二氢锌饱和溶液，再加入计算量的其他原料，充分搅拌。

2）磷酸二氢钠直接配制法。称取磷酸二氢锌放入烧杯中，添加适量的水，再加入硝酸锌、硝酸钠，用搅拌装置充分搅拌，补加计算量内剩余的水，再用磷酸或氧化锌调节至合适的酸碱度。一种可供参考的磷化液配比见表 5-4。

表 5-4 锌系磷化液各物质适宜浓度

物　质	浓度/(g · L⁻¹)
磷酸二氢锌	35
硝酸锌	90
硝酸钠	20

（3）磷化膜的生成。将配制好的磷化液置于石墨加热板（或是电炉）上，加热至某温度，期间注意操作规范，避免烫伤。将处理好的金属试样浸入规定温度的磷化液中，若干时间后取出，用去离子水清洗至表面无酸溶液残留即可，最

后用热风吹干。

优良的磷化膜应该是均匀细密的结晶状，无金属亮点、无污点，无明显缺陷区，无划痕，无粉状物或是白色残渣。

各组应自选磷化液的配置以及影响因素（温度、时间等）参数，考察不同影响因素的影响规律。

（4）磷化膜的耐蚀性检测。

1）$CuSO_4$ 点滴试验：在干燥的磷化膜表面滴加一滴 $CuSO_4$ 试液，观察液滴从天蓝色变成浅黄色的时间，最少取三点，计算时间平均值，时间越长，磷化膜的耐蚀性越好。

$CuSO_4$点滴液的配置：每 100 mL 试液需要 4.1 g $CuSO_4 \cdot 5H_2O$，1.3 mL 0.11 mL/L 的盐酸，3.5 g 氯化钠，再用蒸馏水稀释到 100 mL。

2）盐雾试验。利用盐雾箱自配盐溶液，对试样进行盐雾试验一周，查看腐蚀后的锈蚀情况，并称重试样，观察试验前后的质量变化。盐溶液参考 GB/T 10125—2012 利用去离子水配置浓度为（50±5）g/L 的氯化钠盐溶液。

3）划痕法。依照 GB/T 30707—2014 利用划痕仪对漆膜进行划擦实验，确定临界压力。

4）漆膜仪检测。利用漆膜仪对磷化膜厚度进行检测，取样点不少于 5 点，记录各点磷化膜厚度，对比查看磷化膜生成情况是否均匀。

5）金相显微镜观察。结合金相显微镜对实验前后的试样进行观察，对比实验前后磷化膜表面改变状况。

5.5.6 实验报告内容

（1）实验目的。

（2）实验原理。

（3）实验步骤和方法。

（4）实验数据和数据整理结果。

（5）实验结果评定与讨论。

5.5.7 实验结果评定

（1）定性评定方法。试样涂刷磷化液后，观察磷化膜是否均匀，颜色、光泽是否符合标准，以及与金属表面结合是否牢固，记录表干时间。

（2）定量测定方法。磷化膜单位面积质量 W 按下式计算：

$$W = \frac{P_1 - P_2}{S} \times 10 \tag{5-13}$$

式中　W——膜质量，g/m^2；

P_1——退膜后试样的质量，mg；

P_2——磷化后试样的质量，mg；

S——磷化试样的总表面积，cm^2。

取三个平行测定试样的平均值。

5.5.8 思考题

影响磷化膜生成的因素有哪些，是不是温度越高越好，时间越长越好？

5.6 换热器管结垢的清洗工艺及效果评定（设计实验）

5.6.1 实验目的

（1）理解火电厂水冷壁、过热器等锅炉管清洗工艺。

（2）训练基本实验技能，提高动手能力及综合运用所学知识的能力。设计实验进行金属构件的清洗与效果评定。

5.6.2 实验要求

了解 DL/T 523—2017《化学清洗缓蚀剂应用性能评价指标及试验方法》和 DL/T 794—2012《火力发电厂锅炉化学清洗导则》。

5.6.3 实验原理

换热器在电厂生产中应用十分广泛，但是，换热器大多是以水为载热体的换热系统，在温度升高或浓度较高时，原来溶于水中的 $Ca(HCO_3)_2$ 和 $Mg(HCO_3)_2$ 析出微溶于水的 $CaCO_3$ 和 $MgCO_3$。换热器长期运行后，析出的盐类紧紧地附着于换热管表面，形成水垢，污垢的积累使换热器内部通道截面变小甚至堵塞，造成冷却水流量不足和压力降低，会引发停机、停产，甚至引发鼓包、裂纹、爆管等安全事故。

使用化学清洗的方法，清洗剂可以使换热器传热管表面的水垢和其他沉积物溶解、脱落或剥离。酒精和硝酸的混合溶液，即硝酸酒精可作清洗剂，其中硝酸起腐蚀作用。之后使用金相显微镜观察。金属与合金中的晶粒与晶粒之间、晶内与晶界以及各相之间的物理化学性质不同，且具有不同的自由能。当受到硝酸浸蚀时，会发生电化学反应，此时硝酸可称为电解质溶液。由于各相在硝酸溶液中具有不同的电极电位，形成许多微电池，较低电位部分是微电池的阳极，溶解较快，溶解处会出现凹陷或沟槽。例如，在显微镜下观察金属组织时，光线在晶界处被散射，不能全部进入物镜，因而显示出黑色晶界。在晶粒平面处的光线则以直接反射光反射进入物镜，呈现白亮色，从而显示出晶粒的大小和形状，此时可观察是否有晶间腐蚀现象。

5.6.4　实验仪器、设备、材料（试剂）

实验所需仪器、设备、材料（试剂）包括碳钢片、盐酸、硫酸、氨基磺酸、无水乙醇、硝酸、丙酮；600 粒度（0.023 mm）砂纸、滤纸、水浴箱、电吹风和烧杯。

5.6.5　实验预习要求、实验方法及步骤

5.6.5.1　实验预习要求

先行学习 DL/T 523—2017《化学清洗缓蚀剂应用性能评价指标及试验方法》和 DL/T 794—2012《火力发电厂锅炉化学清洗导则》等。

5.6.5.2　实验方法及步骤

（1）金属试样的准备。

（2）用游标卡尺精确测量腐蚀试样表面尺寸，读数精确至 0.1 mm，并计算其表面积，试样面积计算应包括所有接触清洗液的面积。

（3）用丙酮擦洗试样表面油污，放入干净的丙酮溶液中浸泡 2 min，取出后用电吹风（冷风）吹干，置于干燥器内干燥 1 h，然后称量，读数精确至 0.1 mg。

（4）清洗液的配制。用除盐水配制要求浓度的清洗液。清洗液用量按腐蚀试样表面积计算，不小于 15 mL/cm²。一种典型的清洗液配方见表 5-5。缓蚀剂用量按清洗液质量的 0.3% 左右加入。

表 5-5　一种典型的氨基磺酸清洗液配置方法

基础溶液	缓蚀剂及温度	添加剂	适用材料
NH_2SO_3H 5%~10%	缓蚀剂 0.2%~0.4%，温度为 50~60 ℃	$CaSO_4$>3%，$CaCO_3$>3%，$Ca_3(PO_4)_2$>3%，$MgCO_3$>3%，Fe_3O_4>40%	碳钢、不锈钢

（5）挂样。腐蚀试样应选用耐酸耐热的非导电材料悬挂。腐蚀试样在清洗液中的放置应垂直悬挂在清洗液的中央部位，腐蚀试样的周边不得与器壁接触，腐蚀试样顶部与液面的距离应保持大于 10 mm。清洗液温度应按所需静态试验条件控制，控制精度为±2 ℃。

（6）确定腐蚀试样数量。同一试验条件下腐蚀试样的数量为 3 个。取准备好

的 3 个腐蚀试样，分别记录试样编号、表面积及质量。

（7）进行腐蚀试验。100 ℃以下的静态腐蚀试验流程如下。

① 按上述计算的清洗液量将清洗液加入试验容器中，将试验容器放入已升至试验温度的恒温水浴箱内，待试验容器内清洗液达到试验温度后，将腐蚀试样挂入清洗液中，开始计时；试验到达预定时间后，立即将试样取出，试验后应对清洗液进行体积测量，溶液减少量不应超过 10%。

② 腐蚀试样取出后，立即用除盐水彻底冲洗试样表面，非铜试样放入 1%氨水溶液中涤荡数次后取出，用滤纸擦干，擦去表面附着物，再用丙酮洗净，用冷风吹干，观察并记录表面状态，然后放入干燥器内干燥 1 h 后取出称量，读数精确至 0.1 mg。

③ 参照腐蚀速率实验部分计算腐蚀速率。

④ 试验结果取 3 个腐蚀试样的平均值，其相对误差不超过 10%，否则应重新进行试验。

（8）金相显微镜观察。取部分试样进行"硝酸酒精"浸蚀，浸蚀后置于显微镜下观察并计算晶粒度。失重试验后重复上述晶粒度观察计算，结合金相显微镜对试样实验前后进行观察，对比实验前后的改变状况，观察是否有晶间腐蚀现象。

上述晶粒度的计算需计算出试样中的晶粒数。晶粒数 = 完整的晶粒数 + 0.5 倍的部分晶粒。完整晶粒的晶界都是可观察到的。其次需计算出实际面积，实际面积 = 图片长/放大率×图片宽/放大率。根据 ASTM 标准中的计算公式：$N = 2(n-1)$，其中 N 是指放大 100 倍下每平方英寸（1 平方英寸 = 6.4516×10^{-4} m^2）的晶粒数，n 是指晶粒级别数。

（9）按照 DL/T 794—2012《火力发电厂锅炉化学清洗导则》等处理废弃的酸。

5.6.6 实验报告内容

（1）实验目的。
（2）实验原理。
（3）实验步骤和方法。
（4）实验数据和数据整理结果。
（5）实验结果评定与讨论。

5.6.7 实验结果评定

过热器化学清洗过程中采用传统的挂片失重法来评价化学清洗过程中材料的腐蚀速率，该方法能得到化学清洗结束后整个清洗过程的平均腐蚀速率。

5.6.8　思考题

（1）影响结垢清洗的因素有哪些？

（2）常用的结垢清洗剂有哪些？

6 能源燃料类实验

6.1 燃料发热量的测定

6.1.1 实验目的

学习用氧弹量热法测定燃料高位发热量的方法与原理，掌握测量燃料发热量的方法和步骤，了解氧弹量热仪的工作原理及工作过程。

6.1.2 实验原理

燃料的发热量是在氧弹量热仪中测定的，取一定量的分析试样放于充有过量氧气的氧弹量热仪中完全燃烧，氧弹筒浸没在盛有一定量水的容器中。试样燃烧后放出的热量使氧弹量热仪量热系统的温度升高，测定水温度的升高值即可计算氧弹弹筒的发热量，再通过进一步计算便可得到燃料的发热量。

从弹筒发热量中扣除硝酸形成热和硫酸校正热（氧弹反应中形成的水合硫酸与气态二氧化硫的形成热之差）即得高位发热量。将高位发热量减去水的汽化热后即得到低位发热量。

6.1.3 实验仪器与材料

实验仪器与材料包括等温式全自动量热仪、氧弹、燃烧皿、点火丝、电子天平、药匙、镊子、蒸馏水等。

6.1.4 实验步骤

首先用电子天平向燃烧皿中称取 0.5 g 的黄豆秆，将燃烧皿放到支架上。取一段已知质量的点火丝，把两端分别接在两个电极柱上。再把盛有试样的燃烧皿放在支架上，调节下垂的点火丝与试样保持微小距离，注意勿使点火丝接触燃烧皿，以免形成短路而导致点火失败，甚至烧毁燃烧皿。

向氧弹中加入 10 ml 蒸馏水，以溶解氮和硫所形成的硝酸和硫酸，小心拧紧弹盖，注意避免燃烧皿和点火丝的位置因受震动而改变。把氧弹小心地放入内筒中，启动仪器分析。实验结束后，输出数据，并关闭仪器。

6.1.5　实验数据记录与整理

（1）实验数据记录。黄豆秆弹筒发热量测试结果记录表见表 6-1。

表 6-1　黄豆秆弹筒发热量测试结果记录表

控温点/℃	27	室温/℃	21.0	湿度/%	65.0
试样名称	黄豆秆	自动编号	20140419A5	测试日期	2014-04-19
试样质量/g	0.5092	添加物总热值/J	0.0	主期升温/℃	0.8905
点火丝热值/J	50.0	热容量/(J·K⁻¹)	10004.0	校正值/℃	0.00019
弹筒发热量：17.401 MJ/kg（4161.2 Cal/g）					

（2）实验数据的处理。

1）干燥基高位发热量与低位发热量的计算。干燥基高位发热量为：

$$Q_{gr,d} = Q_{b,d} - (94.1 S_{b,d} + \alpha Q_{b,d})$$

式中　$Q_{gr,d}$——干燥基煤样恒容高位发热量，J/g；

　　　$Q_{b,d}$——煤试样弹筒热量，J/g；

　　　94.1——干燥基煤样中每 1.00% 硫的校正值，J/g；

　　　$S_{b,d}$——由弹筒洗液测得的含硫量，%，当全硫（$S_{t,ad}$）低于 4.00% 或发热量大于 14600 J/g 时，可用全硫代替；

　　　α——硝酸形成的热校正系数。

当 $Q_{b,d} \leqslant 16700$ J/g，$\alpha = 0.0010$；当 16700 J/g $< Q_{b,d} \leqslant 25100$ J/g，$\alpha = 0.0012$；当 $Q_{b,d} > 25100$ J/g，$\alpha = 0.0016$。

已知弹筒发热量 $Q_{b,d} = 17.401$ MJ/kg $= 17401$ J/g，$M_{ad} = 10$，$H_d = 5$。由于 16700 J/kg $\leqslant Q_{b,d} \leqslant 25100$ J/g，因此 $\alpha = 0.0012$。

所以干燥基的高位发热量为：

$$Q_{gr,d} = 17401 - (94.1 \times 0.1 + 0.0012 \times 17401) = 17370 \text{ J/g}$$

从而干燥基的低位发热量为：

$$Q_{net,d} = Q_{gr,d} - 206 H_d = 17370 - 206 \times 5 = 16340 \text{ J/g}$$

式中　H_d——干燥基煤样含氢的质量分数，%。

2）空气干燥基高位发热量与低位发热量的计算。将干燥基换算为空气干燥基的换算系数为：

$$K = \frac{100 - M_{ad}}{100} = \frac{100 - 10}{100} = 0.9$$

因此有：

$$H_{ad} = H_d K = 5 \times 0.9 = 4.5\%$$

所以空气干燥基的高位发热量为：

$$Q_{\mathrm{gr,ad}} = Q_{\mathrm{gr,d}}K = 17370 \times 0.9 = 15633 \text{ J/g}$$

从而空气干燥基低位发热量为：

$$Q_{\mathrm{net,ad}} = Q_{\mathrm{gr,ad}} - 206H_{\mathrm{ad}} - 23M_{\mathrm{ad}} = 15633 - 206 \times 4.5 - 23 \times 10 = 14476 \text{ J/g}$$

式中　　M_{ad}——空气干燥基煤样含水的质量分数，%；

　　　　H_{ad}——空气干燥基煤样含氢的质量分数，%。

因此干燥基的高位发热量 $Q_{\mathrm{gr,d}} = 17370$ J/g，干燥基的低位发热量 $Q_{\mathrm{net,d}} = 16340$ J/g；空气干燥基的高位发热量 $Q_{\mathrm{gr,ad}} = 15633$ J/g，空气干燥基的低位发热量 $Q_{\mathrm{net,ad}} = 14476$ J/g。

6.2　燃料灰熔融性的测定

6.2.1　实验目的

学习灰熔融性测定的方法与原理，掌握灰熔融性测定实验的过程，测量燃料灰熔融性的四个特征温度：变形温度（DT）、软化温度（ST）、半球温度（HT）及流动温度（FT）。

6.2.2　实验原理

将燃料的灰制成一定尺寸的三角锥，在一定的气体介质中，以一定的升温速度加热。在受热过程中，灰锥经历的四个阶段对应了四个特征温度，包括变形温度（DT），灰锥尖端或棱开始变圆或弯曲时的温度；软化温度（ST），灰锥弯曲至锥尖触及托板或灰锥变成球形时的温度；半球温度（HT），灰锥形变至近似半球形，即高约等于底长的一半时的温度；流动温度（FT），灰锥熔化展开成高度在 1.5 mm 以下的薄层。

6.2.3　实验仪器与材料

实验仪器与材料包括灰锥模子、糊精溶液、灰渣灰、刚玉舟、灰锥托板、智能灰锥熔融测试仪等。

6.2.4　实验步骤

将实验所用的灰渣灰放入表面皿中，滴入少量糊精溶液，使灰渣灰湿润，将湿润后的灰渣灰放入灰锥模子中，并将其挤压成型，得到灰锥。将制好的灰锥放到灰锥托板上，并将其干燥。将锥托置于刚玉舟上，然后将刚玉舟徐徐推入炉内，至灰锥于高温带并紧邻热电偶端，确定观察孔可以看清灰锥，关闭炉门。

控制炉膛升温速度：在 900 ℃以下，升温速度为 15~20 ℃/min；900 ℃以上升温速度为（5±1）℃/min，观察灰锥体形态的变化并记录灰锥变化的特征温度。实验结束后关闭仪器，并记录数据。

6.2.5　实验数据记录与整理

实验结果记录。燃料灰熔融特征的温度修正见表6-2。

表6-2　燃料灰熔融特征温度及其修正

灰熔融特征温度	实验测定温度/℃	实验修正温度/℃
变形温度（DT）	1138	1140
软化温度（ST）	1156	1160
半球温度（HT）	1164	1160
流动温度（FT）	1181	1180

6.3　生物质燃料的热重分析

6.3.1　实验目的

了解热重分析的基本工作原理，学习热重分析仪的使用方法，对生物质燃料进行热重分析，绘制黄豆秆的热重（TG）曲线，并对其进行热重分析。

6.3.2　实验原理

热重法是在程序控制温度的条件下测量物质的质量与温度的关系的一种技术。当样品在程序升温过程中发生脱水、氧化或分解时，其质量就会发生相应的变化。通过热电偶和热天平，记录样品在程序升温过程中质量与温度的相应关系，绘制成图，即得到该物质的热重曲线。

6.3.3　实验仪器与材料

实验仪器与材料包括热重分析仪、小坩埚、电子天平、镊子、黄豆秆样品等。

6.3.4　实验步骤

首先称量10 mg原料于坩埚中，将试样小心放在热天平上，待试样重量稳定后，按照上述实验条件设定程序开始升温。温度从30 ℃升温到500 ℃，仪器每隔相同时间记录实验温度和样品剩余质量。升温结束后开始降温，降至室温后实验结束，关闭仪器。

6.3.5 实验数据记录与整理

（1）黄豆秆的热重曲线。根据实验数据得到黄豆秆的 TG 曲线如图 6-1 所示。

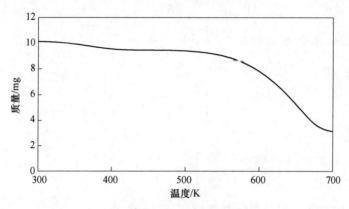

图 6-1 黄豆秆的热重曲线

（2）实验数据的处理。本实验的动力学方程可以描述为：

$$\frac{\mathrm{d}\alpha}{\mathrm{d}t} = kf(\alpha)$$

$$\alpha = \frac{m_0 - m}{m_0 - m_\infty} \times 100\%$$

式中　α——转化率，%；

　　m——试样的质量，g；

　　m_0——试样的初始质量，g；

　　m_∞——不能分解的残余物质量，g；

　　k——阿伦尼乌斯速率常数，s^{-1}或 min^{-1}，$k = A\exp\left(-\frac{E}{RT}\right)$；

　　A——指前因子或频率因子，s^{-1}或 min^{-1}；

　　E——反应活化能，J/mol；

　　R——摩尔气体常数，J/(mol·K)，为 8.314 J/(mol·K)；

　　T——绝对温度，K。

所以分解速率可表示为：

$$\frac{\mathrm{d}\alpha}{\mathrm{d}t} = A\exp\left(-\frac{E}{RT}\right)f(\alpha)$$

已知升温速率 $\beta = \frac{\mathrm{d}T}{\mathrm{d}t} = 50$ ℃/min = 0.83 K/s，将 $\beta = \frac{\mathrm{d}T}{\mathrm{d}t}$ 代入上式，有：

$$\frac{\mathrm{d}\alpha}{\mathrm{d}T} = \frac{A}{\beta}\exp\left(-\frac{E}{RT}\right)f(\alpha)$$

取 $f(\alpha) = (1-\alpha)^n$，有：

$$\frac{\mathrm{d}\alpha}{\mathrm{d}T} = \frac{A}{\beta}\exp\left(-\frac{E}{RT}\right)(1-\alpha)^n$$

利用 Coats-Redfern 方程 $\ln\frac{g(\alpha)}{T^2} = \ln\left[\frac{AR}{\beta E}\left(1-\frac{2RT}{E}\right)\right] - \frac{E}{RT}$，对上式积分并整理，$n=1$ 时，得：

$$\ln\left[\frac{-\ln(1-\alpha)}{T^2}\right] = \ln\left[\frac{AR}{\beta E}\left(1-\frac{2RT}{E}\right)\right] - \frac{E}{RT}$$

$n=1$ 时，得

$$\ln\left[\frac{1-(1-\alpha)^{1-n}}{T^2(1-n)}\right] = \ln\left[\frac{AR}{\beta E}\left(1-\frac{2RT}{E}\right)\right] - \frac{E}{RT}$$

对于一般的反应和大部分 E 而言，$\frac{2RT}{E}$ 远小于 1，$\ln\left[\frac{AR}{\beta E}\left(1-\frac{2RT}{E}\right)\right]$ 可以看成常数。因此，当 $n=1$ 时，$\ln\left[\frac{-\ln(1-\alpha)}{T^2}\right]$ 对 $\frac{1}{T}$ 作图，当 $n \neq 1$ 时，$\ln\left[\frac{1-(1-\alpha)^{1-n}}{T^2(1-n)}\right]$ 对 $\frac{1}{T}$ 作图，如果选定的 n 值正确，则能得到一条直线，通过直线斜率 $-\frac{E}{R}$ 和截距 $\ln\left[\frac{AR}{\beta E}\left(1-\frac{2RT}{E}\right)\right]$ 可求得 E 和 A 的值。

从 TG 曲线中可以看出试样在 550~650 K 失重速度比较均匀，选取这一段数据求解。

选取不同的反应级数 n 值进行试算，结果表明，当 $n=1$ 时，函数的线性关系最好，黄豆秆的热解反应可视为一级反应。其拟合曲线如图 6-2 所示。

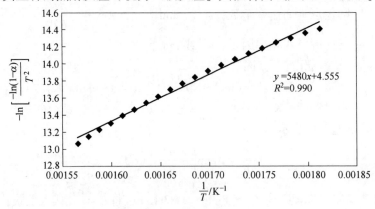

图 6-2　拟合曲线

所以，$\dfrac{E}{R} = 5480$，活化能 $E = 5480 \times 8.3145 = 45563 \text{ J/mol}$。

$$\ln\left[\frac{AR}{\beta E}\left(1 - \frac{2RT}{E}\right)\right] = 4.555，忽略 \frac{2RT}{E}，并将 E = 45563 \text{ J/mol}，\beta = 0.83 \text{ K/s}$$

代入得：

$$A = \frac{\exp(4.555)\beta E}{R} = \frac{\exp(4.555) \times 0.83 \times 45563}{8.3145} = 432579 = 4.3 \times 10^5 \text{ s}^{-1}$$

计算使用数据见表6-3。

表 6-3 计算数据

$T/℃$	T/K	$\dfrac{1}{T}/\text{K}^{-1}$	质量 m/mg	α	$-\ln\left[\dfrac{-\ln(1-\alpha)}{T^2}\right]$
278.71	551.86	0.001812	9.080063	0.138210861	14.4028076
283.29	556.44	0.001797	9.019661	0.146605606	14.35354741
287.85	561.00	0.001783	8.954045	0.155724998	14.29683864
292.45	565.60	0.001768	8.884518	0.165387947	14.24312762
297.03	570.18	0.001754	8.802823	0.176742019	14.18042792
301.62	574.77	0.001740	8.719824	0.188277322	14.11900633
306.21	579.36	0.001726	8.620748	0.202047027	14.05190600
310.81	583.96	0.001712	8.517326	0.216420744	13.98109398
315.44	588.59	0.001699	8.399564	0.232787452	13.91015901
320.02	593.17	0.001686	8.268765	0.250966059	13.83685275
324.62	597.77	0.001673	8.129493	0.270322253	13.76650774
329.20	602.35	0.001660	7.978054	0.291369432	13.69034464
333.79	606.94	0.001648	7.823138	0.312899849	13.61382296
338.35	611.50	0.001635	7.648668	0.337147905	13.53968207
342.92	616.07	0.001623	7.463986	0.362815237	13.46249638
347.47	620.62	0.001611	7.275392	0.389026264	13.38527945
352.02	625.17	0.001600	7.071373	0.417381077	13.30753670
356.57	629.72	0.001588	6.858880	0.446913616	13.22860744
361.11	634.26	0.001577	6.637261	0.477714498	13.14826718
365.64	638.79	0.001565	6.405648	0.509904359	13.06479594

6.4 煤的工业分析

煤的工业分析是指包括煤的水分（M）、灰分（A）、挥发分（V）和固定碳

（*FC*）四个分析项目指标的测定的总称。煤的工业分析是用于了解煤质特性的主要指标，也是评价煤质的基本依据。

6.4.1　水分的测定

6.4.1.1　实验目的

（1）掌握煤样中水分测定的基本方法和原理。

（2）了解水分测定的意义和使用场合。

6.4.1.2　实验适用范围

本实验方法根据 GB/T 212—2008 制定，分为方法 A、方法 B 和方法 C。其中方法 A 适用于所有煤种水分的测定，方法 B 适用于烟煤和无烟煤水分的测定，方法 C 适用于褐煤和烟煤水分的快速测定。在仲裁分析中如遇到对煤样水分进行校正以及基准换算时，应以方法 A 测值为准。

6.4.1.3　实验仪器与试剂

（1）干燥箱：箱体严密，具有较小的自由空间，设有氮气的进、出口，并带有自动恒温装置，能保持在 105~110 ℃ 范围内。

（2）鼓风干燥箱：带有自动恒温装置，能保持在 105~110 ℃ 范围内。

（3）称量瓶：由玻璃制成，并带有磨口盖。

（4）分析天平：感量 0.1 mg。

（5）干燥器：装有变色硅胶或无水氯化钙。

（6）干燥塔：装有变色硅胶或无水氯化钙。

（7）气体流量计：其量程为 100~1000 mL/min。

（8）烧杯：容量为 250 mL。

（9）微波水分测定仪（以下简称测水仪）：带程序控制器，输入功率约 1000 W，仪器内配有微晶玻璃转盘，转盘上置有带标记圈、厚约 2 mm 的石棉垫。

（10）氮气：纯度为 99.9%，氧含量小于 0.01%。

（11）无水氯化钙（HGB 3208）：化学纯，粒状。

（12）变色硅胶：工业用品。

6.4.1.4　A 法（通氮干燥法）

（1）方法要点。用称量瓶称取一定量的一般分析试验煤样置于 105~110 ℃ 的干燥箱中，在干燥的氮气气流中干燥到质量恒定，然后根据煤样质量损失计算出水分的质量分数。

（2）实验步骤。

1）在预先干燥并已知质量（精确至 0.0002 g）的称量瓶中称取粒度小于 0.2 mm 的待测煤样（1±0.1）g（精确至 0.0002 g），使其摊平在称量瓶中。

2）将称量瓶去盖后放入事先预热至 105~110 ℃、通入氮气（在称量瓶放入前 10 min 开始通氮气，其流量以每小时换气 15 次为准）的干燥箱恒温区，烟煤干燥 1.5 h，褐色和无烟煤干燥 2 h。

3）取出称量瓶并立即加盖，放入干燥器中冷却至室温（约 20 min）后称量。

4）检查性干燥。每次进行 30 min，直至连续两次煤样质量减少不超过 0.0010 g 或质量有所增加为止。在后一次情况下，以增加前的一次质量为计算依据。若煤样水分小于 2.00%，不进行检查性干燥。

6.4.1.5　B 法（空气干燥法）

（1）方法要点。用称量瓶称取一定量的待测煤样，放入 105~110 ℃ 的干燥箱中，在空气气流中干燥到质量恒定，然后根据煤样质量损失计算出水分的质量分数。

（2）实验步骤。

1）在预先干燥并已知质量（精确至 0.0002 g）的称量瓶中称取粒度小于 0.2 mm 的待测试煤样（1±0.1）g（精确至 0.0002 g），使其摊平在称量瓶中。

2）将称量瓶去盖后放入事先预热至 105~110 ℃ 的鼓风干燥箱中，在不断鼓风的条件下，烟煤干燥 1 h，无烟煤干燥 1.5 h。

3）取出称量瓶并立即加盖，放入干燥器中冷却至室温（约 20 min）后称量。

4）检查性干燥。每次进行 30 min，直至连续两次煤样质量减少不超过 0.0010 g 或质量有所增加为止。在后一次情况下，以增加前的一次质量为计算依据。若煤样水分小于 2.00%，不进行检查性干燥。

6.4.1.6　C 法（微波干燥法）

（1）方法要点。称取一定量的待测煤样置于测水仪中，测水仪炉内磁控管发射非电离微波，使水分子超高速振动，产生摩擦热，煤中水分会迅速蒸发，然后可根据煤样的质量损失计算水分的质量分数。

（2）实验步骤。

1）在预先干燥和已称量过的称量瓶内称取颗粒小于 0.2 mm 的待测煤样（1±0.1）g，称准至 0.0002 g，平摊在称量瓶中。

2）将一个盛有约 80 mL 蒸馏水，容量约 250 mL 的烧杯置于测水仪内的转盘上，用预加热程序加热 10 min 后取出烧杯。如连续进行数次测定，只需在第一次测定前进行预热。

3）打开称量瓶盖，将带煤样的称量瓶放在测水仪的转盘上，并使称量瓶与石棉垫上的标记圈相内切，放满一圈后，多余的称量瓶可紧挨第一圈称量瓶内侧放置。在转盘中心放一盛有蒸馏水的带表面皿盖的 250 mL 烧杯（盛水量与测水仪说明书一致)，并关上测水仪门。

4) 按测水仪说明书规定的程序加热煤样。

5) 加热程序结束后，从测水仪中取出称量瓶，立即盖上盖，放入干燥器中冷却至室温（约 20 min）后称量。

6.4.1.7　实验结果计算

$$M_{ad} = \frac{m_1}{m} \times 100\% \tag{6-1}$$

式中　M_{ad}——一般分析试验煤样水分的质量分数，%；

m_1——煤样干燥后的质量损失，g；

m——一般分析试验煤样的质量，g。

6.4.1.8　精密度

精密度要求见表6-4。

表 6-4　水分测定的精密度要求

水分质量分数 （M_{ad}）/%	重复性限/%
≤5	0.20
5~10	0.30
>10	0.40

6.4.1.9　实验注意事项

(1) 水分蒸发效果与微波磁控管的功率大小有关，称量瓶需位于均匀磁场区域内。

(2) 烧杯中的盛水量与微波磁控管的功率大小有关，以加热完毕后烧杯内仅余少量水为宜。

(3) 测水仪生产厂家在设计测水仪时，应通过试验确定微波电磁场分布适合水分测定的区域并加以标记（即标记圈），并确定适宜的盛水量。

(4) 其他类型的测水仪也可使用，但在使用前应按照 GB/T 18510—2001 进行精密度和准确度测定，以确保设备符合要求。

6.4.2　灰分的测定

煤中灰分的测定方法包括缓慢灰化法和快速灰化法，其中缓慢灰化法为仲裁法。

6.4.2.1　实验目的

(1) 掌握煤的灰分的测定方法和原理。

(2) 了解煤的灰分对煤炭利用的影响。

6.4.2.2　实验仪器与试剂

（1）马弗炉：炉膛有足够的恒温区，能保持温度为（815±10）℃。炉后壁的上部带有直径为 25~33 mm 的烟囱，下部离炉膛底 20~30 mm 处有插热电偶的小孔。炉门上装有直径为 20 mm 的通气孔。

（2）快速灰分测定仪：由马蹄形管式电炉、传送带和控制仪三部分组成。

（3）灰皿：瓷质，长方形，底长 45 mm，底宽 22 mm，高 14 mm。

（4）干燥器：装有变色硅胶或无水氯化钙。

（5）耐热瓷板或石棉网。

（6）分析天平：感量 0.1 mg。

6.4.2.3　缓慢灰化法

（1）方法要点。称取一定量的待测煤样于灰皿中，放入马弗炉恒温区，在规定条件下加热到（815±10）℃，灼烧至质量恒定。以残余物质量占原来煤样的质量分数作为待测煤样的灰分。

（2）实验步骤。

1）在预先灼烧至质量恒定的灰皿中称取粒度小于 0.2 mm 的待测煤样（1±0.1）g（精确至 0.0002 g），将其摊平在灰皿中。

2）将灰皿移入温度不超过 100 ℃ 的马弗炉恒温区，关上炉门并使其留有约 15 mm 的缝隙，然后加热，在不少于 30 min 内使炉温升到 500 ℃，并在此温度下保持 30 min。继续升温到（815±10）℃，并在此温度下保持 1 h。

3）取出灰皿放在耐热瓷板或石棉网上，在空气中冷却约 5 min 后，移入干燥器中冷却到室温（约 20 min）后称量。

4）检查性灼烧。每次在温度为（815±10）℃ 的情况下灼烧，进行 20 min，直至连续两次灼烧后的质量变化小于 0.0010 g 为止，以最后一次质量作为计算的依据。灰分小于 15.00% 时不进行检查性灼烧。

6.4.2.4　快速灰化法

（1）A 法。

1）方法要点。将盛有一定量待测煤样的灰皿置于预先加热至（815±10）℃ 的快速灰分测定仪的传送带上，煤样自动进入炉内完全灰化，然后送出。以灼烧后残余物质量占煤样质量的质量分数作为待测煤样的灰分。

2）实验步骤。

① 将快速灰分测定仪预热至（815±10）℃。

② 开启传送带，调节传送速度为 17 mm/min 左右或其他合适的速度。

③ 在预先灼烧至质量恒定的灰皿中称取粒度小于 0.2 mm 的待测煤样（0.5±0.01）g（精确至 0.0002 g），使其摊平在灰皿中。

④ 将盛有待测煤样的灰皿放在快速灰分测定仪的传送带上，灰皿自动进入炉内，使煤样灰化。

⑤ 当灰皿从炉内送出时，取下灰皿放在耐热瓷板或石棉网上，在空气中冷却约 5 min 后，移入干燥器中冷却至室温（约 20 min）后称量。

（2）B 法。

1）方法要点。将盛有一定量待测煤样的灰皿由炉口逐渐送入预热至（815±10）℃的马弗炉中进行灰化，并灼烧至质量恒定。以灼烧后残余物质量占煤样质量的质量分数作为待测煤样的灰分。

2）实验步骤。

① 按照缓慢灰化法的步骤称取煤样。

② 将马弗炉预热至（850±10）℃，将装有煤样的灰皿分 3~4 排置于耐热瓷板上，缓慢推入箱形电炉中。

③ 先使第一排灰皿中的煤样灰化，等 5~10 min 煤样不再冒烟时，以不大于 2 cm/min 的速度将其余几排灰皿顺序灰化，并推至炉内恒温带（如果煤样爆燃，试样作废）。

④ 关上炉门并使其留有约 15 mm 的缝隙，在（815±10）℃的温度下灼烧 40 min。

⑤ 取出灰皿放在耐热瓷板或石棉网上，在空气中冷却约 5 min 后，移入干燥器中冷却至室温（约 20 min）后称量。

⑥ 检查性灼烧。每次在温度为（815±10）℃下进行灼烧，进行 20 min，直至连续两次灼烧后的质量变化小于 0.0010 g 为止，以最后一次质量作为计算的依据。灰分小于 15.00% 时不进行检查性灼烧。

6.4.2.5　实验结果计算

$$A_{ad} = \frac{m_1}{m} \times 100\% \tag{6-2}$$

式中　A_{ad}——空气干燥基灰分的质量分数，%；

　　　m_1——灼烧后残留物的质量，g；

　　　m——一般分析试验煤样的质量，g。

6.4.2.6　精密度

精密度要求见表 6-5。

表 6-5　灰分测定的精密度要求

灰分质量分数/%	≤15.00	15.00~30.00	>30.00
同一化验室重复性限 A_{ad}/%	0.20	0.30	0.50
不同化验室再现性临界差 A_d/%	0.30	0.50	0.70

6.4.2.7 实验注意事项

（1）采用快速灰化法中的 B 法时，应适当掌握煤样进炉速度，防止速度过快而使煤样爆燃。灼烧时，打开箱形电炉的通气孔，使空气对流，充分燃尽试样。

（2）对某一地区的煤，经缓慢灰化法反复核对符合误差要求时，方可采用快速灰化法。

6.4.3 挥发分的测定

6.4.3.1 实验目的

（1）掌握煤的挥发分产率的测定方法及原理。

（2）学会根据挥发分判断煤的一些性质，初步确定煤的加工利用途径。

6.4.3.2 实验方法要点

将一定量的待测煤样放入挥发分坩埚中，保持温度在（900±10）℃，隔绝空气加热 7 min，煤样减少的质量占煤样质量的质量分数减去该煤样的水分含量即为待测煤样的挥发分。

6.4.3.3 实验仪器与试剂

（1）挥发分坩埚：带有盖，总质量 15～20 g，如图 6-3 所示。

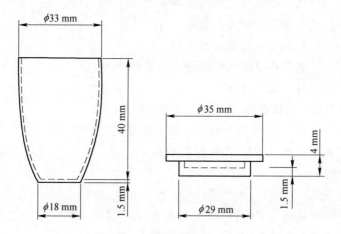

图 6-3 挥发分坩埚结构

（2）马弗炉：带有高温计和调温装置，并能保持温度在（900±10）℃，炉后壁留有一个排气孔及一个热电偶插孔。

（3）坩埚架：由镍铬丝或耐热金属丝制成，其大小应使所有坩埚处于马弗炉的恒温区，并且使坩埚底部紧邻热电偶热接点上方。

（4）坩埚架夹。

（5）分析天平：感量 0.1 mg。

（6）秒表。

（7）压饼机：杠杆式，能压制直径为 10 mm 的煤饼。

（8）干燥器：装有变色硅胶或无水氯化钙。

6.4.3.4　实验步骤

（1）预先在 900 ℃ 温度下灼烧至质量恒定的带盖挥发分坩埚中，称取粒度小于 0.2 mm 的待测煤样（1±0.01）g（精确至 0.0002 g），轻轻振动坩埚使煤样摊平，加盖后置放于坩埚架上。

（2）将放有坩埚的架子迅速推入预热至 920 ℃ 马弗炉的恒温区，立即关闭炉门并计时，准确加热 7 min。要求炉温必须在 3 min 内恢复至（900±10）℃，并保持此温度至实验结束，否则实验作废。注意，加热时间将温度恢复时间包括在内。

（3）加热结束时，快速从炉中取出坩埚，在空气中冷却约 5 min，移入干燥器中冷却至室温（约 20 min）后称量。

6.4.3.5　实验结果计算

$$V_{ad} = \frac{m_1}{m} \times 100\% - M_{ad} \tag{6-3}$$

式中　V_{ad}——空气干燥基挥发分的质量分数，%；

　　　m_1——煤样加热后减少的质量，g；

　　　m——一般分析试验煤样的质量，g；

　　　M_{ad}——一般分析试验煤样水分的质量分数，%。

6.4.3.6　焦渣特性的鉴定

测定挥发分时所得的焦渣，按下列特性分类。

（1）粉状（1型）：全部为粉末，没有相互黏着的颗粒；

（2）黏着（2型）：用手指轻触即成粉末，或基本上是粉末，其中较大的团块轻碰即成粉末。

（3）弱黏结（3型）：用手指轻压，碎成小块。

（4）不熔融黏结（4型）：以手指用力压才裂成小块，焦渣上表面无光泽，下表面稍有银白色光泽。

（5）不膨胀熔融黏结（5型）：焦渣形成扁平的块，煤粒的界限不易分清，焦渣上表面有明显银白色光泽，下表面银白色光泽更加明显。

（6）微膨胀熔融黏结（6型）：用手指压不碎，焦渣的上、下表面均有银白色金属光泽，但焦渣表面具有较小的膨胀泡（或小气泡）。

（7）膨胀熔融黏结（7型）：焦渣上、下表面有银白色金属光泽，明显膨胀，但高度不超过 15 mm。

（8）强膨胀熔融黏结（8型）：焦渣上、下表面有银白色金属光泽，焦渣高度大于 15 mm。

为简便起见，可用上述序号作为各种焦渣特征的代号。

6.4.3.7　精密度

精密度要求见表6-6。

表6-6　挥发分测定的精密度要求

挥发分产率/%	≤20.00	20.00~40.00	>40.00
同一化验室重复性限 V_{ad} /%	0.30	0.50	0.80
不同化验室再现性临界差 V_d /%	0.50	1.00	1.50

6.4.3.8　固定碳计算

煤的固定碳按下式计算：

$$FC_{ad} = 100\% - (M_{ad} + A_{ad} + V_{ad}) \tag{6-4}$$

式中　FC_{ad}——空气干燥基固定碳的质量分数，%；

M_{ad}——一般分析试验煤样水分的质量分数，%；

A_{ad}——空气干燥基灰分的质量分数，%；

V_{ad}——空气干燥基挥发分的质量分数，%。

6.4.3.9　实验注意事项

（1）对褐煤和长焰煤测定挥发分时，应预先将煤样压成饼，并切成约 3 mm 的小块。

（2）马弗炉预先加热温度可视马弗炉的具体情况调节，以保证在放入坩埚及坩埚架后，炉温在 3 min 内恢复至 （900±10） ℃。

（3）马弗炉的恒温区应在关闭炉门下测定，并至少每年测定一次；高温计至少每年校准一次。

6.4.4　思考题

（1）通入氮气的主要作用是什么？

（2）测定煤中水分为什么要进行检查性干燥？

（3）煤的挥发分指标为什么不能称为挥发分含量？

（4）固定碳与煤中碳元素含量有何区别？

（5）缓慢灰化法为什么要进行分段升温？

（6）为什么测定灰分的箱形电炉带有烟囱？

（7）试分析影响灰分测值的因素。

6.5 煤中全硫含量的测定

6.5.1 实验目的

（1）掌握高温库仑滴定法测定煤中全硫的基本原理。

（2）在实验操作的实践中，进一步加深对分析化学、仪器分析等基础理论的理解，训练提高操作技能。

（3）掌握 KZDL-8A 型快速智能定硫仪的基本操作方法。

6.5.2 实验适用范围

本实验根据 GB/T 214—2007 制定，适用于褐煤、烟煤、无烟煤、焦炭和水煤浆干燥煤样的测定。

6.5.3 实验原理

煤样在 1150 ℃高温炉内，经催化剂（WO_3）的作用，于经过净化的空气流中燃烧，使煤中各形态的硫均被氧化，转化为二氧化硫和少量三氧化硫，并随燃烧气体一起进入电解池。二氧化硫和三氧化硫与水化合生成亚硫酸和少量的硫酸，以电解碘化钾和溴化钾溶液生成的碘和溴来氧化滴定亚硫酸。具体反应如下：

$$煤样 \xrightarrow{催化剂} SO_2\uparrow + SO_3\uparrow + CO_2\uparrow + H_2O\uparrow + NO_x\uparrow + Cl_2\uparrow + \cdots$$

阳极：
$$2I^- - 2e^- \longrightarrow I_2$$
$$2Br^- - 2e^- \longrightarrow Br_2$$

阴极：
$$2H^+ + 2e^- \longrightarrow H_2\uparrow$$

$$I_2 + H_2SO_3 + H_2O \Longrightarrow H_2SO_4 + 2H^+ + 2I^-$$
$$Br_2 + H_2SO_3 + H_2O \Longrightarrow H_2SO_4 + 2H^+ + 2Br^-$$

根据电解离子生成碘、溴所消耗的电量，由法拉第电解定律计算出硫的质量为：

$$m_1 = \frac{q \times 16 \times 1000 \times f}{96500}$$

式中　m_1——煤样中硫的质量，mg；

　　　q——电解滴定消耗的电量，C；

　　　f——校正系数，1.06。

6.5.4 实验仪器与试剂

本实验用的仪器设备为 KZDL-8A 型快速智能定硫仪，它包括以下几个部分。

（1）空气净化和输送系统。该系统包括电磁泵、流量计、气体干燥塔和净化塔等。

（2）程序温控仪系统。包括程序控制器和温度控制器，以控制送样、升温和停留等动作。

（3）高温炉。使用硅碳管作加热元件，高温炉需要有不少于 90 mm 长的高温带，温度为（1150±5）℃。燃烧管要求耐温 1300 ℃ 以上，由石英或瓷制成，直接置于硅碳管内。

（4）电解池及搅拌器。电解池由有机玻璃制成，在上盖中固定一对电解电极和一对铂指示电极。电解阴电极位于电解池的中心，电解阳电极位于电解池的边缘。在电解池内放置一塑料封装的铁芯棒，作为搅拌器用。在磁力搅拌器的磁场作用下，铁芯棒即做旋转运动，从而起到搅拌的作用。

（5）库仑积分仪。仪器如图 6-4 所示进行安装。

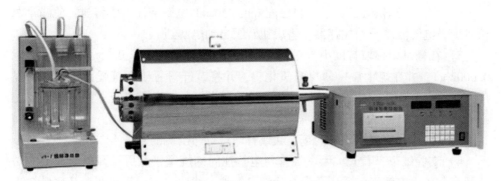

图 6-4　库仑积分仪

实验所需的试剂与材料包括碘化钾、溴化钾、冰乙酸（分析纯）、三氧化钨（分析纯，粉状）、变色硅胶（工业品）、氢氧化钠（化学纯，粉状）和电解液（称取碘化钾、溴化钾各 5 g 溶于 250 mL 的蒸馏水中，加入 10 mL 冰乙酸即可）。

6.5.5　实验步骤

（1）实验准备。

1）接上电源，使高温炉达到 1150 ℃（本仪器为了减小体积，将控温热电偶装在加热管外，因而此点温度低于内部温度。一般情况下毫伏计指针在 1050 ℃ 时炉温已高达 1150 ℃），另取一组已校正的铂铑-铂热电偶高温计，测定燃烧管中高温带的位置、长度及 600 ℃ 预分解的位置。

2）调节程序温控仪，使预分解和高温分解的位置分别位于高温炉的 600 ℃

以及 1150 ℃处。

3）在燃烧管高温带后端充填厚度为 3 mm 的硅酸铝棉，在燃烧管出口处充填经洗净、干燥的玻璃纤维棉。

4）将程序温控仪、燃烧炉（内装燃烧管）、库仑积分仪、搅拌器、电解池及空气净化系统连接组装好。燃烧管、旋塞及电解池之间需用硅橡胶管连接。

5）启动净化系统的电磁泵进行抽气、送气，调节抽气流量为 1000 mL/min，关闭电解池与燃烧管间的旋塞，如抽速可降至 500 mL/min 以下，表明电解池、干燥管等部件均气密性良好；否则，应查明原因并进行调节，使系统不漏气，方可进行实验。

（2）实验操作。

1）将炉温控制在（1150±5）℃，抽气泵的抽气流量调节至 1000 mL/min，电解选择钮置于零位。

2）在抽气和供气条件下，将已配好的 250 mL 电解液注入电解池，使漏斗中留有少量电解液。开动搅拌器，将旋钮转至自动电解挡。

3）在瓷舟中称取粒度小于 0.2 mm 的一般分析试验煤样 0.05 g 左右（准至 0.0002 g），并在煤上撒一薄层三氧化钨，并将试样舟置于石英托盘上，启动程序控制器，石英托盘即自动进炉，库仑滴定随即开始（一般在正式测定前，应先送入几个不称量的试样进行电解，电解达终点后再进行正式测定）。库仑滴定到达终点时，积分仪显示出硫的毫克数或打印机打印出硫的含量。

4）实验结束，首先关闭燃烧管与电解池间的旋塞，然后打开电解池上的漏斗活塞，放出电解液，并用蒸馏水清洗电解池，然后关闭漏斗活塞。开启燃烧管与电解池间的活塞，抽出进入烧结玻璃熔板的水珠。关闭电源开关。

（3）实验记录和结果计算。根据煤样的质量即可计算出煤中全硫的百分含量。计算公式如下：

$$S_{t,ad} = \frac{m_1}{m} \times 100\%$$

式中　　$S_{t,ad}$——一般分析试验煤样中全硫的质量分数，%；

m_1——库仑积分仪显示的质量，mg；

m——一般分析试验煤样的质量，mg。

（4）精密度。精密度要求见表 6-7。

表 6-7　煤中全硫含量测定的精密度要求

全硫质量分数/%	≤1.50	1.50~4.00	>4.00
重复性限 $S_{t,ad}$/%	0.05	0.10	0.20
再现性临界差 $S_{t,d}$/%	0.15	0.25	0.35

6.5.6　实验注意事项

（1）实验结束前，应首先关闭电解池与燃烧管间的旋塞，以防电解液流入燃烧管而使燃烧管炸裂。

（2）加电解液必须在抽气泵开启且燃烧管和电解池间的旋塞关闭时，此时方可将电解液加入电解池。

（3）试样称量前，应尽可能将试样混合均匀。

（4）电解液可以重复使用，重复使用的次数视电解液的 pH 值而定，pH<1时需要更换。

（5）试样最好连续分析，如中间间隔时间较长，在测定前应加烧一个废样（50 mg，不称量，不计值），使电解液电解电位调整到仪器所需数值，然后再进行测定。

6.5.7　思考题

（1）为什么库仑法测定煤中全硫不采用纯氧作载气？

（2）库仑法正式测定前为什么要加烧废样？

（3）库仑滴定法测定煤中全硫的基本原理是什么？

6.6　煤中碳氢元素含量的测定

6.6.1　实验目的

（1）掌握三节炉法测定煤中碳氢元素含量的基本原理。

（2）了解三节炉的结构和燃烧管的充填方法，并学会实验操作。

6.6.2　实验适用范围

本实验方法根据 GB/T 476—2008 制定，主要介绍三节炉法，其也可用于水煤浆干燥煤样中碳氢元素的测定。

6.6.3　实验原理

一定量的煤样在氧气气流中燃烧，生成的水和二氧化碳分别用吸水剂和二氧化碳吸收剂吸收，即用碱石棉或碱石灰吸收水，用无水氯化钙或无水高氯酸镁吸收二氧化碳，由吸收剂的增量计算煤中碳氢的含量。煤样中硫和氯对碳的测定干扰在三节炉中用铬酸铅和银丝卷消除，氮对碳测定的干扰用粒状二氧化锰消除。

（1）燃烧反应。

$$煤 + O_2 \xrightarrow{\text{催化剂}} CO_2 \uparrow + H_2O + SO_x \uparrow + Cl_2 \uparrow + N_2 \uparrow + NO_x \uparrow + CH_4$$

（2）二氧化碳和水的吸收反应。

$$2NaOH + CO_2 \longrightarrow Na_2CO_3 + H_2O$$
$$CaCl_2 + 2H_2O \Longrightarrow CaCl_2 \cdot 2H_2O$$
$$CaCl_2 \cdot 2H_2O + 4H_2O \Longrightarrow CaCl_2 \cdot 6H_2O$$

或

$$Mg(ClO_4)_2 + 6H_2O \Longrightarrow Mg(ClO_4)_2 \cdot 6H_2O$$

（3）硫氧化物和氯的脱除反应。

$$4PbCrO_4 + 4SO_2 \xrightarrow{600\,℃} 4PbSO_4 + 2Cr_2O_3 + O_2 \uparrow$$
$$4PbCrO_4 + 4SO_3 \xrightarrow{600\,℃} 4PbSO_4 + 2Cr_2O_3 + 3O_2 \uparrow$$
$$2Ag + Cl_2 \xrightarrow{150\sim180\,℃} 2AgCl$$

（4）氮氧化物脱除反应。

$$MnO_2 + H_2O \longrightarrow MnO(OH)_2$$
$$MnO(OH)_2 + 2NO_2 \longrightarrow Mn(NO_3)_2 + H_2O$$

6.6.4　实验仪器与试剂

实验所需的仪器如下。

（1）碳氢测定仪。包括净化系统、燃烧系统和吸收系统三部分，结构如图6-5所示。

图6-5　碳氢测定仪

净化系统由一个0~150 mL/min刻度的流量计和两个500 mL气体干燥塔组成。其中一个气体干燥塔下部（1/3）装碱石灰或碱石棉，上部（2/3）装无水氧化钙或高氯酸镁；另一个气体干燥塔装无水氯化钙或高氯酸镁。

燃烧系统由三节炉和燃烧管组成。三节管式电炉每节带有控温装置、热电偶，炉膛直径为35 mm，第一节长230 mm，可加热到（850±10）℃；第二节长330~350 mm，可加热至（800±10）℃；第三节长130~150 mm，可加热至（600±10）℃。燃烧管由素瓷、石英、刚玉或不锈钢制成，长1100~1200 mm，内径20~

22 mm，壁厚约 2 mm。

吸收系统由四个 U 形管组成，分别为：1）装有无水氯化钙或无水高氯酸镁的吸水 U 形管；2）前 2/3 装粒状二氧化锰，后 1/3 装无水氯化钙或无水高氯酸镁的除氮 U 形管；3）前 2/3 装碱石棉或碱石灰，后 1/3 装无水氯化钙或无水高氯酸镁的两个吸收二氧化碳 U 形管。此外，吸收系统的末端连接一个空 U 形管（防止气泡计中硫酸倒吸）及一个装有浓硫酸的起泡计。

（2）分析天平：感量 0.1 mg。

（3）燃烧舟：由素瓷或石英制成，长约 80 mm。

（4）气泡计：容量约 10 mL。

（5）橡皮帽：用耐热硅橡胶制成。

实验所需的试剂包括碱石棉（化学纯，粒度为 1~2 mm）、碱石灰（化学纯，粒度为 0.5~2 mm）、无水氯化钙（分析纯，粒度为 2~5 mm）、无水高氯酸镁（分析纯，粒度为 1~3 mm）、氧化铜（化学纯，线状，长约 5 mm）、铬酸铅（分析纯，粒度为 1~4 mm）、银丝卷（银丝直径约为 0.25 mm）、铜丝卷（铜丝直径约 0.5 mm）、铜丝网（0.15 mm）、氧气（不含氮，99.9%，氧化钢瓶需配有可调节流量的带减压阀的压力表，可使用医用氧气吸入器）、三氧化钙、硫酸（化学纯）以及粒状二氧化锰（化学纯，市售或使用硫酸锰和高锰酸钾制备）。

其中粒状二氧化锰的制备方法为：称取 25 g 硫酸锰溶于 500 mL 蒸馏水中，另将 16.4 g 高锰酸钾溶于 300 mL 蒸馏水中，两种溶液分别加热至 50~60 ℃，在不断搅拌下，将高锰酸钾溶液慢慢注入硫酸锰溶液中，并剧烈搅拌，然后加入 10 mL（1+1）的硫酸。将溶液加热到 70~80 ℃，继续搅拌 5 min，停止加热，静置 2~3 h。用热蒸馏水以倾泻法洗至中性。将沉淀过滤后放入干燥箱中，在 150 ℃下烘干 2~3 h，即得褐色、疏松状的二氧化锰，小心破碎和过筛，取粒度 0.5~2 mm 的二氧化锰备用。

6.6.5 实验准备

（1）燃烧管充填。

1）用直径约为 0.5 mm 的铜丝制作 3 个长 30 mm 和 1 个长 100 mm、直径稍小于燃烧管且能自由出入管内并与管壁保持密切接触的铜丝卷。

2）由燃烧管出气端起，留有 50 mm 的空间，依次填充 30 mm、直径 0.25 mm 的银丝卷、30 mm 铜丝卷、130~150 mm（与第三节电炉长相同）铬酸铅（若用石英管，应该用铜片将铬酸铅与管壁隔开）、30 mm 铜丝卷、330~350 mm（与第二节电炉长度相同）线状氧化铜、30 mm 铜丝卷，310 mm 空间（与第一节电炉长加瓷舟长相同）和 100 mm 铜丝卷。

3）燃烧管两端装橡皮帽或铜接头，分别与净化系统和吸收系统连通，新橡皮帽在使用前应预先在 105~110 ℃的温度下烘烤 8 h。

（2）炉温的校正。将工作热电偶插入三节电炉的热电偶孔中，使热端插入炉膛，冷端与高温计连接。将炉温升至规定温度后，保温 1 h。然后将标准热电偶置于空燃烧管中，并对应于第一、第二和第三节炉的中心处（注意勿使热电偶与燃烧管壁接触）。热电偶处于每一个位置时，调节炉温使标准热电偶所指示的炉温符合实验规定的温度，并恒温 5 min，记下对应工作热电偶的读数，在实际测定中，即以此测定的温度进行控制。

（3）气密性检查。将仪器按图所示连接好，打开所有 U 形管旋塞，接通氧气，调节氧气流量为 120 mL/min，然后关闭靠近气泡计处的 U 形管旋塞，此时若氧气流量降至 20 mL/min，表明系统气密性好，否则应仔细检查漏气处并解决，确保系统的气密性。

（4）空白值的测定。

1）将仪器连接好之后，检查其气密性。通电升温，并将吸收系统各 U 形管旋塞打开，接通氧气，流量为 120 mL/min。

2）升温过程中将第一节电炉往返移动数次，通气 20 min，取下吸收系统，将各 U 形管的旋塞关闭，用绒布擦净，在天平旁放置 10 min 后称量。

3）当第一节炉温达到并保持在（850±10）℃，第二节炉温达到并保持在（800±10）℃，第三节炉温达到并保持在（600±10）℃后，开始空白实验。

4）将第一节炉紧靠第二节炉，接上已称量的吸收系统。在燃烧舟中加入三氧化钨。打开燃烧管进气端的橡皮帽，取出铜丝卷，将装有三氧化钨的燃烧舟用镍铬丝推到第一节炉的入口处，把铜丝卷放在燃烧舟的后面，塞上橡皮帽，接通氧气，调节氧气流量为 120 mL/min。移动第一节炉，使燃烧舟位于炉的中心。通气 23 min 后，将第一节炉移回原位。

5）2 min 后停止通氧气并取下吸收系统的各 U 形管，关闭旋塞，用绒布擦净，在天平旁放置 10 min 后称量，吸水 U 形管的增量即为空白值，重复上述试验操作，连续两次所得空白值相差不超过 0.0010 g，至氮管和二氧化碳吸收管最后一次质量变化不超过 0.0005 g 时为止，取两次结果的平均值作为当天计算氢的空白值。

6）做空白实验时，先确定燃烧管的位置，使出口端温度尽可能高而又不使橡皮帽受热分解，若空白值不易达到稳定，可适当调节燃烧管的位置。

6.6.6　实验步骤

（1）将第一节炉的温度控制在（850±10）℃，第二节炉的温度控制在（800±10）℃，第三节炉的温度控制在（600±10）℃，并使第一节炉紧靠第二节炉。

（2）在预先灼烧过的燃烧舟中称取颗粒小于 0.2 mm 的待测煤样 0.2 g（称

准至 0.0002 g）均匀铺平，在煤样上铺一层三氧化钨，然后将燃烧舟暂存入无干燥剂的干燥器中备用。

（3）将已经恒定并称量的吸收系统的各 U 形管连接好，以 120 mL/min 的速度通入氧气。

（4）关闭吸收系统的 U 形管，打开燃烧管进口，取出铜丝卷，迅速放入燃烧舟，使其前端恰好在第一炉口处，再将铜丝卷放回燃烧管，塞上橡皮帽，立即开启 U 形管并通入氧气，其流量为 120 mL/min。

（5）1 min 后，向净化系统移动第一节炉，使燃烧舟的一半进入炉子。

（6）2 min 后，移动炉子，使燃烧舟刚好全部进入炉子。

（7）再过 2 min 后，使燃烧舟位于第一节炉的中心，保温 18 min 后，把第一节炉移回原处，2 min 后，关闭和取下吸收系统的各 U 形管，用绒布擦净，在天平旁放置 10 min 后称量（除氮管不称量）。

6.6.7 实验结果计算

测定结果按下式计算：

$$C_{ad} = \frac{0.2729 m_1}{m} \times 100\% \tag{6-5}$$

$$H_{ad} = \frac{0.1119(m_2 - m_1)}{m} \times 100\% - 0.1119 M_{ad} \tag{6-6}$$

式中　C_{ad}——一般分析试验煤样中碳元素的质量分数,%；

　　　H_{ad}——一般分析试验煤样中氢元素的质量分数,%；

　　　m——一般分析试验煤样的质量，g；

　　　m_1——吸收二氧化碳 U 形管的增量，g；

　　　m_2——吸收水分 U 形管的增量，g；

　　0.2729——将二氧化碳折算成碳的因数；

　　0.1119——将水折算成氢的因数；

　　　M_{ad}——一般分析试验煤样水分的质量分数,%。

当需要测定有机碳 $C_{o,ad}$ 应时，按下式计算：

$$C_{o,ad} = \frac{0.2729 m_1}{m} \times 100\% - 0.2729 (CO_2)_{ad} \tag{6-7}$$

式中　$(CO_2)_{ad}$——一般分析试验煤样中碳酸盐二氧化碳的质量分数,%。

6.6.8 精密度

精密度要求见表6-8。

表 6-8　碳氢含量测定的精密度要求

重复性限/%		再现性临界差/%	
C_{ad}	H_{ad}	C_d	H_d
0.50	0.15	1.00	0.25

6.6.9　实验注意事项

（1）在整个测量过程中，应随时注意各节炉温不得超过规定温度，尤其是第三节炉炉温不得超过 600 ℃，如炉温过高，铬酸铅将会熔化，使试验无法继续进行，甚至损坏燃烧管，而且铬酸铅在较高温度下可能发生分解而影响实验结果。

（2）燃烧管出口端自始至终应做好保温，尤其在冬天或测定水分含量较高的褐煤和长焰煤时更应注意，为了防止水分冷凝，可以在出口玻璃管上绕几圈电热丝，通 6 V 的交流电或用电吹风器加热。

（3）燃烧管中的充填物（氧化铜、铬酸铅和银丝卷）在测定 70~100 次后应检查或更换。经适当处理仍可使用，其处理方法如下：用 1 mm 筛子筛去粉末，筛上的氧化铜仍可继续使用；铬酸铅用热的稀碱液（约 5% 的氢氧化钠）浸取后，再用水洗净碱液，烘干并在 500~600 ℃ 炉中灼烧 0.5 h 以上，此时的铬酸铅仍可使用；银丝卷经浓氨水浸泡 5 min，放在热蒸馏水中煮沸 5 min，再用热蒸馏水冲洗干净烘干后可再使用。

（4）吸收系统拆下后，须在天平旁放置 10 min 后再称量。

（5）除氮气实验中的二氧化锰在测定 50 次后应予更换。

（6）为了检查测定装置和操作技术是否可靠，可称取 0.2 g 的标准煤进行碳、氢含量的测定，若实测的碳、氢值与标准值的差不超过标准煤的不确定度，表明测定装置可用，操作正常。否则，须查明原因，彻底纠正后方能正式测定。

（7）二氧化锰中含有适量的水分有利于氮氧化物的吸收，因此不能用完全干燥的二氧化锰。

（8）可在 100 mm 长的铜丝卷一端装设一个粗铜丝制成的环或钩，以便铜丝卷从管中被取出或放入。所制成的铜丝卷应在箱电炉内于 500 ℃ 下灼烧 1 h。

6.6.10　思考题

（1）测定碳氢元素的原理是什么？

（2）怎样进行气密性检查？

（3）为什么要使系统恒重后才能做实验？仪器不能恒重的原因是什么？如何消除？

6.7 胶质层指数测定实验（设计实验）

6.7.1 实验目的

（1）掌握胶质层指数测定的原理及方法。

（2）了解胶质层指数测定仪的构造及在加热过程中煤杯的变化特征。

（3）通过选择配置不同种类的煤样并比较分析煤的种类对收缩度以及胶质层厚度的影响，深刻理解胶质层指数测定作为设计性实验的重要性。

6.7.2 实验要求

（1）学会测试四种不同煤样的胶质层指标。

（2）根据所用的不同煤质类型于四种煤质中任选两种进行实验。

（3）根据实验结果分别得到所选两种煤中胶质体的最大厚度 Y 和最终收缩度 X。

（4）实验前先由学生自己设计实验方案，然后根据实际提供的实验设备与试剂调整自己的方案并执行，得出自己的结论。锻炼分析解决实际问题的能力。

6.7.3 实验原理

按规定将不同种类的煤样装入煤杯中加恒压，煤杯放在特制的电炉内以规定的升温速度进行单侧加热，此时传至杯内的温度由上而下依次递增。因为用单侧加热时，周围散热条件较好，在煤杯内的煤样就形成了一系列温度自下而上递减的等温面。当加热到一定温度时，由于最上面的煤样还不到软化温度，所以保持原样不变；中间一部分则因为达到软化温度而变成沥青状的胶体——胶质体；而下面一部分则因达到固化温度，由胶质体变成了半焦。因此，煤样相应形成半焦层、胶质层和未软化的煤样层三个等温层面。用探针测量出胶质体的最大厚度 Y，从实验的体积曲线测定最终收缩度 X。

6.7.4 实验仪器、设备、材料（试剂）

实验所需仪器、设备、材料（试剂）包括双杯胶质层指数测定仪 1 台、程序温控仪 1 台、煤杯 2 个、探针 2 个、加热炉 2 个、热电偶 2 个、煤杯清洁机械装置、石棉圆垫切垫机 1 台、磨煤机 1 台以及煤粉 50 g。

6.7.5 实验预习要求

（1）查阅胶质层测定的相关章节，掌握胶质层指数测定的原理及方法。

（2）了解胶质层指数测定仪的构造及在加热过程中煤杯的变化特征。

（3）提交实验设计方案，包括实验目的、具体操作步骤、计划测试项目和测试方法等内容。

6.7.6　实验步骤

（1）根据教师给出的具体实验设备以及实验持续的时间，执行被审核后的实验方案。

（2）记录实验中的温度、上层厚度和时间、下层厚度和时间等指标数据，并发现实验设备、操作运行、测试方法等方面的问题。

（3）做好实验记录，并对结论进行分析，由教师签字确认。

6.7.7　实验报告内容

（1）实验目的。

（2）实验原理。

（3）实验步骤和方法。

（4）记录实验数据见表 6-9，并整理数据结果。

（5）实验结果讨论。比较所选两种煤结焦程度的好坏。

表 6-9　实验记录参考表

煤样编号	1	2	3	4
煤样温度/℃				
上层厚度/mm				
上层测量对应时间/min				
上层测量对应温度/℃				
下层厚度/mm				
下层测量对应时间/min				
下层测量对应温度/℃				
胶质层最大厚度/mm				
胶质层收缩率/%				

6.7.8　实验注意事项

（1）将仪器装好，调平底座。在每个煤杯下面串联两支电阻值相近的硅碳棒，由程序温控仪控制供电以调节加热速度。

（2）测定时，煤样横断面上所承受的压强应为 9.8×10^4 Pa，其检测方法见 GB/T 479—2000《烟煤胶质层指数测定方法》4.9 条。

（3）用毫米方格纸作为记录体积曲线的记录纸，其宽度与记录转筒的高度相同，长度略大于转筒圆周。

（4）对于已装好煤样而尚未进行试验的煤杯，用探针测量其纸管底部位置时，刻度指针应指在零位上。

（5）煤杯每使用 50 次后应检查一次使用部位的直径，检查时顺其高度每隔 10 mm 测量一次，共测 6 点，测得结果的平均数与平均直径（59.5 mm）相差不超过 0.5 mm，杯底与杯体之间的间隙不应超过 0.5 mm。

（6）在试验温度达到 250 ℃时，用调节螺丝将记录笔尖接触到记录转筒上。先用手将记录转筒旋转一周，画上一条零点线，再用笔尖对准起点，开始记录体积曲线。

（7）清洁杯体时，不得使用金属工具。使用其他工具时，不得打击各处部件。

（8）当胶质层测定结束后，如需用该仪器进行下一次试验，必须等到上部砖垛完全冷却后方可再次进行试验。

6.7.9 思考题

（1）影响胶质层测定指数的因素有哪些？

（2）选取测定煤样时为何以烟煤为主而不是以无烟煤为主？

7 能源材料类实验

7.1 高温固相法制备锂离子电池正极材料

7.1.1 实验目的

(1) 掌握高温固相法合成锂离子电池正极材料的基本实验方法和步骤。

(2) 学习管式炉的操作使用，掌握升温程序的设定。

7.1.2 实验原理

高温固相法是先使反应物混合均匀，生成一种前体物或非晶态产物，然后高温焙烧，使反应进行完全并使产物晶化的工艺方法。高温固相法具有操作方便，合成工艺简单，粒径均匀，力度可控，污染小，可以避免或减少液相中易出现的硬团聚现象，制备出的粉体颗粒无团聚、填充性好、成本低、产量大等优点。

在固相反应中反应物的表面积和反应物之间的接触面积会对反应的速率产生影响，除此之外，生成物的成核速率以及相界面间的离子扩散速率都会对固相反应的速率造成影响。因此要保证研磨的时候反应物混合均匀，使反应物充分接触。

磷酸铁锂（$LiFePO_4$）是一种锂离子电池正极材料，具有使用寿命长、容量大、安全性好等优点，它可通过磷酸铁（$FePO_4$）和碳酸锂（Li_2CO_3）为原料以高温固相反应制备。反应方程为：

$$2FePO_4 + Li_2CO_3 + C \longrightarrow 2LiFePO_4 + CO(g) + CO_2(g)$$

7.1.3 实验仪器与试剂

仪器：电子天平、药匙、管式炉、球磨机、鼓风干燥箱和研钵。

试剂：$FePO_4$、Li_2CO_3 和无水乙醇。

7.1.4 实验步骤

(1) 取一定量的无水乙醇于球磨罐中，按照磷酸铁锂化学计量数称取一定量的 $FePO_4$ 和 Li_2CO_3 加入到球磨罐中；在室温条件下，以 400 r/min 转速球磨 4 h。

（2）将球磨后的样品取出置于鼓风干燥箱中，在 80 ℃ 下干燥 12 h。

（3）将干燥后的粉末研磨 30 min。

（4）称取一定量的样品置于瓷方舟管式炉，首先在 300 ℃ 下预煅烧 2 h，然后以 5 ℃/min 的升温速率，升至 600 ℃ 煅烧 8 h，得到样品。

（5）分别改变煅烧温度为 650 ℃、700 ℃、750 ℃ 和 800 ℃，得到不同温度下的样品。

7.1.5　实验数据记录与整理

记录相关实验数据，见表 7-1，根据最后所得样品质量计算产品的产率。

表 7-1　锂离子电池正极材料制备实验数据记录表

温度/℃	燃烧前质量 m_1/g	燃烧后质量 m_2/g	产率/%
600			
650			
700			
750			
800			

7.1.6　思考题

不同煅烧温度对样品性质有何影响？

7.2　扣式锂离子电池的制作

7.2.1　实验目的

（1）了解扣式锂离子电池的基本结构组成。

（2）掌握扣式锂离子电池的组装工艺。

7.2.2　实验原理

实验室制作的扣式锂离子电池主要用于评估锂离子正负极材料与电解质的导电性能，其电池基本构成与其他锂离子电池结构类似。实验室制作的扣式锂离子电池正负极的集流体均为铝箔，正负极之间为电解质片，加入电解液封装后，扣式锂离子电池即可工作，用于材料电性能的表征测试。其充放电原理与常规锂电池和锂离子电池类似。

扣式锂离子电池结构根据层堆次序由上至下分别为正极壳、正极片、电解质片、负极片、垫片、弹片和负极壳。

常用的扣式电池的电池壳型有 CR2032（图 7-1）、CR2025、CR2016 等，C 代表扣电体系，R 代表电池外形为圆形。前两位数字为直径（单位：mm），后两位数字为厚度（单位：0.1 mm），取两者的接近数字。例如，CR2032 的大约尺寸为直径 20 mm，厚度 3.2 mm；正极壳较大，负极壳表面有网状结构且较小，边缘有高分子密封圈。

(a)   (b)

图 7-1　CR2032 扣式电池的正极壳(a)和负极壳(b)

扣式电池组装过程中需要对正极片进行筛选，正极片涂布必须均匀，不能有划痕、漏涂和表面明显颗粒，冲片后圆片边缘不能有毛刺（图 7-2），本实验正负极集流体均为铝箔。

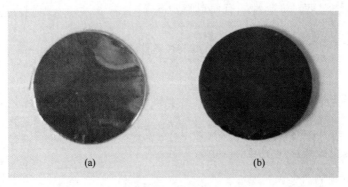

(a)   (b)

图 7-2　正极片
(a) 背面，空白铝箔；(b) 正面，涂有活性物质

扣式锂离子电池的制作可以使用隔膜将正负极隔开，加入电解液封装后，扣式锂离子电池即可工作。隔膜表面必须干净，无皱褶。用于扣式锂离子电池的隔膜一般为 Celgard 2400 或者 Celgard 系列其他产品。隔膜的作用主要是隔绝正负

两极，防止正负极直接接触同时允许电子传递。但是传统锂电池隔膜存在电导率与热稳定性差、安全性不高等缺点。

固态电解质具有安全性好、能量密度高、循环寿命长等优点，实验室常用的固态电解质为 LATP 或者 LLTO。本次实验用固态电解质替代隔膜与液态电解质进行扣式锂电池的组装，将电解质压制成小圆片经烧结打磨后使用。

弹簧垫片主要起到支撑电池的作用，如果没有弹片，在压电池的步骤会把电池压得很扁，内部组件可能被压坏。弹片只在负极侧加，但是若正负极都加了弹片，压电池步骤中不能将扣电封闭，会导致电解液与空气接触而使电池失效。

7.2.3 实验仪器与材料

仪器：圆形刀头、培养皿、手套箱、镊子、滴管、封口机、万用表、电子天平和烘箱。

材料：正极片、电解质片、正极壳、负极壳、电解液、负极片、弹片和垫片。

7.2.4 实验步骤

（1）用圆形刀头制备正极圆片并称量，根据正极设计配方计算出圆片上活性物质的量。

（2）待手套箱水含量和氧含量达标后，将烘干除湿后的正极片、电解质片和电池壳等相关部件用培养皿装载放入手套箱。

（3）用镊子夹住负极壳，开口向上，平放于手套箱操作台面上。

（4）往负极壳中加入弹片。

（5）往弹片上加入垫片。

（6）用镊子夹取负极片，负极材料面向上，轻轻放下，在负极片上滴加 2~3 滴电解液。

（7）用镊子夹取电解质片，放于负极片上，使之与负极片刚好正对，在电解质片上滴加 2~3 滴电解液。

（8）用镊子夹取正极片，正极材料面向下，放于电解质片上，使之与电解质片正对。

（9）盖上正极壳，并用镊子轻压壳中央使其紧凑。

（10）在手套箱内将组装好的扣式电池用封口机冲压封装。

（11）将封装好的电池取出，用万用表测量组装好的扣式电池电压，一般要求开路电压 ≥2.0 V。剔除电压不合格的电池，合格电池静置待用。

7.2.5 实验数据记录与整理

记录电池电压，见表7-2。

表 7-2 电池电压记录表

电池编号	有无电解液	电压/V
1		
2		
3		

7.2.6 思考题

（1）扣式锂离子电池组装过程若电解质片过厚、破损或未完全覆盖住正极，会对扣式电池产生什么样的影响？

（2）滴加电解液对电池有什么影响？

7.3 高温固相法制备锂离子电池的电解质及性能测试

7.3.1 实验目的

（1）了解高温固相法制备锂离子电池的电解质的主要流程。

（2）探究烧结温度对电解质性能的影响。

7.3.2 实验原理

高温固相法指的是将原料混合后，在高温条件下进行反应，由于高温下反应速率较快，所以反应时间较短，晶体较大，且具有良好的结晶度。然而高温固相法存在能耗大、效率低、粉体不够细、易混入杂质等缺点。

LLTO 是指锂镧钛氧化物，它是一种重要的固态电解质材料，具有高离子导电性能、低电阻率、优异的化学稳定性和热稳定性等优点，是一种理想的固态电解质材料，其应用领域非常广泛。在锂离子电池领域，LLTO 可以作为电解质材料，用于制备高性能的固态锂离子电池。相比于传统的液态电解质，LLTO 具有更高的安全性和稳定性，可以有效避免电池发生热失控等安全问题。

本实验以 Li_2CO_3、La_2O_3、TiO_2 为原料用高温固相法，分别用不同的烧结温度来制备 LLTO。将 LLTO 粉体压制成片后，测量出烧结前后电解质片的质量、厚度、直径，计算出烧结前后电解质片的密度。

用交流阻抗法测试材料的离子电导率，分析温度对 LLTO 材料理化性质和离子电导率的影响。交流阻抗法测试材料的离子电导率,是在被测体系处于平衡状态下,通过输入不同频率内的小幅度正弦波电压(或电流)交流信号,对所测量体系响应的频谱信号进行分析,进而得到该体系在不同频率下的阻抗,构成图谱,再根据电导率的计算公式计算出相应电导率,电导率的计算公式如下:

$$\sigma_0 = \frac{4h}{R_0 \pi D^2}$$

式中　σ_0——晶粒电导率,S/cm;

　　　h——厚度,cm;

　　　R_0——晶粒阻抗,Ω;

　　　D——电解质片直径,cm。

　　　总电导率的计算公式如下:

$$\sigma_1 = \frac{4h}{R_1 \pi D^2}$$

式中　σ_1——总电导率,S/cm;

　　　R_1——总阻抗,Ω。

　　　晶界电导率的计算公式如下:

$$\sigma_2 = \frac{\sigma_0 \sigma_1}{\sigma_0 - \sigma_1}$$

式中　σ_2——晶界电导率,S/cm。

7.3.3　实验仪器与试剂

　　仪器:电子分析天平、真空干燥箱、马弗炉、管式炉、压片机、陶瓷研钵、氧化铝坩埚和电化学工作站。

　　试剂:Li_2CO_3、La_2O_3 和 TiO_2。

7.3.4　实验步骤

　　(1)根据 $Li_{0.33}La_{0.56}TiO_3$(LLTO)的化学计量比用天平称量一定质量的 Li_2CO_3、La_2O_3、TiO_2 于陶瓷研钵中,充分研磨搅拌 30 min。

　　(2)将研磨好的粉末倒入氧化铝坩埚中,用箱式马弗炉以 5 ℃/min 的升温速率升温至 500 ℃,保温 4 h;再升温至 800 ℃,保温 2 h。

　　(3)将煅烧的粉末转移到陶瓷坩埚中进行充分研磨以获得前体粉末。

　　(4)将得到的前体粉末在 8 MPa 的压力下压制 10 min 得到直径 15 mm 的圆片。

　　(5)将制得的圆片转移至瓷方舟中,放入管式炉,以 5 ℃/min 的升温速率升温至 800 ℃,保温 2 h;再升温至 1350 ℃,保温 6 h 得到陶瓷片,记录烧结前后的尺寸信息。

（6）利用电化学工作站对电解质片进行测试，得到类似图 7-3 的阻抗谱图，记录晶粒阻抗与总阻抗。

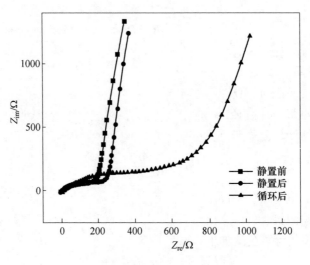

图 7-3　电化学阻抗谱样图

（7）分别改变烧结温度为 1200 ℃、1250 ℃、1300 ℃、1350 ℃ 和 1400 ℃，重复上述步骤。

7.3.5　实验数据记录与整理

记录相关实验数据，见表 7-3，计算收缩率及电导率并分析。

表 7-3　锂离子电池的电解质制备实验数据记录表

煅烧温度/℃	煅烧前				煅烧后				电阻		
	质量/g	长/cm	宽/cm	厚/cm	质量/g	长/cm	宽/cm	厚/cm	晶粒阻抗/Ω	晶界阻抗/Ω	总阻抗/Ω
1200											
1250											
1300											
1350											
1400											

7.3.6 思考题

（1）不同烧结温度对电解质性能有何影响？

（2）晶粒电阻、晶界电阻与总电导率的关系？

7.4 质子交换膜燃料电池单体制作与性能测试

7.4.1 实验目的

（1）了解质子交换膜燃料电池工作原理。

（2）掌握质子交换膜燃料电池的制作方法。

7.4.2 实验原理

质子交换膜燃料电池工作时，经加湿的 H_2 和 O_2 分别进入阳极室和阴极室，经电极扩散层到达催化层和质子交换膜的界面，分别在催化剂作用下发生氧化和还原反应。阳极反应生成的质子（H^+）通过质子交换膜传导到达阴极，阳极反应产生的电子通过外电路到达阴极，产生的水以水蒸气或冷凝水的形式随过剩的阴极反应气体从阴极室排出，如图 7-4 所示，膜电极组件是燃料电池的核心部分，一般由三部分组成：阳极、阴极和质子交换膜。阳极和阴极主要由纳米铂颗

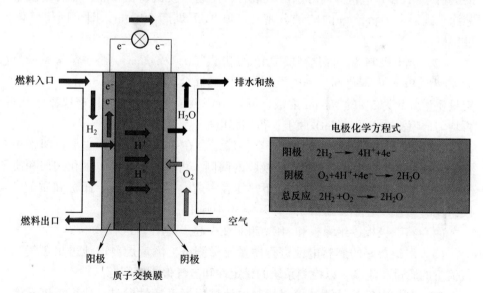

图 7-4 质子交换膜燃料电池工作原理图

粒负载在高比表面碳粉（即 Pt/C 催化剂）上构成，分别是氢气发生氧化和氧气（纯氧或者来源于空气中的氧）发生还原的反应场所。质子交换膜是固体电解质，起阴、阳极隔离和质子传导的作用，在燃料电池工作过程中其将氢气氧化产生的氢离子传递到阴极参加氧化还原反应。本实验采用直接涂刷法制备膜电极，然后将已经配好的催化剂浆料均匀涂抹在已处理好的质子交换膜两侧，构成三合一膜电极组件结构。质子交换膜燃料电池的工作原理如图 7-4 所示。

7.4.3 实验仪器与药品

仪器：烘箱、马弗炉、涂刷、烧杯、研钵、超声清洗机和温度特性测试仪。

药品：碳纸、PTFE 乳液、异丙醇、去离子水、电催化剂、Nafion 溶液和 Nafion/SiO$_2$ 膜。

7.4.4 实验步骤

（1）气体扩散层的制备。将 Torry 090 碳纸浸入质量分数为 25% 的 PTFE 乳液适当时间，对其作憎水处理，用称量法确定浸入 PTFE 乳液的量。再将浸好 PTFE 乳液的碳纸置于 340 ℃ 的马弗炉中焙烧，使浸渍在碳纸中的 PTFE 乳液所含的表面活性剂被除掉，同时使 PTFE 热熔烧结并均匀分散在碳纸的纤维上，从而达到良好的憎水效果。焙烧后的碳纸中 PTFE 的质量分数约为 30%，将一定量的碳粉、PTFE 和适量异丙醇水溶液混合，用超声波振荡 15 min，然后用刷涂工艺涂于碳纸上，将涂好的碳纸分别在 340 ℃ 下烘烤 30 min，即可制得气体扩散层。

（2）膜电极制备。催化剂层中 Pt 的载量为 0.3 mg/cm^2，将一定量质量分数为 40% 的 Pt/C 电催化剂、去离子水和异丙醇混合，超声振荡 15 min；再加入一定量质量分数为 5% 的 Nafion 溶液，继续超声振荡 15 min，当超声成墨水状后，再均匀地喷涂在 Nafion/SiO$_2$ 膜上，得到膜电极。

（3）采用热压法将电极与质子交换膜结合在一起。具体办法是将两张涂有 Nafion 树脂的电极分别置于质子交换膜的两侧，将气体扩散层、催化剂层和质子交换膜在 130 ℃ 左右、6~10 MPa 下热压在一起，制成由阴极、阳极和质子交换膜组成的三合一组件（MEA），整个 MEA 不到 1 mm 厚。

（4）将双极板、绝缘板和 MEA 组装在一起。如图 7-5 所示。

（5）对组装好的燃料电池进行质量流量测试，测量燃料电池进出氢气和空气流量的质量和流量，以检测系统的稳定性和氢气偏析等问题。

（6）利用温度特性测试仪对燃料电池进行温度特性测试，研究温度对燃料电池的影响。

（7）利用数据驱动方法对燃料电池进行寿命测试，对燃料电池系统工作寿

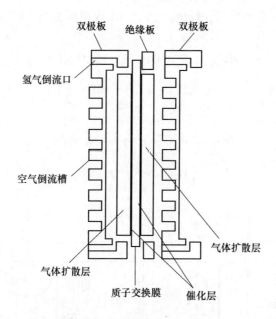

图 7-5 质子交换膜燃料电池结构图

命进行预测、评价和验证。

7.4.5 实验数据记录与整理

记录相关实验数据，对相关数据进行分析处理。

7.4.6 思考题

电催化剂喷涂不均匀对电池性能有何影响？

7.5 金属氢化物镍电池的制作与测试

7.5.1 实验目的

（1）了解金属氢化物镍电池的工作原理。
（2）掌握金属氢化物镍电池的制作方法。

7.5.2 实验原理

氢化物镍电池是一种高性能充电电池，也是目前应用最广泛的可重复使用的电池之一。它的核心部件是电化学反应中的正极、负极及电解液等。镍氢电池的工作原理是通过正极的氢化物和负极的氢氧化物在电解液中进行氧化还原反应，从而实现电能的储存和释放，反应式如下。工作原理如图7-6所示。

放电时：

正极：
$$Ni(OH)_2 - e^- + OH^- \longrightarrow NiOOH + H_2O$$

负极：
$$MH_n + ne^- \longrightarrow M + \frac{n}{2}H_2$$

充电时：

正极：
$$NiOOH + H_2O + e^- \longrightarrow Ni(OH)_2 + OH^-$$

负极：
$$M + \frac{n}{2}H_2 - ne^- \longrightarrow MH_n$$

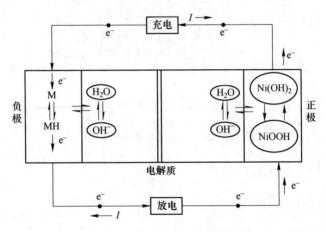

图7-6 氢化物镍电池工作原理图

7.5.3 实验仪器与药品

仪器：烘箱、电化学工作站、涂刷、烧杯、压片机、研钵和点焊机。

药品：$\beta\text{-}Ni(OH)_2$、石墨粉、CoO、镍粉、稀土系储氢合金、泡沫镍、KOH、NaOH和隔膜。

7.5.4 实验步骤

（1）正极配比。65%（质量分数）$\beta\text{-}Ni(OH)_2$+30%（质量分数）石墨粉+3%（质量分数）CoO+2%（质量分数）镍粉，将干粉搅拌均匀。

（2）将搅拌好的正极粉料刷涂在泡沫镍上，压制、裁剪成正极片，记录涂敷前后极片质量。

（3）负极采用市售的稀土系储氢合金，储氢合金加纯水制备成负极浆料涂覆在泡沫镍上，烘干、压制、裁剪成负极片，记录涂敷前后极片质量。

（4）向正负极片之间加入隔膜，组合极片。

（5）点焊极耳。

（6）入罐、压焊、点焊。

（7）加注由 7 mol/L KOH 和 300 g/L NaOH 配制的电解液。

（8）加密封圈。

（9）进行充放电测试。

1）电池先以 0.05C 充电 2 h；

2）初步充电后的电池在烘箱内搁置 24 h，温度为 50 ℃；

3）将电池从烘箱内取出，待冷却至常温后，以 0.1C 对电池充电 12 h，然后以 0.1C 放电至 1.0 V；

4）以 0.2C 充电 6 h，然后以 0.1C 放电至 1.0 V；

5）以 0.2C 充电 6 h，然后以 0.2C 放电至 1.0 V，筛选出合格的电池。

金属氢化物镍电池的制作流程如图 7-7 所示。

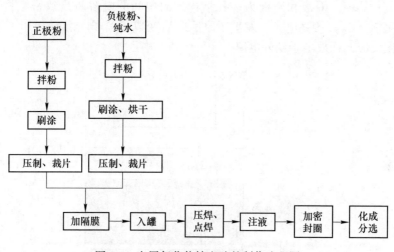

图 7-7 金属氢化物镍电池的制作流程图

7.5.5 实验数据记录与整理

记录正负极材料用量和充放电参数设置，绘制循环次数-容量图。

7.5.6 思考题

改变粉料成分比例对电池性能有何影响？

7.6　固相法制备固体氧化物燃料电池的电解质及性能测试（综合实验）

7.6.1　实验目的

（1）了解固体氧化物燃料电池的工作原理。

（2）掌握固相法制备固体氧化物燃料电池的电解质流程。

7.6.2　实验原理

固体氧化物燃料电池属于第三代燃料电池，是一种在中高温下直接将储存在燃料和氧化剂中的化学能高效、环境友好地转化成电能的全固态化学发电装置。固体氧化物燃料电池具有效率高，污染小，使用寿命长等优点，被普遍认为是在未来能够得到广泛普及应用的一种燃料电池。图 7-8 为固体氧化物燃料电池工作原理示意图。由图可见，固体氧化物燃料电池组件主要由阴极、阳极、电解质三部分组成，其中，阴极和阳极为多孔结构，而中间的电解质是致密结构，在阴极，氧化剂（O_2）接受电子，发生还原反应后变成氧离子，燃料（H_2）在阳极发生氧化反应，释放电子到外电路。

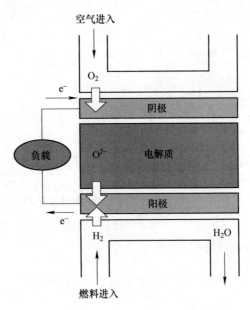

图 7-8　固体氧化物燃料电池工作原理示意图

相应的电极反应如式（7-1）~式(7-3) 所示。

阳极：
$$H_2 + O^{2-} \longrightarrow H_2O + 2e^- \qquad (7\text{-}1)$$

阴极：
$$\frac{1}{2}O^2 + 2e^- \longrightarrow O^{2-} \qquad (7\text{-}2)$$

总反应：
$$H_2 + \frac{1}{2}O_2 \longrightarrow H_2O \qquad (7\text{-}3)$$

电解质制备后利用交流阻抗法测试材料的离子电导率，其原理是在被测体系处于平衡状态下，通过输入不同频率内的小幅度正弦波电压（或电流）交流信号，对所测量体系响应的频谱信号进行分析，进而得到该体系在不同频率下的阻抗，构成图谱，再根据电导率计算公式计算出相应电导率，根据所测得的数据对电解质性能进行评估。

从阳极到阴极的电子流产生直流电，可供给外电路的负载，实现了对外供电，而电解质内部则进行氧离子输运，可以看出氧离子从阴极经电解质输运到阳极。

本实验采用固相法制备电解质 $La_{0.8}Sr_{0.2}Ga_{0.8}Mg_{0.2}O_{3-\delta}$（LSGM）。

7.6.3 实验仪器与试剂

仪器：烘箱、马弗炉、球磨机、电子天平、压片机、研钵和电化学工作站。

试剂：Ga_2O_3、MgO、La_2O_3、碳酸锶（$SrCO_3$）和无水乙醇。

7.6.4 实验步骤

（1）对除 $SrCO_3$ 以外的氧化物原料进行烘干处理，条件是在 1000 ℃下保温 10 h。

（2）按化学计量称取原料 Ga_2O_3、MgO、La_2O_3 和 $SrCO_3$ 后，放入研钵中加无水乙醇，手磨 4 h。

（3）将样品放入球磨罐中，球磨 20 h。

（4）将粉体干燥后进行压片（$\phi22$ mm），条件是在 4~5 MPa 压力下。

（5）将压片放入高温炉中进行预烧，先压片再煅烧的目的是减少粉体的损失，预烧温度是 1250 ℃，保温 20 h。

（6）取出后粉碎压片，手磨 4 h，再球磨 48 h，球磨后将样品干燥，压制成片（$\phi13$ mm），放入高温炉中在 1300~1450 ℃下进行烧结，保温相应时间即可得到最终样品。

（7）利用电化学工作站对所得的电解质样品进行测试，记录阻抗数据并计算电导率，记录烧结前后尺寸信息并计算收缩率。

7.6.5 实验数据记录与整理

记录实验数据，对相关数据进行处理，见表7-4，计算收缩率及电导率并分析。

表 7-4　不同温度下 LSGM 电解质的尺寸和阻抗记录表

温度 /℃	原 子				烧结前		烧结后		阻抗		
	La	Sr	Ga	Mg	厚度/cm	直径/cm	厚度/cm	直径/cm	晶粒/Ω	晶界/Ω	总阻抗/Ω
1300											
1350	0.8	0.2	0.8	0.2							
1400											
1450											
1300											
1350	0.8	0.2	0.9	0.1							
1400											
1450											
1300											
1350	0.9	0.1	0.8	0.2							
1400											
1450											
1300											
1350	0.9	0.1	0.8	0.2							
1400											
1450											

7.6.6　思考题

（1）改变升温速率及烧结温度对电解质性能有何影响？

（2）La 原子、Ga 原子、Sr 原子、Mg 原子的比例不同对电解质会产生什么影响？

7.7　锂离子电池综合电性能测试（综合实验）

7.7.1　实验目的

（1）掌握电池充放电测试系统的操作使用方法。

（2）掌握锂离子电池充放电容量测试方法以及电池充放电效率和克容量的计算方法。

（3）掌握锂离子电池循环寿命测试方法，并能进行相关数据处理。

（4）掌握锂离子电池放电倍率测试方法，并能进行相关数据处理。

7.7.2 实验原理

电池组装完成后，需要对电池性能进行测试，其中主要包括循环性能、倍率性能以及电池容量，充电方式主要为恒流充电，先恒流充电至上限电压，再恒流放电至终止电压，在充放电后需静置 5 min。在描述电池容量时必须指出放电电流大小或放电条件，因为在不同条件下，电池的容量可能会有所不同，通常用放电率表示。放电率指放电时的速率，常用"时率"和"倍率"表示。时率是指以放电时间（h）表示的放电速率，即以一定的放电电流放完额定容量所需的小时数。"倍率"指电池在规定时间内放出其额定容量所输出的电流值，数值上等于额定容量的倍数，通常选用 $0.1C$ 的倍率进行锂离子电池的容量测试。电池所测容量与正极活性物质的质量比即为实际测定的正极材料的克容量。而首次充放电循环过程中，放电容量与充电容量的比值即为首次充放电效率（首次效率）。在进行放电倍率测试时，改变充放电倍率分别为 $0.1C$、$0.2C$、$0.3C$ 和 $0.5C$。

电池终止电压是指电池放电时，电压下降到电池不宜再继续放电的最低工作电压值。不同的电池类型及不同的放电条件，终止电压不同。

电池放电电流（I）、电池容量（C）与放电时间（t）的关系为：

$$I = C/t$$

"倍率"习惯用 C 表示，$2C$ 放电就是 2"倍率"的放电。"倍率"放电是一种习惯说法，如 $0.2C$ 放电即为放电时间 $t = 1/0.2 = 5$ h，放电电流 $I =$ 电池容量 ×
0.2 A。

锂离子电池完成一次充放电过程称为一个周期，在电池容量降低到某一标准前所经历的周期循环次数，称为循环寿命，循环寿命的大小和充放电倍率有关。

7.7.3 实验仪器与材料

仪器：高性能电池检测系统。
材料：实验室自制扣式锂离子电池。

7.7.4 实验步骤

（1）将扣式锂离子电池置于电池检测系统夹板上，按夹具正负极标识夹好。
（2）启动计算机，打开电池检测系统电源开关，同时打开房间空调开关，设定好电池测试环境温度（如 25 ℃）。
（3）打开计算机桌面上的"BTS"软件，检查是否联机，未联机点击联机按钮。

（4）设定好待测电池活性物质的理论克容量，对应电池中活性物质质量，计算 $0.1C$ 充放电时对应的充放电电压范围。

以下以钴酸锂为正极材料的扣式锂离子电池为例，简述其电性能测试流程。

（1）电池充放电容量测试。

1）选定软件界面上对应的待测电池图标，点击右键弹出菜单。

2）左键单击右键菜单中的"启动工作"按钮，设定测试流程参数。

① $0.1C$ 恒流充电至上限电压 3 V；

② 静置 5 min；

③ 以 $0.1C$ 恒流放电至终止电压 1 V；

④ 静置 5 min；

⑤ 结束。

3）保存流程，开始测试。

4）测试完成后导出数据，处理数据，画出充放电曲线图。

（2）电池循环寿命测试。

1）选定软件界面上对应的待测电池图标，点击右键弹出菜单。

2）左键单击右键菜单中的"启动工作"按钮，设定测试流程参数。

① 以 $0.1C$ 恒流充电至上限电压 3 V；

② 静置 5 min；

③ 以 $0.1C$ 恒流放电至终止电压 1 V；

④ 静置 5 min；

⑤ 重复步骤①~④ 20 次；

⑥ 结束。

3）保存流程，开始测试。

4）测试完成后导出数据，处理数据，画出循环曲线图。

（3）电池放电倍率测试。

1）选定软件界面上对应的待测电池图标，点击右键弹出菜单。

2）左键单击右键菜单中的"启动工作"按钮，设定测试流程参数。

① 以 $0.1C$ 恒流充电至上限电压 3 V；

② 静置 5 min；

③ 以 $0.1C$ 电流恒流放电至终止电压 1 V；

④ 静置 5 min；

⑤ 重复步骤①~④ 5 次；

⑥ 以 $0.2C$ 电流恒流充电至上限电压 3 V；

⑦ 静置 5 min；

⑧ 以 $0.2C$ 电流恒流放电至终止电压 1 V；

⑨ 静置 5 min；

⑩ 重复步骤⑥~⑨ 5 次；

⑪ 以 0.3C 电流恒流充电至上限电压 3 V；

⑫ 静置 5 min；

⑬ 以 0.3C 电流恒流放电至终止电压 1 V；

⑭ 静置 5 min；

⑮ 重复步骤⑪~⑭ 5 次；

⑯ 以 0.5C 电流恒流充电至上限电压 3 V；

⑰ 静置 5 min；

⑱ 以 0.5C 电流恒流放电至终止电压 1 V；

⑲ 静置 5 min；

⑳ 重复步骤⑯~⑲ 5 次；

㉑ 结束。

3）保存流程，开始测试。

4）测试完成后导出数据，处理数据，画出放电倍率图。

7.7.5　实验数据记录与整理

记录相关实验数据，对相关数据进行处理。记录充放电效率和比电容，绘制充放电曲线和微分容量曲线图。

7.7.6　思考题

（1）锂离子电池电性能测试过程中为何充电或放电结束后需要静置 5 min？

（2）充放电倍率对容量有何影响？

7.8　超级电容器电极材料的设计与制备（设计实验）

7.8.1　实验目的

（1）了解超级电容器活性炭-二氧化锰电极材料的工作原理。

（2）掌握超级电容器活性炭-二氧化锰电极材料的制备方法。

（3）掌握利用循环伏安法测定材料比电容的测试方法。

7.8.2　实验原理

超级电容器是一种新型的储能装置，是利用双电层原理的电容器，"双电层原理"是超级电容器的核心，这是由该装置的双电层结构决定的。相比于普通电容器，在受到电场作用时，超级电容器会在电解液和电极间产生相反的电荷，形成双电层。因此，相比于普通电容器，超级电容器拥有更大的电容储存量，不仅如此，超级电容器的稳定性相比于普通电容器也更加可靠。

二氧化锰是制备超级电容器的电极材料，其具有较高的理论比容量，而且价格低廉，绿色环保，是一种理想的超级电容器电极材料。但是其存在导电性能较差、性能不稳定等问题。本实验利用活性炭和二氧化锰两种材料复合作为超级电容器的电极材料，充分发挥二者优势，为解决当前超级电容器材料问题提供思路。

二氧化锰与活性炭的比例会对超级电容器电极材料的性能产生影响，为了研究不同二氧化锰与活性炭比例对电极材料性能的影响，本实验设置了不同比例的电极材料涂覆在不锈钢网上，利用三电极与电化学工作站对不同比例的电极材料进行电化学测试，比较它们的性能。

循环伏安法是电化学测量中经常使用的一种重要方法，它一方面能较快地观测到较宽电位范围内发生的电极过程，为电极过程研究提供丰富的信息；另一方面又能通过扫描曲线形状的分析估算电极反应参数，由此来判断不同因素对电极反应的影响。控制研究电极的电势以速率 ν 从起始电位 E_i 开始向电势负方向扫描，到电势为 E_m 时（时间为 t），电势改变扫描方向，以相同的速率回扫至起始电势，然后再次换向，反复扫描，即采用的电势控制信号为连续三角波信号，如图 7-9 所示。记录 i-E 循环伏安曲线，如图 7-10 所示。这一测量方法称为循环伏安法。

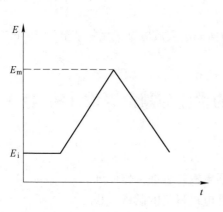

图 7-9　三角波扫描

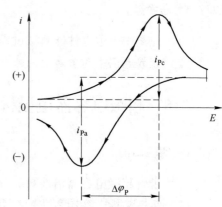

图 7-10　循环伏安曲线

对于一个电化学反应 $O + ne^- \rightleftharpoons R$，正向扫描（即电势负方向扫描）时发生阴极反应 $O + ne^- \rightarrow R$；反向扫描时，则发生正向扫描过程中生成的反应产物 R 的重新氧化的反应 $R \rightarrow O + ne^-$，这样反向扫描时也会得到峰状的 i-E 曲线。一次三角波扫描会完成一个还原和氧化过程的循环，故该法称为循环伏安法，其电流-电压曲线称为循环伏安曲线。如果电活性物质可逆性差，则氧化波与还原波的高度就不同，对称性也较差。循环伏安法中电压扫描速度可从每秒钟数毫伏增加到 1 V。循环伏安法测定电极材料比电容的计算公式如下：

$$SC(CV) = Q/(m\Delta V)$$

式中　　SC——超级电容器的比电容，F/g；

　　　　Q——放电电量，可以通过电流时间曲线积分获得，C（1 C = 1 A·s）；

　　　　m——电极质量，g；

　　　　ΔV——扫描区间电压差，V。

7.8.3　实验仪器与试剂

仪器：不锈钢网、电子天平、胶头滴管、烘箱、研钵、甘汞电极和电化学工作站。

试剂：活性炭、乙炔黑、MnO_2、PVDF、NMP、去离子水和硫酸钠。

7.8.4　实验步骤

（1）查阅资料，参照表 7-5 预先设计几组二氧化锰/活性炭比例并交给教师审核。审核通过后将一定比例的活性炭、MnO_2、乙炔黑、PVDF 按照一定质量比称取。

表 7-5　制备工作电极参数变化的选择

各参数的变化	活性炭	MnO_2	备　注
活性物质质量分数的变化	0~100%	0~100%	查阅文献，每组至少选择 3 个不同比例的质量分数（比如 100∶0，75∶25，50∶50，25∶75，0∶100）

（2）称取好后放入研钵中研磨均匀（20~30 min）。

（3）研磨后用胶头滴管逐滴加入 NMP（6 滴左右），将混合物调成糊状。

（4）截取 1 cm² 的不锈钢网表面并称量，记为 m_1。

（5）将所得糊状物涂覆到截取好的不锈钢网面上；

（6）将涂覆好的不锈钢网面放于 60 ℃ 干燥 5 h，干燥好后再次称量，记为 m_2，则 $m_3 = m_2 - m_1$。

（7）在三电极体系中，以涂覆了活性电极材料的不锈钢网作为工作电极（绿色线路），以不锈钢网作为辅助电极（红色线路），以甘汞电极作为参比电极（白色线路，其中黑色线路连接地线），浸入 0.1 mol/L 的 Na_2SO_4 溶液（电极浸入一半)。用循环伏安法进行实验,电势电压为 0.1~0.8 V,扫描速度分别为 5 mV/s (160 s, 22.5 C)、10 mV/s (80 s, 45 C)、20 mV/s (40 s, 90 C) 和 50 mV/s (16 s, 225 C)。计算比电容。

(8) 改变活性炭与二氧化锰的质量比,重复上述步骤。

7.8.5　实验数据记录与整理

根据表 7-6 记录相关实验数据,绘制循环伏安曲线 i-E 图。

(1) 根据循环伏安曲线计算电极材料的比电容。

(2) 绘制比电容随扫描速度变化的关系图。

(3) 绘制活性物质比例与比电容的关系图。

(4) 绘制电极形状与比电容的关系图。

表 7-6　超级电容器电极材料的制备实验数据记录表

编号	$m_{活性炭}:m_{二氧化锰}$	乙炔黑/g	PVDF/g	不锈钢网质量 m_1/g	涂覆后质量 m_2/g	质量差 m_3/g
1						
2						
3						
4						
5						

7.8.6　思考题

(1) 活性炭与 MnO_2 比例对电容器性能是否有影响?

(2) 扫描速率对比电容的影响。

7.9　储能器件三元正极材料的设计与表征(设计实验)

7.9.1　实验目的

(1) 掌握锂离子电池三元正极材料及其制备方法。

(2) 了解不同比例 Ni 原子、Co 原子、Mn 原子对材料性能的影响。

7.9.2　实验原理

镍基正极材料具有比容量高、污染小、价格适中、与电解液匹配好等优点,但是镍基正极材料的自放电率较高,导致使用寿命减短,需要经常进行充电和放电来保持电池的性能。此外还有合成困难、循环稳定性差等缺点，这些缺点限制了镍基正极材料的广泛应用。钴基正极材料生产工艺成熟，循环性能优越，但是其安全性能较差，放电容量达不到理论值。锰基正极材料成本低，低温性能好，但是锰基正极材料本身性能不太稳定，容易分解。

三元正极材料是指包含三种不同材料，如镍、钴、锰的新型正极材料。镍钴锰三元正极材料综合了三者的优点，具有自放电率低，容量高，无污染，与多种电解质有着良好的相容性，性能稳定，具有高能量密度，高安全性，长寿命，价格相对便宜等优点。镍钴锰三元正极材料是下一代动力电池的主流材料，在未来电动汽车和储能系统等领域将得到广泛的应用。

相比于一元正极材料的结构极不稳定、不可逆容量损失高、循环稳定性差、安全性低和导电性低等问题，三元正极材料利用不同材料复合，充分发挥不同材料的优势，在一定程度上改善了一元正极材料的不足。

三元正极材料常见的制备方法有共沉淀法、固相法、水热法、溶胶-凝胶法和喷雾干燥法等。不同的制备方法所得到的三元材料性能有所差异，例如，固相法操作简单，但容易在操作过程中引入杂质；共沉淀法可以得到精确的组分材料，但操作过程复杂，需要控制的条件过多。

本实验以硫酸镍（$NiSO_4$）、硫酸钴（$CoSO_4$）、硫酸锰（$MnSO_4$）、尿素和Li_2CO_3为原料，制备不同镍、钴、锰比例的三元正极材料，其中尿素作为氨源可以调节溶液 pH 值，Li_2CO_3可以提高电极稳定性，延长电极使用寿命。

7.9.3 实验仪器与试剂

仪器：烧杯、量筒、反应釜、烘箱、电子天平、研钵、磁力搅拌器、电化学工作站、甘汞电极和铂电极。

试剂：$NiSO_4$、$CoSO_4$、$MnSO_4$、尿素、Li_2CO_3、去离子水和乙二醇。

7.9.4 实验步骤

（1）查阅资料，预先设计几组不同镍、钴、锰比例的三元正极材料并交给教师审核。审核通过后将$NiSO_4$、$CoSO_4$、$MnSO_4$按照设计好的摩尔比称量，再称取一定量的尿素，将它们溶解在 14 mL 去离子水和 16 mL 乙二醇的混合液体中，在室温下搅拌 2 h。

（2）将混合溶液转移至反应釜中，180 ℃下保温 12 h。冷却后收集前驱体，洗涤，干燥。

（3）将前驱体与Li_2CO_3按照 1∶1.05 的化学计量比充分混合均匀，550 ℃下预烧 4 h，然后升温至 850 ℃煅烧 12 h，得到$LiNi_xCo_yMn_zO_2$（NCM_{xyz}）。

（4）将电极材料、乙炔黑、PVDF 按照 8∶1∶1 的比例加入 NMP 溶剂中制备成浆料。

（5）裁剪 1 cm² 的泡沫镍，用丙酮、去离子水各超声清洗 10 min，烘干，称量记为 m_1。

（6）将步骤（4）制备的浆料均匀涂覆在泡沫镍中，80 ℃下干燥 24 h，称量记为 m_2。

（7）将制备的泡沫镍电极作为工作电极，以甘汞电极为参比电极，铂电极为辅助电极，在 1 mol/L 的 Li_2SO_4 和 0.001 mol/L 的 Li_2CO_3 的混合溶液中进行三电极测试。

（8）绘制 C-V 曲线（图 7-11）和阻抗图，计算电极比电荷量。

（9）改变 $NiSO_4$、$CoSO_4$ 和 $MnSO_4$ 的比例，重复上述步骤。

7.9.5　实验数据记录与整理

记录相关实验数据，见表 7-7，并根据图 7-11 的 C-V 曲线计算电极比电荷量。

表 7-7　锂离子电池三元正极材料的制备实验数据记录表

编号	$x(Ni):y(Co):z(Mn)$	m_1/g	m_2/g	阻抗/Ω
1				
2				
3				

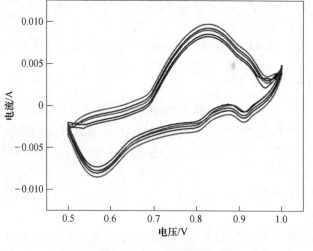

图 7-11 彩图

图 7-11　C-V 曲线样图

7.9.6 思考题

不同比例的 Ni 原子、Co 原子和 Mn 原子对材料性能有何影响？

7.10 锂离子电池正极配方设计与表征（设计实验）

7.10.1 实验目的

（1）掌握锂离子电池正极配方各主要成分及其作用。

（2）掌握锂离子电池正极浆料制备（搅拌）方法。

（3）了解锂离子电池正极浆料评价指标。

7.10.2 实验原理

锂离子电池正极配方主要由活性物质、导电剂和黏结剂组成，集流体为铝箔。正极活性物质主要有磷酸铁锂、钴酸锂和三元材料等。导电剂主要有 Super P、KS-6 和 VGCF 等，导电剂的作用是提高电子电导率。为了保证电极具有良好的充放电性能，在极片制作时通常需要加入一定量的导电剂，在活性物质之间、活性物质与集流体之间起到收集微电流的作用，以减小电极的接触电阻，加速电子的移动速率。此外，导电剂也可以提高极片加工性，促进电解液对极片的浸润，同时也能有效地提高锂离子在电极材料中的迁移速率，降低极化，从而提高电极的充放电效率和锂电池的使用寿命。黏结剂主要为 PVDF，黏结剂是将正负极活性物质黏附在集流体上的高分子化合物。它的主要作用是黏结活性材料，并在电池的生产和使用过程维持极片的机械结构和电池的电化学性能的稳定性。

浆料溶剂为 NMP，其作用主要是溶解和膨胀 PVDF，它可以将黏结剂、正极活性物质和导电剂等物质融合在一起，使黏结剂与其他物质充分接触，均匀分布。确定好正极配方后，需要按照配比混料，加溶剂搅拌配制成浆料，以用于正极片的涂布制作。

搅拌是将活性物质、导电剂和黏结剂等组分按照一定的比例和顺序加入搅拌机中，在磁力搅拌器的作用下混合在一起，形成均匀稳定的固液悬浮体系。

搅拌包括浸润、分散和稳定三个主要阶段。

（1）浸润：液体溶剂取代气体占据待分散颗粒的表面。

（2）分散：通过搅拌设备的机械作用将待分散颗粒打散。

（3）稳定：通过分散剂的作用，使已分散的颗粒不再团聚到一起。

正极材料一般与 NMP 浸润良好，因此大规模生产过程中可采用行星式搅拌机，用常规搅拌工艺进行搅拌。常规搅拌按照流程通常可以分为黏合剂（PVDF）

稀溶液的制备、导电剂的分散和活性材料的搅拌。开始阶段，将已预溶好的黏合剂溶液加入溶剂中，进行溶液稀释。此阶段不需要强力剪切，只需混合均匀即可，所以在行星式搅拌机中一般采用较快的公转和较慢的自转，在较短的时间内即可完成。随后将导电剂粉末加入稀释好的黏合剂稀溶液中，进行导电剂分散。此阶段的作用是将导电剂分散开，需要强力的剪切作用，所以一般将分散盘设置得非常高，便于导电剂颗粒的解聚。一般采用导电炭黑的颗粒度来衡量其分散情况，对 Super P，一般 $D_{50}<5~\mu m$ 认为分散良好。导电剂分散完成后加入活性物质，根据活性物质的特性，可以一次性全部加入，也可以分多次间隔加入。由于活性物质需要与溶剂相互浸润，这里也需要较强的剪切作用，一般采用较快的公转和较快的自转。搅拌完成后，需检测浆料各项指标（如黏度、固含量、颗粒度和过滤性等），正极浆料因材料不同一般黏度要求在 $3000\sim10000~MPa\cdot s$。如果浆料黏度不合格，还需补充 NMP 和延长搅拌时间调节黏度。实验室制备正极浆料，因用量较少，可采用行星球磨机制备所需浆料，并取消 PVDF 预溶步骤，可采用一步球磨法制备所需浆料，提高效率。

搅拌的目的是制备浆料，而好的浆料必须满足以下几点要求：

（1）均匀性好；

（2）分散性好；

（3）稳定性好；

（4）高固含量（节省溶剂，降低涂布烘干时的能耗）；

（5）合适的黏度；

（6）过滤顺畅。

7.10.3　实验仪器与试剂

仪器：烧杯、电子天平、量筒、玻璃棒、药匙、培养皿、转子黏度计、移液器、进样瓶、行星球磨机和激光粒度仪。

试剂：磷酸铁锂、乙炔黑、PVDF 和 NMP。

7.10.4　实验步骤

（1）按表 7-8 设计各组正极配方。

表 7-8　锂离子正极配方设计

编　号	磷酸铁锂质量分数/%	乙炔黑质量分数/%	PVDF 质量分数/%
1			
2			
3			

（2）取 2 mL NMP 溶剂于进样瓶中。

（3）称量一定质量的 PVDF 加入盛有 NMP 的进样瓶中，于 30 ℃下搅拌 30 min，形成透明液体。

（4）加入乙炔黑，继续搅拌 30 min。

（5）加入磷酸铁锂，搅拌 6 h，形成黏稠可流动的浆料，采用转子黏度计测量浆料黏度。

（6）通过多次增加 NMP 量调节浆料黏度，并采用过滤网检测浆料的过滤性，采用激光粒度仪测量浆料粒度。

（7）称取空培养皿质量，记为 m_1，倒入一定量制备好的浆料，称取培养皿质量，记为 m_2。

（8）将盛有浆料的培养皿放入 120 ℃的烘箱中烘烤 4 h，待溶剂完全挥发，称量培养皿质量，为 m_3。

（9）按式计算浆料实际固含量，实际固含量 = $(m_3 - m_1)/(m_2 - m_1)$，并与配料理论固含量比较。

7.10.5 实验数据记录与整理

在表 7-9 中记录相关实验数据。

表 7-9 锂离子电池正极浆料评价指标

配方编号	浆料黏度 /MPa·s	实际固含量 /%	理论固含量 /%	100 mL 浆料过 200 目 (0.074 mm) 滤网时间/min	浆料颗粒度/μm		
					D_{10}	D_{20}	D_{30}
1							
2							
3							

7.10.6 思考题

（1）如果要配制 500 kg 固含量为 70% 的锂离子正极浆料，正极配方为 m(磷酸铁锂) : m(乙炔黑) : m(PVDF) = 92 : 5 : 3，请计算各需要多少磷酸铁锂、乙炔黑、PVDF 和溶剂 NMP。

（2）正极浆料制备最大的挑战是什么？

8 能源环保类实验

脱硝装置
观摩实验视频

8.1 选择性催化还原法脱硝实验

8.1.1 实验原理

选择性催化还原法（selective catalytic reduction，SCR）是指在催化剂（V_2O_5/TiO_2等）的作用下，利用还原剂（如 NH_3、液氨和尿素）"有选择性"地与烟气中的 NO_x 反应并生成无毒无污染的 N_2 和 H_2O。在合理的布置及温度范围下，其脱硝率可达 $80\% \sim 90\%$。

其工作原理如图 8-1 所示，含有 NH_x 基的还原剂在 SCR 反应器内在催化剂的作用下优先与烟气中的 NO_x 进行反应而生成 N_2。

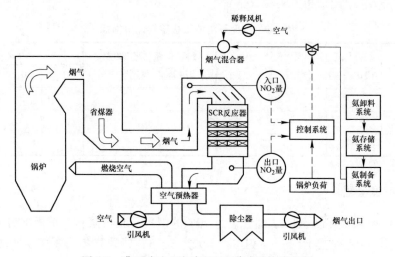

图 8-1 典型火电厂烟气 SCR 脱硝系统流程图

主要反应方程如下。

（1）还原剂为氨水。

$$4NH_3 + 4NO + O_2 \longrightarrow 4N_2 + 6H_2O \tag{8-1}$$

$$4NH_3 + 2NO + 2O_2 \longrightarrow 3N_2 + 6H_2O \tag{8-2}$$

$$8NH_3 + 6NO_2 \longrightarrow 7N_2 + 12H_2O \tag{8-3}$$

（2）还原剂为尿素。

$$(NH_2)_2CO \longrightarrow 2NH_2 + CO \tag{8-4}$$

$$NH_2 + NO \longrightarrow N_2 + H_2O \tag{8-5}$$

$$2CO + 2NO \longrightarrow N_2 + 2CO_2 \tag{8-6}$$

8.1.2 实验装置

选择性催化还原法实验装置主要包括浆液池、空压机、SCR 反应器、计量装置、引风机和 NO_x 采样装置等，如图 8-1 所示。

8.1.3 实验步骤

（1）采样准备。

1）仪器检查。检查所有的测试仪器功能是否正常。

2）填装催化剂。按照设计填装催化剂。

3）实验室通风。由于氮氧化合物为有毒气体，因此测试环境应为负压通风，并保持实验室环境处于良好的通风状态。

（2）采样步骤。

1）开启引风机和水泵。

2）升温。开启 SCR 反应器，升温至设定温度，常用的催化剂催化温度一般为 300~400 ℃。

3）发烟。打开空压机，调节气瓶开关，调节烟气量至设定值。

4）喷浆液。打开喷液调节阀，调节喷液量至设定值，并记录喷液量。

5）烟气采样。脱硝系统稳定运行后，使用 NO_x 采样装置对进气和排气进行采样，记录反应器温度。

6）每次采样至少采取三个样品，取其平均值。

8.1.4 实验数据记录与整理

（1）数据记录。

测定 SCR 过程中的参数，并计算脱硝率，结果填入表 8-1 中。

表 8-1　SCR 脱硝实验数据记录表

采样编号	浆液流量 /(L·min⁻¹)	反应器温度 /℃	采样时间 /min	采样体积 /L	进气浓度 /(mg·m⁻³)	排气浓度 /(mg·m⁻³)	脱硝率 /%
1							
2							
3							
⋮							

（2）数据处理。

1）改变浆液初始浓度，绘制其与脱硝率的关系曲线（$\eta\text{-}c_{浆}$）。

2）改变烟气初始浓度，绘制其与脱硝率的关系曲线（$\eta\text{-}c_{烟}$）。

3）改变反应器温度，绘制其与脱硝率的关系曲线（$\eta\text{-}t$）。

8.1.5　思考题

（1）烟气中氮氧化合物的危害有哪些？

（2）简述脱硝工程中 SCR 和 SNCR 两种方法的优缺点和适用范围。

（3）影响脱硝率的因素有哪些？

（4）通过实验，比较 SCR 和 SNCR 两种脱硝方法的优缺点。

（5）在还原剂的选择上，SCR 和 SNCR 脱硝方法有哪些不同？

8.2　石灰石/石灰法脱硫实验

脱硫装置
观摩实验视频

8.2.1　实验原理

湿法烟气脱硫工艺流程、形式和机理大同小异，主要是使用石灰石（$CaCO_3$）、石灰（CaO）或碳酸钠（Na_2CO_3）等浆液作为洗涤剂，在反应塔中对烟气进行洗涤，从而除去烟气中的 SO_2。石灰或石灰石法主要的化学反应机理如下。

石灰法：

$$SO_2 + CaO + \frac{1}{2}H_2O \longrightarrow CaSO_3 \cdot \frac{1}{2}H_2O \tag{8-7}$$

石灰石法：

$$SO_2 + CaCO_3 + \frac{1}{2}H_2O \longrightarrow CaSO_3 \cdot \frac{1}{2}H_2O + CO_2 \tag{8-8}$$

8.2.2　实验装置

石灰石/石灰法脱硫实验装置主要包括烟气发生器、浆液池、喷淋塔、计量装置、空压机和 SO_2 采样装置等，如图 8-2 所示。

8.2.3　实验步骤

（1）采样准备。

1）仪器检查。检查所有测试仪器功能是否正常。

2）实验室通风。由于 SO_2 是具有刺激性的有毒气体，因此测试环境应为负压通风，并保持实验室环境处于良好的通风状态。

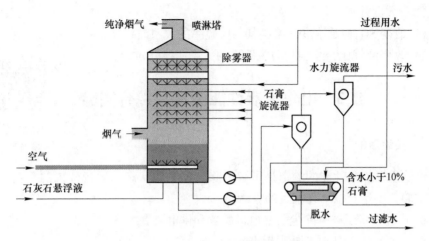

图 8-2 石灰石/石灰法脱硫装置图

（2）采样步骤。

1）开启引风机和水泵。

2）均匀分布浆液。打开浆液进液阀门，调节浆液流量，使浆液均匀分布，当塔底槽内有浆液时，调节浆液流量至设定值，并记录喷液流量。

3）模拟发烟。开启空压机，打开 SO_2 气瓶，调节混合气体（SO_2/空气）的浓度和流量至设定值，并记录烟气流量。

4）烟气采样。脱硫系统稳定运行后，使用 SO_2 采样装置对进气和排气进行采样。

5）每次采样。至少采取三个样品，取其平均值。

8.2.4 实验数据记录与整理

（1）数据记录。

测定湿法脱硫实验的工况参数，并计算脱硫率，结果填入表 8-2 中。

表 8-2 脱硫实验数据记录表

采样编号	浆液流量/(L·min⁻¹)	烟气流量/(L·min⁻¹)	液气比	采样时间/min	采样体积/L	进气浓度/(mg·m⁻³)	排气浓度/(mg·m⁻³)	脱硫率/%
1								
2								
3								
⋮								

（2）数据处理。

1）改变 SO_2 初始浓度，绘制其与脱硫率的关系曲线（η-c）。

2）改变液气比，绘制其与脱硫率的关系曲线（η-L/Q）。

8.3 电除尘器性能测定（综合实验）

电除尘观摩
实验视频

8.3.1 实验目的

电除尘器除尘性能的测定是了解电除尘器工作状态和运行效果的重要手段。通过实验，要达到以下几个目的：

（1）进一步了解电除尘器的电极配置和供电装置。

（2）观察电晕放电的外观形态。

（3）了解影响电除尘器除尘效率的主要影响因素，掌握除尘器的除尘效率、管道中各点流速和气体流量以及板式静电除尘器的压力损失的测定方法。

（4）提高对电除尘技术基本知识和实验技能的综合应用能力，以及通过实验方案设计和实验结果分析，加强创新能力的培养。

8.3.2 实验原理与方法

电除尘器的除尘原理是使含尘气体的粉尘微粒在高压静电场中荷电，荷电尘粒在电场的作用下趋向集尘极和放电极，带负电荷的尘粒与集尘极接触后失去电子，成为中性粒子而黏附于集尘极表面上，为数很少的带电荷尘粒沉积在截面很小的放电极上。然后借助于振打装置使电极抖动，将尘粒脱落到除尘的集灰斗内，达到收尘目的。

电除尘器中的除尘过程大致可分为以下三个阶段。

（1）粉尘荷电：在放电极与集尘极之间施加直流高电压，使放电极发生电晕放电，气体电离，生成大量的自由电子和正离子。在放电极附近的所谓电晕区内正离子立即被电晕极（假定带负电）吸引过去而失去电荷。自由电子和随即形成的负离子则因受电场力的驱使向集尘极（正极）移动，并充满到两极间的绝大部分空间。含尘气流通过电场空间时，自由电子、负离子与粉尘碰撞并附着其上，便实现了粉尘的荷电。

（2）粉尘沉降：荷电粉尘在电场中受电场力的作用被驱往集尘极，经过一定时间后达到集尘极表面，放出所带电荷而沉积其上。

（3）清灰：集尘极表面上的粉尘沉积到一定厚度后，用机械振打等方法将其清除掉，使粉尘落入下部灰斗中。放电极也会附着少量粉尘，隔一定时间也需进行清灰。

8.3.3 电除尘器电晕放电特性测试

（1）实验装置。

本实验的实验装置为板式电除尘器。

（2）供电装置。

本实验供电设备为 GG 型高压直流电源，其由自动控制柜、高压硅整流变压器等组成。自动控制柜由自耦变压器、过电流保护环节、电压表、电流表、信号灯及开关线路等组成，并附有振打定时控制单元。自动控制柜和变压器之间由给定的信号和反馈的信号构成闭环自动调节系统，通过可控硅自动高压跟踪电场内部的工况变化，提供电场可能接受的最高电压和电流，获得较高的电晕功率。

（3）实验操作要点。测量板式电除尘器的电压-电流特性曲线（本实验板间距为 300 mm）。

1）检查自动控制柜的电压表、电流表及接地线是否正常，检查无误后，所有人员撤到安全网外。

2）将自动控制柜的电流插头插入交流 220 V 的插座中。将电源开关旋柄扳于"开"的位置。自动控制柜接通电源后，低压绿色信号灯亮。

3）轻轻按动高压启动按钮，高压变压器输入端主回路接通电源，这时高压红色信号灯亮，低压绿色信号灯灭。

4）将电流开关逆时针缓慢旋至最大位置，同时观察电流表、电压表的变化情况，然后缓慢使电压升高。待电流升至 1 mA 时，读取并记录 U、I；读完后继续升压，以后每升高 1 mA 读取并记录一组数据，当开始出现火花放电时停止升压。记录下刚开始出现电晕放电时的电压、电流值以及出现火花放电时的电压、电流值。

5）停机时将电压调回零位，按动停止按钮，则主回路电源切断。这时高压信号灯灭，绿色低压信号灯亮。再将电源开关关闭，即切断电源。

6）断电后，高压部分仍有残留电荷，必须使高压部分对地短路消去残留电荷，即用导线接地棒把变压器负电荷端与地线用铁丝接通。

（4）实验数据整理。

1）将实验数据记入表 8-3。

表 8-3 板式电除尘器伏安特性实验数据记录表

U/kV									
I/mA									

2）绘制板式电除尘器的伏安特性曲线。

（5）实验注意事项。

1）实验前准备就绪后，经指导教师检查后才能启动高压。

2）实验进行时严禁进入高压区。

（6）实验讨论。

1）当板式电除尘器的线距、供电电压一定时，电流怎样随板距变化？

2）影响起始电晕电压和火花电压的主要因素是什么？

3）板式电除尘器的电压-电流曲线是否符合欧姆定律？为什么？

8.3.4　除尘器压力损失的测定

（1）管道中各点气流速度的测定。当干烟气组分同空气近似，露点温度在 $35\sim55\ ℃$ 之间，烟气绝对压力在 $0.99\times10^5\sim1.03\times10^5\ Pa$ 时，可用下列公式计算烟气管道流速：

$$v_0 = 2.77K_p\sqrt{T}\sqrt{p} \tag{8-9}$$

式中　v_0——烟气管道流速，m/s；

　　　K_p——皮托管的校正系数，$K_P=0.84$；

　　　T——烟气温度，℃；

　　　$\sqrt{p}$——各动压方根平均值，Pa。

$$\sqrt{p} = \frac{\sqrt{p_1} + \sqrt{p_2} + \cdots + \sqrt{p_n}}{n} \tag{8-10}$$

式中　p_n——任一点的动压值，Pa；

　　　n——动压的测点数。

（2）管道中气体流量的测定。电除尘器处理气体量（Q_s）的计算公式如下：

$$Q_s = Av_0 \tag{8-11}$$

式中　A——管道横断面积，m^2。

测定电除尘器处理气体量还应同时测出除尘器进、出口连接管道中的气体流量，取其平均值作为除尘器的处理气体流量。

$$Q_s = \frac{Q_{s1} + Q_{s2}}{2} \tag{8-12}$$

式中　Q_{s1}，Q_{s2}——分别为电除尘器进、出口连接管道中的气体流量，m^3/s。

除尘器漏风率（δ）的计算公式如下：

$$\delta = \frac{Q_{s1} - Q_{s2}}{Q_{s1}} \times 100\% \tag{8-13}$$

一般要求除尘器的漏风率小于5%。

（3）压力损失的测定和计算。电除尘器的压力损失（Δp）为除尘器进、出口管中气流的平均全压之差。当电除尘器进、出口管的断面面积相等时，则可采用其进、出口管中气体的平均静压之差计算，即：

$$\Delta p = p_1 - p_2 \tag{8-14}$$

式中　p_1——除尘器入口处气体的全压或静压，Pa；

　　　p_2——除尘器出口处气体的全压或静压，Pa。

（4）实验装置和仪器。实验装置所需各种尺寸需自行测定。实验仪器包括1台标准风速测定仪、1把钢板尺、2台倾斜式微压计和2支皮托管。

（5）实验方法和步骤。

1）实验准备工作。测量管道直径，确定分环数和测点数，求出各测点距管道内壁的距离，并用胶布标在皮托管和采样管上。仔细检查设备的接线是否接地，如未接地需先将接地接好方能通电。

2）实验步骤。

① 开启风机，测定各点流速和风量。用倾斜微压计测出各点气流的动压和静压，求出各点的气流速度、除尘器前后的风量。

② 检查无误后，将控制器的电流插头插入交流220 V的插座中。将电源开关旋柄扳于"开"的位置。控制器接通电源后，低压绿色信号灯亮。

③ 将电压调节手柄逆时针转到零位，轻轻按动高压"启动"按钮，高压变压器输入端主回路接通电源。这时高压红色信号灯亮，低压绿色信号灯灭。

④ 启动风机。

⑤ 停机时将调压手柄旋回零位，按停止按钮，则主回路电源切断。这时高压红色信号灯灭，绿色低压信号灯亮。再将电源开关关闭，即切断电源。

⑥ 断电后，高压部分仍有残留电荷，必须使高压部分对地短路消去残留电荷，再按要求做下一组的实验。

（6）实验数据记录与整理。记录处理气体流量与压力损失的测定结果，见表8-4。

表8-4　电除尘器处理风量测定结果记录表

实验日期：＿＿＿＿＿＿　实验人员：＿＿＿＿＿＿

当地大气压力 p/kPa	烟气干球温度 /℃	烟气湿球温度 /℃	烟气相对湿度 /%	除尘器管道横断面积 A/m²	除尘器入口面积 F/m²

测定次数	U/kV	I/mA	除尘器进气管					除尘器排气管					Δp /Pa	Q_s /(m³·s⁻¹)	δ /%
			K_1	Δl_1 /mm	p_1 /Pa	V_1 /(m·s⁻¹)	A_1 /m²	Q_{s1} /(m³·s⁻¹)	K_2	Δl_2 /mm	p_2 /Pa	V_2 /(m·s⁻¹)	A_2 /m²	Q_{s2} /(m³·s⁻¹)			
1																	

测定次数	U/kV	I/mA	除尘器进气管						除尘器排气管						Δp/Pa	Q_s/(m³·s⁻¹)	δ/%
			K_1	Δl_1/mm	p_1/Pa	V_1/(m·s⁻¹)	A_1/m²	Q_{s1}/(m³·s⁻¹)	K_2	Δl_2/mm	p_2/Pa	V_2/(m·s⁻¹)	A_2/m²	Q_{s2}/(m³·s⁻¹)			
2																	
3																	
4																	
5																	

注：U—直流高电压，kV；I—直流高电流，mA；K—微压计倾斜系数；Δl—微压计读数，mm；p—静压，Pa；V—管道流速，m/s；A—横截面积，m²；Q_s—风量，m³/s；δ—除尘器漏风率，%。

（7）实验注意事项。

1）检查全部电气连接线配接和电场高压进线是否正确，检查无误后，把高压控制箱电压调节旋钮转至零位，关闭电源，再把高压变压器与控制箱之间的电源线接通。

2）设备必须安全接地后才能使用。

3）实验前准备就绪后，经指导教师检查后才能启动高压。

4）实验进行时，严禁触摸高压区，保证实验中人身安全。

5）使用时，电压、电流应逐步升高，调至正常电压为止，其数值不得超过额定最大值。

6）实验经过一段时间后，应将放电极、收尘极和灰斗中的粉尘清理干净，以保证前后实验结果的可比性。

7）待除尘结束后，先振打清灰，再调节控制箱输出电源、电压指示为零，再关上电源开关，切断电源。

8.3.5　气流分布均匀性试验

（1）执行标准为 GB/T 13931—2017。

（2）测量截面选择及测点布置。测量截面选在第一电场进口处，与末端气流均布板的距离应大于 $8d \sim 10d$（d 为均布板圆形开孔的孔径）或于 500 mm 处，测点布成网格状，约 1 m² 布置一点。测点应避开影响测试结果的障碍物。

（3）测试仪器及测量方法。测试仪器一般用 QDF 型热球风速仪。用上、下挂线且可左右移动的测量网格，按顺序逐点往复测定。

（4）气流分布均匀性的评判标准采用相对均方根值法，计算公式如下：

$$\sigma' = \sqrt{\frac{1}{n}\sum_{i=1}^{n}\left(\frac{v_i - v}{v}\right)^2} \tag{8-15}$$

式中 σ' ——截面气流速度相对均方根值；

      n——测量截面上的测点总数；

      v_i——i 点上测出的气流速度，m/s；

      v——测量截面各测点气流速度的算术平均值，m/s。

评判标准是当 $\sigma' \leqslant 0.1$ 时，气流分布均匀性为优；当 $\sigma' \leqslant 0.15$ 时，气流分布均匀性为良；$\sigma' \leqslant 0.25$ 时，气流分布均匀性为及格。

8.4 改性煤焦、活性炭吸附含铬废水的性能测试实验（设计实验）

8.4.1 实验目的

（1）通过实验进一步了解活性炭、煤焦的吸附工艺及性能。

（2）掌握用间歇法确定活性炭、煤焦处理污水的设计参数的方法。

8.4.2 实验要求

（1）学会测试六价铬、粒度等指标。

（2）根据废水水质选择所用的活性炭、煤焦类型。

（3）根据实验结果计算出所选活性炭、煤焦对废水的去除效率。

8.4.3 实验原理

活性炭吸附就是利用活性炭固体表面对水中一种或多种物质的吸附作用，以达到净化水质的目的。活性炭的吸附作用产生于两个方面，一是由于活性炭内部分子在各个方向都受着同等大小的力，而在表面的分子则受到不平衡的力，这就使其他分子吸附于其表面上，此为物理吸附；另一个是由于活性炭与被吸附物质之间的化学作用，此为化学吸附。活性炭的吸附是上述两种吸附综合作用的结果。当活性炭在溶液中的吸附速度和解吸速度相等时，即单位时间内活性炭吸附的数量等于解吸的数量时，被吸附物质在溶液中的浓度和在活性炭表面的浓度均不再变化，达到了平衡，此时的动态平衡称为活性炭吸附平衡。此时被吸附物质在溶液中的浓度称为平衡浓度。活性炭的吸附能力以吸附量 q 表示：

$$q = \frac{V(c_0 - c)}{M} = \frac{X}{M} \tag{8-16}$$

式中 q——活性炭吸附量，即单位质量的吸附剂所吸附的物质质量，g/g；

      V——污水体积，L；

  c_0，c——分别为吸附前原污水及吸附平衡时污水中的物质浓度，g/L；

X——被吸附物质量，g；

M——活性炭投加量，g。

在温度一定的条件下，活性炭的吸附量随被吸附物质平衡浓度的提高而提高，两者之间的变化曲线称为吸附等温线，通常用费兰德利希经验式加以表达：

$$q = Kc^{1/n} \tag{8-17}$$

式中　q——活性炭吸附量，g/g；

c——被吸附物质的平衡浓度，g/L；

K，n——与溶液的温度、pH 值以及吸附剂和被吸附物质的性质有关的常数。

K，n 的求法如下。通过间歇式活性炭吸附实验测得 q、c 的值，将费兰德利希经验式取对数后变换为下式：

$$\log q = \log K + \frac{1}{n}\log c \tag{8-18}$$

将 q、c 相应值的点绘制在双对数坐标纸上或者将 $\log q$、$\log c$ 相应值的点绘制在坐标纸上，所得直线的斜率为 $1/n$，截距为 K。

8.4.4　实验仪器、设备、材料（试剂）

仪器：水浴恒温振荡器 1 台、色度计 1 台、浊度仪 1 台、分光光度计 1 台、pH 酸度计 1 台或 pH 试纸、温度计 1 支和能加热的磁力搅拌器 1 台。

设备：玻璃漏斗和支架、500 mL 三角瓶 6 个、150 mL 烧杯 6 个。

材料（试剂）：活性炭、煤焦（粉状、粒状）。

8.4.5　实验预习要求、实验方法及步骤

8.4.5.1　实验预习要求

（1）查阅活性炭、煤焦处理工艺的相关章节，了解活性炭、煤焦的净水机理及影响活性炭、煤焦吸附效果的主要因素。

（2）了解常用的活性炭的特性。

（3）了解水净化实验的研究方法和基本测试技术。

8.4.5.2　实验方法及步骤

（1）自配污水（用重铬酸钾和水按照不同比例配制）（一般为 20 ~ 50 mg/L），测定该污水的 pH、六价铬等值。

（2）将活性炭放在蒸馏水中浸泡 24 h，然后放在 105 ℃ 的烘箱内烘至恒重，再将烘干后的活性炭压碎，使其成为能通过 200 目（0.074 mm）以下筛孔的粉状炭。因为粒状活性炭要达到吸附平衡耗时太长，往往需数日或数周，为了使实验能在短时间内结束，所以多用粉状炭。

（3）在 6 个 500 mL 的三角烧瓶中分别投加 0 mg、100 mg、200 mg、300 mg、

400 mg 和 500 mg 的粉状活性炭或者 0 g、0.5 g、1.0 g、1.5 g、2.0 g 和 2.5 g 的细颗粒状活性炭。

（4）在每个三角瓶中投加同体积的自制污水（一般 200 mL），使每个烧瓶中的 pH 值恒定。

（5）测定水温，将三角瓶放在振荡器上振荡，当达到吸附平衡时即可停止振荡（时间一般为 30 min 以上）。

（6）过滤各三角瓶中的污水，测定其剩余六价铬的值，求出吸附量 q。

（7）改变水温、活性炭粒度或废水浓度值再进行步骤（3）~（6）的操作，得出水温值、活性炭粒度或废水浓度值对吸附量的影响。

（8）将活性炭换成活性焦再进行步骤（3）~（6）的操作，得出活性焦对吸附量的影响。

（9）记录实验中的现象、数据，并发现实验设备、操作运行、测试方法和实验方向等方面的问题。

（10）做好实验记录，并对结论进行分析，教师签字确认。

实验记录见表 8-5。

表 8-5 活性炭间歇吸附实验数据记录表

序号	原污水			出 水			污水体积 /mL	活性炭加量 /mg	Cr^{6+} 去除率 /%
	Cr^{6+} /(mg·L^{-1})	pH 值	水温/℃	Cr^{6+} /(mg·L^{-1})	pH 值	水温/℃			
1									
2									
3									
4									
5									

8.4.6 实验数据记录与整理

（1）按原始数据进行计算。

（2）按照式（8-16）计算吸附量 q 绘制吸附量与出水浓度的关系曲线。

（3）利用 q、c 相应数据和公式，经回归分析求出 K、n 的值或利用作图法将 c 和相应的 q 值在双对数坐标纸上标出，绘制出吸附等温线，所得直线的斜率为 $1/n$，截距为 K。

（4）绘制 Cr^{6+} 的去除率与活性炭、活性焦投加量的关系曲线。

8.4.7　实验报告内容

（1）实验目的。

（2）实验原理。

（3）实验装置和方法。

（4）实验数据和数据整理结果。

（5）实验结果讨论。

8.4.8　思考题

（1）吸附等温线有什么现实意义？

（2）作吸附等温线时为何要用粉状炭？

（3）本实验还有哪些环节可以改进？

（4）思考间歇吸附和连续吸附的吸附容量是否相等？

（5）分析投加量与去除效率、吸附量之间的关系。

8.5　以日新湖水为水源的模拟电厂补给水处理流程实验（设计实验）

模拟电厂补给
水处理装置
观摩实验视频

8.5.1　实验目的与要求

（1）加强学生对电厂补给水处理单元的基本原理的掌握与工艺过程的了解。

（2）掌握混凝剂、粒状介质过滤的机理和过程，对比不同滤料层的过滤效果。

（3）掌握测试水的色度、浊度和硬度等水质指标的方法。

（4）加深对离子交换基本理论的理解。

（5）学习离子交换柱的操作方法。

8.5.2　实验内容

（1）对所取日新湖湖水进行色度、浊度、硬度和电导率的测定，利用混凝、吸附、过滤和离子交换等工艺对湖水先进行单独处理，找到最佳实验条件后，再进行连续处理，提出湖水作为锅炉补给水水源的治理方案，给出各项指标的综合治理效率。利用浊度仪测定浊度利用分光光度计测定色度，利用络合滴定法测定水的总硬度。

（2）按照所选取湖水的组成特点，自己设计补给水处理的实验方案，确定混凝剂种类、混凝时间、搅拌速度和 pH 值范围，确定活性炭、石英砂过滤柱的填充高度和停留时间以及离子交换软化、除盐的树脂填充高度和停留时间及组成等。去除效果达不到应用标准的提出进一步治理方案。

包含以下三个实验：

（1）混凝沉淀实验；

（2）废水处理流程实验；

（3）离子交换树脂软化、除盐实验。

8.5.3　混凝沉淀实验

8.5.3.1　实验目的

（1）观察混凝现象及过程，掌握混凝的净水机理及影响混凝效果的主要因素。

（2）针对某一废水，由学生在给出的三种混凝剂中任选一种或两种，实验比较后确定自己认为合适的混凝剂。

（3）确定每种混凝剂的最佳投药量、pH 值、搅拌速度、助凝剂等三种操作条件。

8.5.3.2　实验要求

（1）学生去中水站参观，取实际含有悬浮物的水样，学会测试不同废水的浊度水质指标。

（2）根据废水水质选择所用的混凝剂类型。

（3）根据实验结果计算出所选混凝剂对废水的去除效率。

（4）实验前先由学生自己设计实验方案，然后根据实际提供的实验设备与试剂调整自己的方案并执行，得出自己的结论。锻炼分析解决实际问题的能力。

8.5.3.3　实验原理

根据研究，胶体微粒都带有电荷。天然水中的黏土类胶体微粒以及污水中的胶态蛋白质和淀粉微粒等都带有负电荷。微粒一般由胶核、固定层和扩散层组成。胶核和固定层一般称为胶粒，胶粒与扩散层之间有一个电位差，此电位称为 ζ 电位。胶粒在水中受以下几方面的影响：（1）带相同电荷的胶粒之间产生的静电斥力；（2）微粒在水中做的不规则运动，即"布朗运动"；（3）胶粒之间的范德华引力；（4）水化作用，由于胶粒带电，其会将极性水分子吸引到它的周围形成一层水化膜，水化膜同样能阻止胶粒间相互接触。因此胶体微粒不能相互聚结而长期保持稳定的分散状态。投加混凝剂能提供大量的正离子，可以压缩双电层，降低 ζ 电位，静电斥力减小，水化作用减弱；混凝剂水解后形成的高分子物质或直接加入水中的高分子物质一般具有链状结构，在胶粒与胶粒之间起吸附架桥作用，也有沉淀网捕作用。因此在投加了混凝剂之后，胶体颗粒脱稳后会相互聚结，逐渐变成大的絮凝体后沉淀。

8.5.3.4　实验仪器、设备、材料（试剂）

仪器：六联磁力搅拌器 1 台、pH 酸度计 1 台或 pH 试纸、光电浊度计 1 台和温度计 1 支。

设备：250 mL 烧杯 6 个，2000 mL 烧杯 1 个，1000 mL 量筒 1 个以及 1 mL、2 mL、5 mL 和 10 mL 移液管各一支。

材料（试剂）：$FeCl_3$、$Al_2(SO_4)_3$、$FeSO_4$ 和 $NaSiO_3$ 各 1 瓶，质量分数为 30%的 NaOH 溶液和质量分数为 10%的 HCl 溶液 500 mL 各 1 瓶。

8.5.3.5　实验预习要求、实验方法及步骤

A　实验预习要求

（1）查阅混凝处理工艺的相关章节，了解混凝的净水机理及影响混凝效果的主要因素。

（2）了解常用的混凝剂的名称、特性。

（3）了解水净化实验的研究方法和基本测试技术。

（4）提交实验设计方案，包括实验目的、装置、步骤、计划、测试项目和测试方法等内容。

B　实验方法及步骤

（1）根据教师给出的具体实验设备以及实验持续的时间，执行被审核后的实验方案。

（2）记录实验中的现象、数据，并发现实验设备、操作运行、测试方法和实验方向等方面的问题。

（3）做好实验记录，并对结论进行分析，教师签字确认。

8.5.3.6　实验报告内容

（1）实验目的。

（2）实验原理。

（3）实验装置和方法。

（4）实验数据和数据整理结果。

（5）实验结果讨论。

水净化实验数据记录表见表 8-6。

表 8-6　水净化实验数据记录表

水样编号	水样温度 /℃	投药量 /mL	出矾花时间 /min	矾花沉淀情况	剩余浊度 /NTV	沉淀后 pH 值	备注
1							
2							

续表 8-6

水样编号	水样温度 /℃	投药量 /mL	出矾花时间 /min	矾花沉淀 情况	剩余浊度 /NTV	沉淀后 pH 值	备注
3							
4							
5				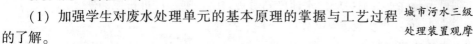			
6							

8.5.3.7　实验注意事项

（1）确定实验因素后，选择合理的实验设计方法。

（2）实验中水样浊度要稳定一致。

（3）混凝过程中加药量要准确。

（4）混凝搅拌后的静沉时间要保证。

（5）测浊器皿要清洁。

（6）观察记录要及时。

8.5.3.8　思考题

（1）为什么最大投药量时混凝效果不一定好？

（2）助凝剂的作用是什么？

8.5.4　废水处理流程实验

8.5.4.1　实验目的

城市污水三级
处理装置观摩
实验视频

（1）加强学生对废水处理单元的基本原理的掌握与工艺过程的了解。

（2）通过对废水处理实验模型的观摩，了解工艺流程、主要设备结构和过程控制参数。

（3）掌握粒状介质过滤的机理和过程。设计滤料的填装方案，组装双层滤池。测定滤速和污水的净化效率。

8.5.4.2　实验要求

（1）学生学会测试不同废水的色度水质指标。

（2）根据废水水质选择所用的滤料类型。

（3）根据实验结果计算出所选滤料对废水的去除效率。

（4）实验前先由学生自己设计实验方案，然后根据实际提供的实验设备与试剂调整自己的方案并执行，得出自己的结论。锻炼分析解决实际问题的能力。

8.5.4.3　实验原理

由于城市生活污水的水质比较单一，已形成了一套典型的处理流程，又称城市污水的三级处理。一级处理主要的处理对象是较大的悬浮物，采用的分离设备依次是隔栅、沉砂池和沉淀池，一级处理又称机械处理。二级处理对象是废水中的胶体态和溶解态有机物，采用的典型设备有活性污泥处理系统或生物滤池，二级处理又称生物处理。三级处理的主要对象是营养性污染物及其他溶解物质或者水中残留的细小悬浮物、难生物降解的有机物和盐分等，采用的方法有过滤、吸附、离子交换、反渗透和消毒等。三级处理又称高级处理，二者在处理程度和深度上基本相同，但三级处理强调顺序性，高级处理只强调处理深度，前面不一定有其他处理。

气浮净水工艺主要用于处理水中相对密度小于或接近于1的悬浮杂质，其本质是使空气以微小气泡的形式出现在水中并慢慢自下而上地上升，在上升过程中，气泡与水中的污染物质接触，并把污染物黏附在气泡上，从而形成密度小于水的气水结合物浮升到水面，使污染物质从水中分离出去。气浮法按水中气泡产生的方法可分为布气气浮、溶气气浮和电气气浮几种。加压溶气气浮根据进入溶气罐的水的来源，分为无回流系统的气浮和有回流系统的加压溶气气浮，目前生产中广泛采用后者。

深层过滤是普遍应用于给水和污水处理中的一项工艺，此种工艺通过滤料层截留粒径远比滤料孔隙小的水中杂质，机理包括了接触絮凝、筛滤和沉淀等综合作用。过滤设备称滤池，可分为重力式、压力式和虹吸式。要得到理想的出水水质，除了滤料组成必须符合要求外，还可在过滤前投加混凝剂。当过滤水头损失达到最大允许水头损失或出水浊度超过规定时，滤池需进行反冲洗。

8.5.4.4　实验仪器、设备、材料（试剂）

实验所需仪器、设备、材料（试剂）包括过滤装置1台、分光光度计1台、温度计1支、200 mL烧杯2个、20 mL量筒1个、千分之一天平1台、2000 mm钢卷尺1个和番红花颜料。

8.5.4.5　实验预习要求、实验方法及步骤

A　实验预习要求

（1）查阅过滤处理工艺的相关章节，了解过滤的净水机理及影响过滤效果的主要因素。

（2）了解常用的滤料的名称、特性。

（3）了解水净化实验研究方法和基本测试技术。

（4）提交实验设计方案，包括实验目的、装置、步骤、计划、测试项目和测试方法等内容。

B 实验方法及步骤

（1）根据教师给出的具体实验设备以及实验持续的时间，执行被审核后的实验方案。

（2）观摩废水处理试验模型，以口头提问、学生讲述的形式，掌握城市污水三级处理流程，认识混凝槽、初沉池、活性污泥曝气池、二沉池、深层过滤、吸附和臭氧消毒等处理单元设备的结构特点，复习其净水原理。

（3）为了解工业废水中常用的单元操作技术，需掌握由这些单元操作组成的处理流程，观察废水、污泥和空气在处理过程中的举动。

本实验主要采用了水处理中的铁炭微电解、混凝沉淀、好氧生物处理、过滤、活性炭吸附和臭氧杀菌等技术，处理能力为 5~18 L/h。

整套实验装置的处理流程如图 8-3 所示。

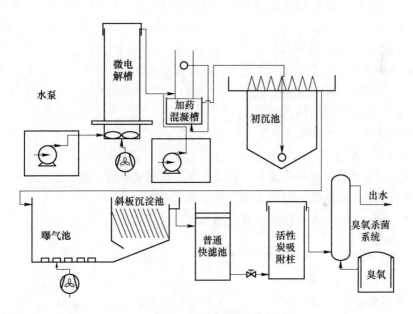

图 8-3 处理流程图

即，污水池→微电解槽→加药混凝槽→初次沉淀池→曝气二沉合建池→普通快滤池→活性炭吸附柱→臭氧杀菌系统。

（4）过滤实验设计。给出 2 种滤料（不同粒度的粒状石英砂、活性炭），要求学生自行设计用量及填装顺序，然后测定填装的滤柱的水质净化效率。比较滤料组成、滤料高度对滤速、净化效率的影响。具体内容包括以下几方面。

1）表征过滤实验的水质净化效果，写出需测定的指标和使用的仪器。

2）设计实验步骤，对比单层滤料、双层滤料，以及不同的滤料高度对滤速和处理效率的影响。

3）记录实验数据，教师签字。

4）分析整理实验结果，撰写实验报告。

（5）记录实验中的现象、数据，并发现实验设备、操作运行、测试方法和实验方向等方面的问题。

（6）做好实验记录，并对结论进行分析，教师签字确认。

8.5.4.6　实验报告内容

（1）实验目的。

（2）实验原理。

（3）实验装置和方法。

（4）实验数据和数据整理结果。

（5）实验结果讨论。

8.5.4.7　实验注意事项

（1）确定实验因素后，选择合理的实验设计方法。

（2）实验中水样浊度要稳定一致。

（3）测浊器皿要清洁。

（4）观察记录要及时。

8.5.4.8　思考题

（1）如何测定滤料的孔隙率？孔隙率大小对过滤有何影响？

（2）滤层内有空气泡时对过滤有何影响？

（3）清洁滤层的水头损失与哪些因素有关？

8.5.5　离子交换树脂软化、除盐实验

8.5.5.1　实验目的

离子交换法是处理电子、医药、化工等工业用水，处理含有害金属离子的废水和回收废水中贵重金属的普遍方法。它可以去除或交换水中溶解的无机盐，去除水中硬度、碱度以及制取无离子水。

在应用离子交换法进行水处理时，需要根据离子交换树脂的性能设计离子交换设备，决定交换设备的运行周期和再生处理。这既有理论计算问题，又有实验操作问题。

通过本实验，希望达到以下目的：

（1）加深对离子交换基本理论的理解。

（2）学习离子交换设备的操作方法。

8.5.5.2 实验原理

（1）离子交换软化。含有 Ca^{2+}、Mg^{2+} 等杂质的原水流经交换树脂层时，水中的 Ca^{2+}、Mg^{2+} 首先与树脂上的可交换离子进行交换，最上层的树脂首先失效，变成了 Ca、Mg 型树脂。水流通过该层后水质没有变化，故这一层称为饱和层或失效层。在它下面的树脂层称为工作层，又与水中 Ca^{2+}、Mg^{2+} 进行交换，直至达到平衡。

实际上，天然水中不会只有单纯一种阳离子，而常含多种阴、阳离子，所以离子的交换过程就比较复杂。就软化而言，当水流过交换层后，各阳离子按其被交换剂吸着能力的大小，自上而下地分布在交换层中，它们是 Fe^{3+}、Al^{3+}、Ca^{2+}、Mg^{2+}、K^+ 和 Na^+ 等。如果采用 Na 型交换树脂，出水中就不可避免地含有 $NaHCO_3$，从而使碱度增加。生产上常采用 H-Na 交换树脂并联的形式，它们的流量分配关系是：

$$Q_H[SO_4^{2-} + Cl^-] = (Q - Q_H)H_C - QA_r$$

式中　　$[SO_4^{2-} + Cl^-]$——原水硫酸根和氯离子含量，mmol/L；

　　　　　H_C——原水碳酸盐硬度，又称碱度，mmol/L；

　　　　　A_t——混合后软化水剩余碱度，mmol/L，约等于 0.5 mmol/L；

　　　　　Q，Q_H——总处理水量、进水 H 型交换器的水量，m^3/h。

为了方便起见，在对水进行分析时，假定水中只有 $K^+(Na^+)$、Ca^{2+}、Mg^{2+}、HCO_3^-、SO_4^{2-}、Cl^- 等主要离子，这样碱度仅为碳酸盐碱度。总硬度与总碱度之差即为 SO_4^{2-} 和 Cl^- 的含量。

（2）离子交换除盐。利用阴阳树脂共同工作是目前制取纯水的基本方法之一。水中各种无机盐类电离生成的阴、阳离子经过 H 型离子交换树脂时，水中阳离子被 H^+ 取代，通过 OH 型离子交换树脂时，水中阴离子被 OH^- 取代。进入水中的 H^+ 和 OH^- 合成 H_2O，从而达到了去除无机盐的效果。水中所含阴、阳离子的多少，直接影响了溶液的导电性能，经过离子交换树脂处理的水中离子很少，导电率很小，电阻值很大，生产上常以水的导电率控制离子交换后的水质。

8.5.5.3 实验装置与设备

（1）实验装置。离子交换软化实验装置如图 8-4 所示，交换柱用有机玻璃制成，尺寸为 $D100$ mm$\times H500$ mm，内装不同高度的树脂。

离子交换除盐实验装置如图 8-5 所示，结构尺寸同离子交换软化实验装置。内装不同高度树脂。

图 8-4　离子交换软化实验装置示意图

图 8-4 彩图

1—Na 型交换柱；2—Na 型或 H 型交换柱；

3—Na 型或 OH 型交换柱；4—Cl 型或 OH 型交换柱

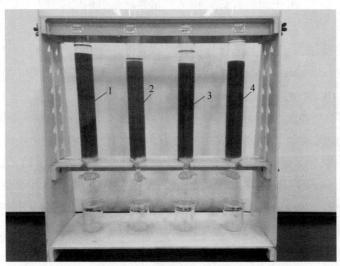

图 8-5　离子交换除盐实验装置示意图

图 8-5 彩图

1—R-Na 型树脂；2—R-OH 型树脂；3—双层床；4—混床

（2）实验设备和仪器仪表：天平 1 台、酸度计 1 台、电导仪 1 台、$D30$ mm×$H500$ mm 有机玻璃柱 4 根、真空抽吸装置 1 套。250 mL 三角烧瓶 10 个，10 mL、25 mL、50 mL 移液管各 2 支，50 mL 滴定管 1 支，100 mL、1000 mL 量筒各 1

个，500 mL 容量瓶 1 个，250 mL 试剂瓶 1 个，500 mL 烧杯 3 个，150 mL 烧杯 2 个，强酸阳树脂 25 kg 和强碱阴树脂 10 kg。

（3）离子交换软化实验步骤。

1）取进入交换柱前的自配水样 100 mL 置于 250 mL 的锥形瓶中，测出总碱度。

2）取上述水样 50 mL 置于 250 mL 的锥形瓶中，测出总硬度。

3）根据原水中总硬度和总碱度指标，利用 H 型、Na 型交换柱流量分配比例关系式确定进入 H 型、Na 型交换柱的流量比例。

4）取 H 型交换柱流速为 15 m/h，确定 Na 型交换柱流速。

5）打开各柱进、出水阀门，调整进水流量。

6）交换 10 min 后，测定 H 型、Na 型交换柱出水 pH 值、硬度、碱度和混合水碱度、pH 值。

7）改变上述交换柱流速，分别取 20 m/h、25 m/h 等，重复步骤 5）和 6）。

8）关闭各进、出水阀门。

（4）离子交换除盐实验步骤。

1）测定原水 pH 值、电导率，记入表中。

2）排出阴、阳离子交换柱中的废液。

3）用自来水正洗各交换柱 5 min，正洗流速 15m/h，测定正洗水出水 pH 值。若 pH 不呈中性，则延长正洗时间。

4）开启阳离子交换柱进水阀门和出水阀门，调整交换柱内流速到 12 m/h 左右。

5）关闭阳离子出水阀门，开启阴离子交换柱进水阀门及混合离子交换柱进、出水阀门。

6）交换 10 min 后，测定各离子交换柱出水电导率和 pH 值。

7）依次取交换速率为 15 m/h、20 m/h 和 25 m/h 等进行交换，测定各离子交换柱出水电导率和 pH 值。

8）交换结束后，阴、阳离子交换柱分别用 15 m/h 的自来水反洗 2 min，并分别通入质量分数为 5% 的 HCl 溶液和质量分数为 4% 的 NaOH 溶液至淹没交换层 10 cm。混合离子交换柱以 10 m/h 的反洗速率反洗，待分层后再洗 2 min，然后移出阴树脂至体积分数为 4% 的 NaOII 溶液中，移出阳树脂至体积分数为 5% 的 HCl 溶液中，浸泡 40 min。

9）移出再生液，用纯水浸泡树脂。

10）关闭所有进、出水阀门，切断各仪器电源。

8.5.5.4 实验注意事项

（1）在脱碱软化实验时，如果原水中碱度偏低，可取剩余碱 $A_t < 0.5$

mmol/L。

（2）离子交换脱碱软化、除盐实验所用原水系一般自来水，如果碱度、硬度偏低，可自行调配水样。

（3）本实验分三部分，学生可以选择其中一部分进行实验，其中硬度和碱度可由实验人员事先测定或由学生测定。

8.5.5.5 实验数据记录与整理

（1）离子交换软化实验结果整理。实验测得的各数据建议按照表 8-7 填写。

表 8-7　离子交换软化实验数据记录表

实验日期：＿＿＿年＿＿＿月＿＿＿日

原水样总硬度：＿＿＿＿＿＿mmol/L　碱度：＿＿＿＿＿＿mmol/L　pH 值：＿＿＿＿＿＿

编号	交换柱类型	交换速率 /(m·h^{-1})	总硬度 /(mmol·L^{-1})	碱度 /(mmol·L^{-1})	碳酸盐硬度 /(mmol·L^{-1})	非碳酸盐硬度 /(mmol·L^{-1})	pH 值	混合后水质	
								碱度 /(mmol·L^{-1})	pH 值
1	H 型								
	Na 型								
2	H 型								
	Na 型								
⋮									

根据表 8-7 中数据，求出剩余硬度。分析 H 型交换柱流速与 pH 值、Na 型交换柱流速、装填高度和剩余硬度的关系。

（2）离子交换除盐实验结果整理。把实验测得的数据填入表 8-8。

表 8-8　离子交换除盐实验数据记录表

实验日期：＿＿＿年＿＿＿月＿＿＿日

原水样总硬度：＿＿＿＿＿＿mmol/L　碱度：＿＿＿＿＿mmol/L　pH 值：＿＿＿＿＿

交换柱水流速率 /(m·h^{-1})	出 水 水 质							备注
	阳离子交换柱			阴离子交换柱		阴阳离子混合柱		
	硬度 /(mmol·L^{-1})	pH 值	电导率 /(S·cm^{-1})	pH 值	电导率 /(S·cm^{-1})	pH 值	电导率 /(S·cm^{-1})	

分析各交换柱交换水流速率、装填高度、电导率和剩余硬度的关系。

8.5.3.6 实验结果讨论

（1）根据实验结果，对离子交换软化系统可以得出什么结论？还存在哪些问题？

（2）根据实验结果，对离子交换除盐系统可以得出什么结论？还存在哪些问题？

8.6 不同配煤灰化后对染料吸附性能的影响（设计实验）

8.6.1 实验目的

测定活性炭、不同配煤燃烧生成的粉煤灰（四种）在次甲基蓝溶液中的吸附作用，绘制吸附等温曲线，确定不同粒度、不同组成的粉煤灰、活性炭对次甲基蓝的饱和吸附性能。实验中通过选择不同原料、设置不同配比、采用不同方式，并通过对分光光度计、粒度分析仪器和元素分析仪的综合利用使学生深刻理解粉煤灰吸附综合实验的目的和意义。

8.6.2 实验要求

（1）学会测试次甲基蓝溶液的吸光度指标。

（2）根据次甲基蓝溶液的吸光度指标选择所有的四种粉煤灰类型。

（3）根据实验结果计算出活性炭、粉煤灰对次甲基蓝的吸附量，并比较两种优越性。

（4）根据选择设计的实验方案和最终结论的对比分析考察并锻炼学生分析解决问题的能力。

8.6.3 实验原理

活性炭、不同配煤燃烧生成的粉煤灰（四种）均可作为吸附剂，对次甲基蓝有较强的吸附能力，且在一定条件下为单分子层吸附，符合朗格缪尔（Langmuir）吸附等温式：

$$\Gamma = \Gamma_\infty \times \frac{K_1 c(1/n + K_2 c^{n-1})}{1 + K_1 c(1 + K_2 c^{n-1})}$$

式中　K_1——吸附速率常数；

　　　K_2——脱附速率常数；

　　　c——表面浓度；

　　c^{n-1}——$n-1$ 层浓度。

常温下，用分光光度计测量吸附前后次甲基蓝溶液的浓度，从浓度的变化可以求出每克活性炭吸附次甲基蓝的吸附量 Γ。将吸附量 Γ 对平衡浓度 c_e 作吸附等温线，其水平段即为形成单分子层时的饱和吸附量 Γ_∞。

8.6.4　实验仪器、设备、材料（试剂）

仪器：721 型分光光度计、粒度分析仪、元素分析仪、注射器、电子天平和磁力吸附振荡器。

设备：300 mL 烧杯 12 个、100 mL 与 250 mL 容量瓶若干和移液管。

材料（试剂）：质量分数为 0.01% 的次甲基蓝标准溶液，质量分数为 0.25% 的次甲基蓝储备液，粒度均匀、干燥的活性炭以及不同种类的粉煤灰。

8.6.5　实验预习要求、实验方法及步骤

8.6.5.1　实验预习要求

（1）了解并掌握吸附原理及吸附量测定方法。

（2）了解吸附量测定仪——分光光度计的构造及等温吸附工作曲线绘制步骤。

（3）提交吸附实验设计方案，包括实验目的、具体操作步骤和测试方法等内容。

8.6.5.2　实验方法及步骤

（1）分别用粒度分析仪、元素分析仪检测具有不同粒度以及不同成分的粉煤灰和活性炭的理化性质。

（2）用移液管吸取 3 mL、6 mL、9 mL、12 mL 质量分数为 0.01% 的次甲基蓝标准溶液于 100 mL 容量瓶中，用蒸馏水稀释至刻度，即得质量分数为 3×10^{-6}、6×10^{-6}、9×10^{-6} 和 12×10^{-6} 的标准溶液。以蒸馏水作参比，在 665 nm 波长下分别测量它们的消光值。以消光值对浓度作图，所得直线即为工作曲线。

（3）用移液管吸取 4 mL 质量分数为 0.25% 的次甲基蓝溶液于 1000 mL 的容量瓶中，用蒸馏水稀释至刻度，测定稀释之后溶液的消光值，并从工作曲线上找出对应的浓度。

（4）取 6 个洗净烘干的 300 mL 烧杯从 1~6 编号，用移液管分别按编号加入质量分数为 0.25% 的次甲基蓝储备液 10 mL、15 mL、20 mL、30 mL、40 mL 和 60 mL，再分别加入蒸馏水至烧杯内溶液体积为 150 mL，再向每个烧杯中加入 0.10~0.11 g 活性炭，记录活性炭的质量。分别振荡和搅拌 4 h，使吸附达到平衡。然后用带特殊针头的注射器分离。准确移取澄清溶液于对应的容量瓶中，除标准次甲基蓝溶液不稀释外，其他用蒸馏水稀释至刻度，分别测定消光值，求出各平衡液的浓度 c_e。

（5）用 10 倍质量的粉煤灰替换活性炭，重复实验步骤（3）。

（6）将不同工艺条件下测得的吸附数据进行记录，并根据 Langmuir 方程绘制动力学曲线，建立动力学吸附方程。

8.6.6 实验数据记录与整理

实验记录见表 8-9。

表 8-9 粉煤灰吸附实验数据记录表

| 序号 | 标准次甲基蓝溶液 | | | 粉煤灰/活性炭吸附后的次甲基蓝溶液 | | | 活性炭加量/mg | 粉煤灰加量/mg | 吸附量 $\Gamma/(mol \cdot L^{-1})$ |
	搅拌方式	水温/℃	色度	吸光度	水温/℃	色度	吸光度			
1										
2										
3										
4										
5										

数据处理步骤如下。

（1）作工作曲线。

（2）求次甲基蓝储备液的浓度 $c_储$，计算吸附时各溶液的原始浓度 c_0。从工作曲线查出稀释了的储备液浓度，乘以稀释倍数即储备液浓度 $c_储$，按表 8-9 计算吸附时溶液的原始浓度。

（3）计算平衡液的浓度 c_0。

（4）计算吸附量 Γ。

（5）作吸附等温线，确定饱和吸附量 Γ_∞。

（6）建立动力学方程，计算并比较不同粉煤灰的动力学常数。

8.6.7 实验报告内容

（1）实验目的。

（2）实验原理。

（3）实验步骤和方法。

（4）实验数据和数据整理结果。

（5）实验结果讨论。比较所选两种吸附剂的异同点。

8.6.8 实验注意事项

（1）确定实验因素后，选择合理的实验设计方法。

（2）实验中吸附剂要充分分散。

（3）搅拌和振荡后的静沉时间要充分保证。

（4）比色皿放置位置正确且观察记录要及时。

8.6.9　思考题

（1）找出实验过程中各种操作导致吸光度偏差的原因。

（2）通过不同仪器的综合使用，对比并找出不同颗粒以及不同成分的原料所造成吸光度差异的原因。

（3）分析动力学常数的影响因素。

参 考 文 献

[1] 靳星. 磷酸铁锂正极材料合成再生及性能研究 [D]. 昆明：昆明理工大学, 2021.

[2] 郭守武, 伏勇胜, 刘毅, 等. 水热法制备锰酸锂纳米粉体及其电化学性质研究 [J]. 陕西科技大学学报 (自然科学版), 2015, 33 (3)：37-41.

[3] 高娇阳, 韩裕汴, 牛海超, 等. 磷酸铁锂正极浆料提升固含量工艺优化研究 [J]. 电池工业, 2021, 25 (1)：1-23.

[4] 钟洪彬, 胡传跃, 刘鑫, 等. 能源材料与化学电源综合实验教程 [M]. 成都. 西南交通大学出版社, 2018：52-55.

[5] 王其钰, 褚赓, 张杰男, 等. 锂离子扣式电池的组装, 充放电测量和数据分析 [J]. 储能科学与技术, 2018, 7 (2)：327-344.

[6] 洪聪聪. MnO_2 基超级电容器的制备及电化学性能研究 [D]. 杭州：浙江理工大学, 2018.

[7] 党荣鑫. 锂离子电池三元正极材料 $LiNi_{0.6}Co_{0.2}Mn_{0.2}O_2$ 的制备及改性研究 [D]. 长春：长春工业大学, 2022.

[8] 李静. 固态复合锂离子导体材料的研究 [D]. 北京：华北电力大学, 2022.

[9] 张志恒, 刘杨. 质子交换膜燃料电池设计与制作 [J]. 电力学报, 2009, 24 (6)：498-501.

[10] 张文魁, 涂江平, 黄辉, 等. 一种金属氢化物-镍电池及其制备方法：中国, CN1776953A [P]. 2006-05-24.

[11] 李静. 固体氧化物燃料电池电解质制备方法的研究 [J]. 广州化工, 2017, 45 (14)：23-24, 27.

[12] 李静, 刘阿鹏. 固体氧化物燃料电池电解质材料的研究 [J]. 化工新型材料, 2021, 49 (5)：56-59.

[13] 刘延湘. 环境工程综合实验 [M]. 武汉：华中科技大学出版社, 2019.

[14] 胡浩斌, 李惠成, 武芸, 等. 化工专业实验 [M]. 天津：天津大学出版社, 2017.

[15] 周晨亮, 赫文秀. 化工专业综合实验 [M]. 北京：化学工业出版社, 2018.

[16] 成春春, 赵启文, 张爱华. 化工专业实验 [M]. 北京：化学工业出版社, 2021.

[17] 章非娟, 徐竞成. 环境工程实验 [M]. 北京：高等教育出版社, 2006：6-54.

[18] 姚跃良. 化工工艺实验 [M]. 北京：化学工业出版社, 2019.

[19] 齐力强, 贾文波, 王乐萌, 等. 环境工程综合实验教程 [M]. 北京：冶金工业出版社, 2020.